21世纪BIM教育系列丛书

BIM导论

姜　曦　王君峰◎主　编
程　帅　陈　晓◎副主编

清华大学出版社
北京

内 容 简 介

在信息化技术快速发展的今天,工程类信息化人才需求日益增加,BIM 相关人才培养就显得尤为重要。作为 BIM 的基础课程,本书重点介绍 BIM 技术的基本知识及 BIM 技术在工程领域的应用案例,重点讲述 BIM 在建筑全生命周期管理中的各项应用点,能够全面、系统地了解 BIM 技术在各领域中的应用现状与发展方向。本书以 BIM 技术为主线,紧密联系工程实际,全方位地介绍了 BIM 在土木行业各领域、工程项目各阶段的应用,引入了大量实际案例,反映了 BIM 在现阶段的新成果、新应用和新发展。

全书共 10 章,内容可分为三部分,第一部分(前 3 章)系统地阐述了 BIM 的基本理论,包括 BIM 概述、BIM 标准、BIM 系统;第二部分(第 4~7 章)主要结合实例讲述了 BIM 在工程项目不同阶段的应用,包括规划阶段、设计阶段、施工阶段和运维阶段;第三部分(最后 3 章)主要介绍了 BIM 与其他相关领域的结合,包括二次开发、建筑工业化和拓展应用。

本书可作为土木类相关专业建筑信息化技术概论、BIM 概论的课程教材,还可供相关专业工程技术人员参考使用。

图书在版编目(CIP)数据

BIM 导论/姜曦,王君峰主编. —北京:清华大学出版社,2017(2022.1重印)
(21 世纪 BIM 教育系列丛书)
ISBN 978-7-302-47399-2

Ⅰ. ①B… Ⅱ. ①姜… ②王… Ⅲ. ①建筑设计—计算机辅助设计—应用软件 Ⅳ. ①TU201.4

中国版本图书馆 CIP 数据核字(2017)第 101900 号

责任编辑:秦　娜
封面设计:陈国熙
责任校对:刘玉霞
责任印制:曹婉颖

出版发行:清华大学出版社
　　　　网　　　址:http://www.tup.com.cn, http://www.wqbook.com
　　　　地　　　址:北京清华大学学研大厦 A 座　　　　　邮　　编:100084
　　　　社　总　机:010-62770175　　　　　　　　　　　邮　　购:010-62786544
　　　　投稿与读者服务:010-62776969, c-service@tup.tsinghua.edu.cn
　　　　质量反馈:010-62772015, zhiliang@tup.tsinghua.edu.cn
印　装　者:三河市金元印装有限公司
经　　销:全国新华书店
开　　本:185mm×260mm　　　印　张:18　　　字　数:435 千字
版　　次:2017 年 6 月第 1 版　　　　　　　　　　印　次:2022 年 1 月第 4 次印刷
定　　价:49.80 元

产品编号:074193-01

"21 世纪 BIM 教育系列丛书"编委会

主编：

程　伟　　王君峰　　娄琮味　　程　帅

本书编委会

主编：

姜　曦　　王君峰

副主编：

程　帅　　陈　晓

参编：

姜　曦　　王君峰　　程　帅　　陈　晓　　金　莉

王　娟　　杨　云　　罗诗佳　　涂木兰

前　言

BIM 进入我国土木工程领域以来已经经过了多年的发展，从 2011 年的《2011—2015 年建筑业信息化发展纲要》到 2016 年的《住房城乡建设事业"十三五"规划纲要》，从 BIM 的试点应用到全面普及，从 BIM 国家标准到地方标准的相继出台，不难发现，BIM 已经进入了一个飞速发展的阶段，给整个土木工程领域带来了不可避免的变革。然而，在 BIM 技术成为建筑业大势所趋的今天，我们也发现 BIM 人才的缺乏是制约其发展的重要因素之一。因此，为了适应行业对 BIM 人才的需求，提高 BIM 应用的能力与管理能力，我们组织编写了此书，作为 BIM 系列教材之一，通过大量的工程实例深入浅出地向读者介绍 BIM 的基本理论、BIM 在工程项目不同阶段的应用、BIM 与其他相关技术的结合。

本书分为 10 章，其中第 1～3 章主要介绍了 BIM 的基本理论，包括 BIM 概述、BIM 标准和 BIM 系统（软件和硬件）；第 4～7 章主要介绍了 BIM 在土木工程不同领域、不同阶段的应用，包括在建筑工程、基础设施、道路桥梁等不同领域的规划阶段、设计阶段、施工阶段和运维阶段的应用；第 8 章主要介绍了 BIM 的二次开发；第 9 章主要介绍了 BIM 在建筑工业化中的应用；第 10 章主要介绍了 BIM 与其他相关技术的结合。本书在每章最后附上课件等扩展资源，供广大读者学习使用。

本书是"21 世纪 BIM 教育系列丛书"的首本教材，该丛书由北京谷雨时代 BIM 教育研究院组织高校共同编写完成。北京谷雨时代 BIM 教育研究院拥有专业 BIM 教育服务网站——中国 BIM 知网，并为本套丛书专门开设了微信公众号，以便为读者答疑解惑。

本书由成都师范学院姜曦和北京谷雨时代教育科技有限公司王君峰担任主编，北京谷雨时代教育科技有限公司程帅和成都师范学院陈晓担任副主编。其中第 1 章由王君峰、金莉编写，第 2、10 章由程帅、陈晓编写，第 3、5 章由姜曦编写，第 4 章由王娟编写，第 6 章由程帅、杨云编写，第 7、8 章由程帅、罗诗佳编写，第 9 章由程帅、涂木兰编写。全书由姜曦和王君峰统稿。感谢成都师范学院金莉、王娟、杨云、罗诗佳、涂木兰等各位老师的辛勤付出及各位同仁的大力支持。

本书可作为土木类专业建筑信息化相关课程的教材,也可供相关专业的工程技术人员参考使用。

由于编者水平有限,不妥之处在所难免,恳请广大读者批评指正。

编 者

2017 年 4 月

目录

第 1 章

BIM 概述

    2015 年 6 月中华人民共和国住房和城乡建设部印发了《关于推进建筑信息模型应用的指导意见的通知》,通知中提到:"到 2020 年末,建筑行业甲级勘察、设计单位以及特级、一级房屋建筑工程施工企业应掌握并实现 BIM 与企业管理系统和其他信息技术的一体化集成应用。"BIM 技术已经成为支撑我国工程行业发展的重要技术。BIM 是"Building Information Modeling"的缩写,中文译为"建筑信息模型"。BIM 的出现是迄今为止工程建设行业正在发生的最重要的一次产业革命,它作为一个新事物广泛出现在全世界建筑行业中,在许多接纳及应用 BIM 的建设项目中,都不同程度地出现了工程质量和劳动生产效率提高、工程返工和资源浪费现象减少、建设成本降低、工程进度加快并且建设企业的综合经济效益得到改善等革命性的变革。

    那么,这么强大的"BIM"到底是什么呢?

1.1 BIM 的概念

    BIM 是以三维数字技术为基础,集成了各种相关信息的工程数据模型,可以为设计、施工和运营提供相协调且内部保持一致的项目全生命周期信息化过程管理。麦格劳-希尔建筑信息公司对建筑信息模型的定义为:创建并利用数字模型对项目进行设计、建造及运营管理的过程,即利用计算机三维软件工具,创建建筑工程项目的完整数字模型,并在该模型中包含详细工程信息,能够将这些模型和信息应用于建筑工程的设计过程、施工管理、物业和运营管理等全建筑生命周期管理(Builidng Lifecycle Management,BLM)过程中。这是目前较全面的、完善的关于 BIM 的定义。其实 BIM 的出现和发展离不开我们熟悉的 CAD 技术,BIM 是 CAD 技术的一部分,是二维到三维形式发展的必然过程。

1.1.1 BIM 的发展历史

    在计算机和 CAD 技术普及之前,工程设计行业在设计时均采用图板、丁字尺的方式手工完成各专业图纸的绘图工作,这项工作被形象地称为"趴图板"。如图 1-1 所示为手工绘图时代的趴图板工作场景。手工绘图时代绘图工作量大、图纸修改和变更困难、图纸可重复利用率低。随着个人计算机的普及以及 CAD 软件的普及,手工绘图的工作方式已逐渐被 CAD 绘图方式所取代。

图 1-1　传统设计方式"趴图板"

"甩图板"是我国工程建设行业 20 世纪 90 年代最重要的一次信息化过程。通过"甩图板"实现了工程建设行业由绘图板、丁字尺、针管笔等手工绘图方式提升为现代化的、高效率的、高精度的 CAD 制图方式。以 AutoCAD 为代表的 CAD 类工具的普及应用，以及以 PKPM、Ansys 等为代表的 CAE(Computer Added Engineering，计算机辅助分析)工具的普及，极大地提高了工程行业制图、修改、管理效率，提升了工程建设行业的发展水平。图 1-2 为在 AutoCAD 软件中完成的建筑设计的一部分。

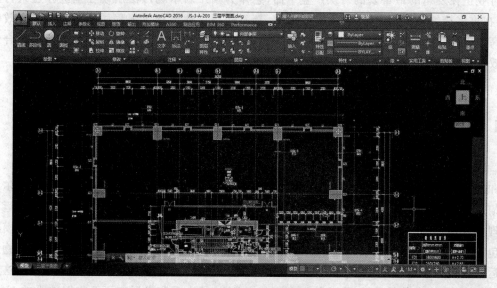

图 1-2　CAD 软件制图

现代工程建设项目的规模、形态和功能越来越复杂。高度复杂化的工程建设项目，再次向以 AutoCAD 为主体的以工程图纸为核心的设计和工程管理模式提出了挑战。随着计算机软件和硬件水平的发展，以工程数字模型为核心的全新的设计和管理模式，逐步走入人们的视野，于是以 BIM 为核心的软件和方法开始逐渐走进工程领域。

1975 年，佐治亚理工大学教授 Chuck Eastman 在 AIA(美国建筑师协会)发表的论文中提出了一种名为 Building Description System(BDS，建筑描述系统)的工作模式，该模式中包含了参数化设计、由三维模型生成二维图纸、可视化交互式数据分析、施工组织计划与材料计划等功能。各国学者围绕 BDS 概念进行研究，后来在美国将该系统称为 Building

Product Models（BPM，建筑产品模型），并在欧洲被称为 Product Information Models（PIM，产品信息模型）。经过多年的研究与发展，学术界整合 BPM 与 PIM 的研究成果，提出 Building Information Model（建筑信息模型）的概念。1986 年由现属于 Autodesk（欧特克）研究院的 Robert Aish 最终将其定义为 Building Modeling（建筑模型），并沿用至今。

　　2002 年，时任 Autodesk 公司副总裁的菲利普·伯恩斯坦（Philip G. Bernstein）首次将 BIM 概念商业化，随 Autodesk Revit 产品一并推广。图 1-3 为在 Autodesk Revit 软件中进行建筑设计的场景。可见与 CAD 技术相比，基于 BIM 技术的软件已将设计提升至所见即所得的模式。

图 1-3　Autodesk Revit 软件进行建筑设计

　　利用 Revit 软件进行设计，可由三维建筑模型自动产生所需要的平面图纸、立面图纸等所有设计信息，且所有的信息均通过 Revit 自动进行关联，大大增强了设计修改和变更的效率。因此人们认为 BIM 技术是继建筑 CAD 之后下一代的建筑设计技术。

　　在 CAD 时代，设计师需要分别绘制出不同的视图，当其中一个元素改变时，其他与之相关的元素都要逐个修改。比如当我们需要改变其中一扇门的类型时，CAD 需要逐个修改平面、立面、剖面等相关图纸。而 BIM 中的不同视图是从同一个模型中得到的，改变其中一扇门的类型时只需要在 BIM 模型中修改相应的构件就行了，BIM 实现的就是高度统一与自动化每个单项的调整，不再需要设计师逐个修改，只需修改唯一的模型。用图形来表示 CAD 与 BIM 的关系，如图 1-4 所示，CAD 做 CAD 的事情，BIM 做 BIM 的事情，中间过渡部分就是 BIM 建立在 CAD 平台上的专业软件应用。图 1-5 表示理想的 BIM 环境，这个时候 CAD 能做的事情应该是 BIM 能做的事情的一个子集。

1.1.2　BIM 软件的发展

　　BIM 发展历史的背后是计算机图形学的发展历史，随着计算机软件、硬件水平的发展而不断进步，直到今天。BIM 软件技术的发展如图 1-6 所示。

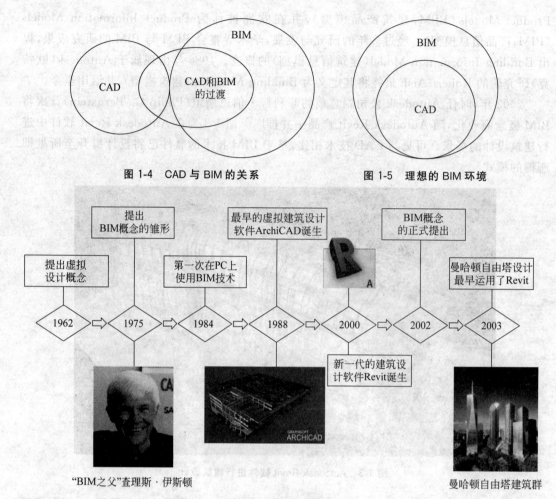

图 1-4　CAD 与 BIM 的关系　　　　图 1-5　理想的 BIM 环境

图 1-6　BIM 软件发展

　　1962 年，道格拉斯·恩格尔巴特（Douglas C. Englebart，鼠标发明人）在《扩张人类智慧》一书中写道，"建筑师在电脑上输入一系列规范和数据，如 6 英寸的平面楼板，12 英寸的混凝土墙等，这些场景就出现在电脑屏幕上了，并且经过对数据的检查、调整，形成了更详细的、内部关联的结构"。道格拉斯提出了基于对象的设计、参数化操作和关系数据库，这个设想在几年后变成了现实。

　　1975 年，BIM 之父——佐治亚理工大学的查理斯·伊斯顿（Charles Eastman）教授在其研究的课题——数据库技术建立建筑描述系统"Building Description System（BDS）"中提出"a computer based description of a building"（基于建筑描述的计算机程序），以便于实现建筑工程的可视化和量化分析，提高工程建设效率，自此产生了 BIM 理念，并提出了一系列基于计算机图形学的建筑三维实体建模的方法。同时，这些方法融合了材料、参数共享等基本 BIM 系统的功能，为 BIM 技术的发展奠定了基础。

　　1982 年，物理学家 Gabor Bojar 在匈牙利布达佩斯创立了 GraphiSoft 公司，专注于 3D 建筑设计软件的研发。随后基于苹果 Lisa 操作系统发布了第一款 ArchiCAD 软件，使得 ArchiCAD 成为第一个运行在 PC 上 BIM 软件。图 1-7 为运行在至苹果 Lisa 电脑上的

ArchiCAD。不过很可惜，那个年代还没有多少人知道"BIM"这个词儿。到目前为止，ArchiCAD 已经发布了超过 20 个更新的版本。

随着计算图形学的进一步发展，1985 年美国参数技术公司（Parametric Technology Corporation，PTC）成立，并于 1988 年发布了第一版 Pro/E 三维参数化软件，成为市场上第一个参数化、基于关联特征的实体建模软件。Pro/E 完全基于参数化算法控制三维模型，极大地促进了计算机参数化图形的发展与应用。直到今天，Pro/E 仍然是制造行业中非常重要的三维参数化设计软件。

1997 年，参与研发 Pro/E 的 Irwin Jungreis 和 Leonid Raiz 从 PTC 辞职，前往剑桥创立了自己的软件公司 Charles River Software，希望基于三维参数化技术开发一款功能超过 ArchiCAD 的建筑软件，去处理更为复杂的项目。直到 2000 年，新一代

图 1-7 在苹果 Lisa 电脑上运行 ArchiCAD

建筑设计软件 Revit 诞生了！Revit 采用了参数化数据建模技术，用于实现建筑各构件数据的关联显示，并能够与建筑师进行智能互动。事实上，到这时人们更多关注的仍然是三维设计软件，而 BIM 这个词虽然已经距离"BIM 之父"提出这个词过了 20 多年，仍然没有太多人知道 BIM 是什么。

2002 年，美国欧特克公司收购了 Charles River Software，将 Revit 软件作为 Autodesk 产品线的一部分进行推广。与此同时，Autodesk 为了区别 Revit 与 AutoCAD，开始大力推广 BIM 的概念，将 Revit 视作为"全新的"BIM 软件，而 AutoCAD 则为传统的 CAD 软件。BIM 变革的大潮在全球范围席卷开来。至此，BIM 这个术语正式随着 Revit 软件的推广被无数工程行业的人知晓。图 1-8 所示为 Autodesk Revit 的工作界面。

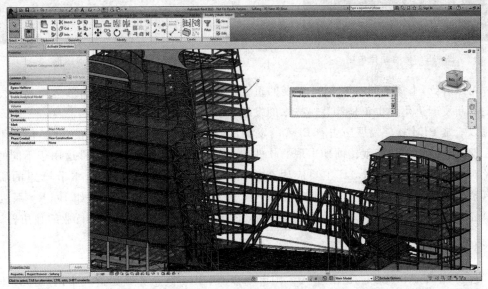

图 1-8 Autodesk Revit 工作界面

随着 Revit 软件技术的发展,除可以利用 Revit 完成三维建筑设计模型外,还可利用可视化编程环境下的构件参数,为构件添加时间属性,使模型具有可随时间演进模拟施工过程的"四维"模型,施工企业也能够在 BIM 模型上完成施工建造过程的模拟,至此 BIM 技术彻底改变了世界。图 1-9 所示的曼哈顿自由塔便是早期运用 Revit 完成设计的一个 BIM 项目。

2007 年美国工程软件公司 Bentley(奔特力,Microstation 软件的开发商,一直在与 Autodesk 竞争)研发了一款名为 GC(Generative Components,生长构件)的软件。它利用编程的方式,在 Microstation 平台上自由生成任意规律变化的三维几何图形。如图 1-10 所示,这种利用数学参数化编程驱动生成几何图形的方式灵活性更高,很容易根据建筑师的要求生成更加灵活且极为复杂美观的图形。今天我们所看到的 Rhino(犀牛)平台上的 Grasshoper 以及 Revit 平台上的 Dynamo,均是采用这种理念的高级参数化软件。

图 1-9　曼哈顿自由塔

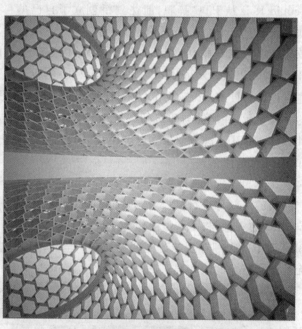

图 1-10　规律变化的三维几何图形

可以看到,上述不同时期 BIM 发展的重要时刻,均随着计算机三维图形学技术的发展历史不断发展进化。也正是计算机技术的发展,促进了 BIM 技术的发展和普及。

以三维 BIM 软件发展历史看 BIM 的发展,虽然这些软件产生于不同的年代,但并不是说后期出现的软件功能就比前期出现的软件功能更强大。不同功能的软件适用于不同的环境及对象。除 PTC 的 Pro/E 主要应用在机械制造与模具设计领域外,本节所述的所有 BIM 软件系统均在工程行业各自的领域中发挥着无可比拟的作用,例如 Benley 系列的 BIM 工具主要应用在水利水电行业,但 Autodesk Revit 已成为 BIM 软件行业的独角兽。

1.1.3　BIM 在中国的发展

自 2004 年 Autodesk Revit 进入中国市场以来,BIM 概念亦开始进入中国。经过十余年的发展,中国的 BIM 应用也逐步深入,推广的速度越来越快。

1. 引入推广阶段

Autodesk 收购 Revit 后,于 2004 年在中国发布 Autodesk Revit 5.1 版,BIM 概念随之被引入中国。事实上,最初引入中国的 BIM 的全称为"Building Information Model",即利用三维建筑设计工具,创建包含完整建筑工程信息的三维数字模型,并利用该数字模型由软件自动生成设计所需要的工程视图,并添加尺寸标注等,使得设计师可以在设计过程中,在直观的三维空间中观察设计的各个细节。特别对于形态复杂的建筑设计来说,无论直观的表达还是高效、准确的图档,其效率的提升不言而喻。用 Revit 的三维设计方法取代AutoCAD 完成设计需要的平面、立面、剖面、详图大样等施工图纸,其主要目的为强调可以创建带有建筑信息的三维模型软件,用于区分 Revit 与 AutoCAD。后来,随着对 BIM 理解的加深,Autodesk 将国内的 BIM 概念开始演变为"Building Information Modeling",即将"BIM"作为一种工程方法在工程领域中应用。除强调三维参数化的功能外,人们越来越多地发现 BIM 可以应用在工程的设计、施工、运维等各个阶段,成为名副其实的革命性工程管理方法。

2004 年,Autodesk 公司推出"长城计划"合作项目,与在国内建筑业内有重要地位的清华大学、华南理工大学和哈尔滨工业大学合作组建了"BLM-BIM 联合实验室",共同合作在大学课程中推广 BIM 软件技术。同时,Autodesk 开始在各大设计院中开始推广以 Revit 为代表的 BIM 软件,助力设计院解决从 CAD 二维设计到三维协同设计的难题。由二维到三维,设计手段的进步带来无可比拟的技术优势。但在这一阶段,采用这一技术的设计企业并不多见,且仅在有限的项目中以尝试的方式应用在项目的建筑专业中。在这一阶段,受限制于 BIM 软件的功能和普及,BIM 技术的应用主要在特定项目、特定人群、特定专业中进行尝试性应用。BIM 这个词对于绝大多数工程行业的人来说还处于比较陌生的状态。

特别是在 2010 年上海世博会期间,大量的特、异型建筑设计的出现,直接推动了 BIM技术在工程设计领域的深入应用。图 1-11 为华东设计院设计的沪上生态家设计模型。

图 1-11　沪上生态家设计模型

2010 年,中建五局机电设备安装公司承接了香港恒隆地产在无锡投资的恒隆广场项目,恒隆集团要求在施工过程中应用 BIM 技术。经过研究与消化,成功地将以 AutodeskRevit 为代表的 BIM 技术应用于施工过程中,开拓了包括机电深化、机电出图、预留预埋检查等多项以施工应用为代表的 BIM 应用手段。图 1-12 所示为在该项目中应用 BIM 技术完成的机电深化工作。该项目的 BIM 应用,成为国内首批将 BIM 技术应用于施工过程的示范项目之一,也是将 BIM 技术从设计领域延伸到施工领域的重要标志,也让人们认识到在施工领域应用 BIM 技术所能带来的经济效益远远大于在设计阶段带来的经济效益。从此,中国的 BIM 应用步入飞速发展的快车道。

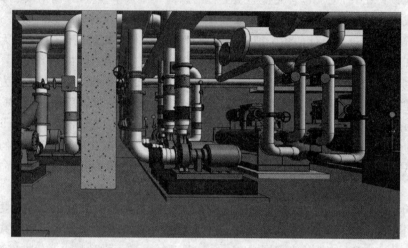

图 1-12　机电深化

2. 政策引导阶段

2011 年,住房和城乡建设部印发《2011—2015 年建筑业信息化发展纲要》,在该纲要中,明确提出"加快建筑信息模型(BIM)等新技术在工程中的应用;推动基于 BIM 技术的协同设计系统建设与应用",这是 BIM 作为建筑行业新技术第一次出现在住建部官方文件中。

2014 年,住房和城乡建设部印发《关于推进建筑业发展和改革的若干意见》,在该意见中,再次提及"推进建筑信息模型(BIM)等信息技术在工程设计、施工和运行维护全过程的应用,提高综合效益"。第一次明确了 BIM 技术可以应用在设计、施工和运行维护的建筑全生命周期中。这是国内 BIM 领域发展和应用的一次重要的推进,也由此引爆了国内 BIM 推广和发展的热潮。上海、广东、深圳、北京、陕西等多地相关政府部门推出 BIM 的发展相关意见,极大地促进了 BIM 的应用。因此,有人将 2014 年称为"中国 BIM 元年"。

2015 年,住房和城乡建设部印发了《关于推进建筑信息模型应用的指导意见》,指导意见中明确提出 BIM 推广目标:"到 2020 年末,建筑行业甲级勘察、设计单位以及特级、一级房屋建筑工程施工企业应掌握并实现 BIM 与企业管理系统和其他信息技术的一体化集成应用。到 2020 年末,以下新立项项目勘察设计、施工、运营维护中,集成应用 BIM 的项目比率达到 90%:以国有资金投资为主的大中型建筑;申报绿色建筑的公共建筑和绿色生态示范小区。"该文件除明确了 2020 年末 BIM 要达到的应用范围外,同时还进一步明确了 BIM 属于"与企业管理系统集成应用"的目标,明确了 BIM 的过程管理特征。笔者认为,该指导意见是对 Building Information Modeling 的一次完全正确的解读。

而在近年火热的装配式建筑的技术指导意见中,也纷纷将"积极应用建筑信息模型技术"作为装配式建筑的应用要求。例如,在 2016 年 9 月 27 日由国务院办公厅印发的《关于大力发展装配式建筑的指导意见》中指出"统筹建筑结构、机电设备、部品部件、装配施工、装饰装修,推行装配式建筑一体化集成设计。积极应用建筑信息模型技术,提高建筑领域各专业协同设计能力",将 BIM 与装配式建筑紧密联系在一起。在该政策的带动下,各地政府在装配式建筑相关的文件中,也积极要求 BIM 技术的推广。例如 2017 年北京市人民政府《关于加快发展装配式建筑的实施意见》中提出:"统筹建筑结构、机电设备、部品部件、装配施工、装饰装修,推行装配式建筑一体化集成设计。推广通用化、模数化、标准化设计方式,积极应用建筑信息模型技术,提高建筑领域各专业协同设计能力,加强对装配式建筑建设全过程的指导和服务。政府投资的装配式建筑项目应全过程采用建筑信息模型技术进行管理。鼓励设计单位与科研院所、高等院校等联合开发装配式建筑设计技术和通用设计软件。"

这些政策的出台,从政策层面为我国 BIM 的发展指明了道路,使 BIM 推广和应用成为行业中"必须"之路。

1.2　BIM 在工程中的应用概述

1.2.1　BIM 的应用点

随着 BIM 相关机构的不断发展、完善,BIM 技术在建设项目中得到了广泛的应用。如今,BIM 已经涵盖了项目的全生命周期,一些设计、施工单位在探索应用 BIM 技术时也体会到了很多的好处。

1. 规划应用

在前期规划阶段利用 BIM 技术的可视化特性及可模拟的特性,对规划进行展示与分析。如图 1-13 所示,为天津某综合项目的前期规划 BIM 模型,利用 BIM 模型可对场地周边、日照、交通组织等进行可视化分析。

图 1-13　天津某综合项目前期规划 BIM 模型

2. 协同设计

目前,国内已经有包括中国建筑设计研究院、北京市建筑设计研究院等在内的大型设计企业掌握了在设计过程中应用 BIM 技术的能力,并在上海中心、中国尊等项目中进行了全面的应用。如图 1-14 所示,为中国第一高楼上海中心项目在设计阶段使用 BIM 技术进行多专业协同设计过程。

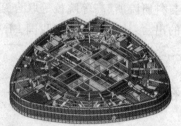

图 1-14　上海中心项目

3. 设计表现

利用 BIM 工具完成三维 BIM 模型后,三维可视化特性可以完成建筑效果渲染、漫游动画等建筑工程表现,其主要应用领域是民用建筑设计和施工企业。如图 1-15 所示,Revit 等 BIM 工具中可以对工程项目进行直观、真实的表达。

图 1-15　利用 Revit 工具的工程项目

4. 绿色建筑

基于 BIM 模型进行结构分析及建筑绿色性能分析等分析工具的出现和完善,更进一步使复杂空间结构、绿色建筑成为可能。2010 年上海世博会带给世人的建筑盛宴中,世博演艺中心、德国馆(图 1 16)、上海案例馆、国家电力馆等多个项目均在 BIM 技术的支持下,得以顺利完成。

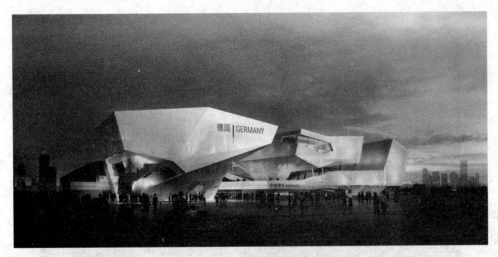

图 1-16　德国馆

5. 模拟分析

世博会国家电力馆项目，把 BIM 模型与施工组织进度计划相结合，使用 Navisworks 软件对钢结构的安装进行了 4D 施工模拟，优化了原安装方案，大大提高了对施工进度的把控，体现了 BIM 技术在建筑工程项目施工阶段的巨大应用价值，成为 BIM 在施工过程中的典型应用。如图 1-17 所示，为上海世博会中的国家电力馆项目。目前包括中建三局、中建五局、中铁建工集团等的国内大型工程总承包企业也掌握了在施工过程中应用 BIM 技术的能力。

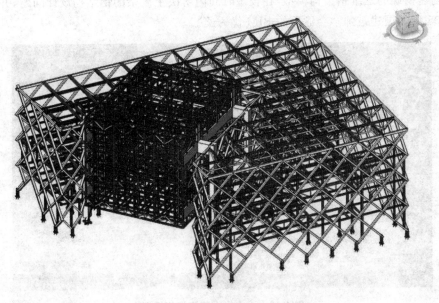

图 1-17　上海世博会国家电力馆项目

图 1-17（续）

6. 复杂空间形体设计

2008 年奥运会场馆国家游泳中心（俗称"水立方"）项目的钢结构空间造型复杂。为解决复杂钢结构的空间定位与设计问题，在该项目中采用了 BIM 技术，以解决空间钢构件的定位。如图 1-18 所示，为水立方项目的内部钢结构模型，足见其空间复杂性。采用 BIM 技术通过创建精确的三维钢结构模型，在较短时间内解决了复杂的钢结构设计问题，并因此获得了 2005 年美国建筑师学会颁发的 BIM 优秀奖。

图 1-18 水立方内部钢结构模型

7. 深化协调

除在设计过程中利用 BIM 技术完成设计之外，BIM 技术越来越多地应用于施工过程中,解决重点部位、复杂节点的施工方案问题。如图 1-19 所示,为在某口岸项目施工过程中利用 BIM 技术完成的局部施工支撑型钢组合体系方案,用于施工方案展示与审查。

图 1-19　型钢组合体系方案

8. 出图指导

利用 BIM 模型可以生成任意需要的图纸。例如,在 BIM 环境下完成机电深化后,可以指定任意位置生成施工指导所需要的图纸,指导现场施工。如图 1-20 所示,为采用 BIM 软件生成的机电深化图纸。

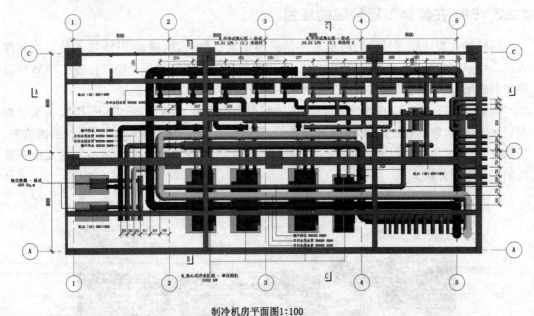

制冷机房平面图1:100

图 1-20　机电深化图纸

9. 运维应用

建筑工程竣工后,需要在几十年的时间内在建筑的使用期间进行运营与维护。利用 BIM 技术自集成的优势,可以为运营和维护提供设备信息实时查询,对建筑的空间及物资资产进行可视化管理和决策等功能。如图 1-21 所示,为采用 BIM 技术在 BIM 运维系统中对已竣工的物业进行管理信息查询。

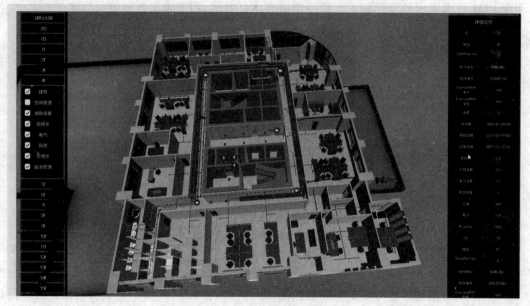

图 1-21　物业管理信息查询

1.2.2　BIM 在其他工程领域的应用

BIM 的主要应用领域已经跨越最初的民用建筑工程项目,随着 BIM 技术的成熟和深入,BIM 应用逐步跨入工业建筑、水利水电、道路桥梁等工程领域各个阶段。通过 BIM 信息模型的应用,可减少设计错误,提升设计效率和管理效率,保障工程质量。

例如,地铁行业可以在项目设计、施工过程中全面应用 BIM 技术。通过 BIM 技术可以实现场地仿真、管线搬迁模拟、交通疏解模拟、管线综合设计、工程量辅助统计、效果图渲染、场景漫游、施工仿真模拟等。如图 1-22 所示为利用 BIM 技术对地铁车站与场地及地下管线的关系进行分析。

图 1-22　地铁车站及地下管线

在水利水电行业,利用 BIM 技术强大的参数化建模功能,可以方便建立厂房专业所需的三维厂房模型,并生成所需要的设计图纸。如图 1-23 所示为水电站厂房模型局部三维视图。

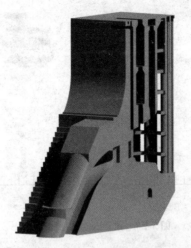

图 1-23　水电站厂房模型三维视图

目前,BIM 技术已经应用到民用建筑、水利水电、交通工程、地铁工程、航道工程等多个不同的领域中。本书在后面的章节中将详细说明 BIM 技术在各领域的应用模式。

1.3　狭义与广义 BIM

关于 BIM 概念的理解,在发展和应用过程中有很多的说法,如"BIM 是一款设计软件""BIM 是 3D 建模技术""BIM 是建筑数据库"等。但建筑业内公认的 BIM 概念到底是什么,我们可以从狭义和广义两个方向来理解。

1.3.1　狭义 BIM

所谓狭义 BIM 是指从设计工具变更的角度来理解 BIM。如图 1-24 为设计工具的发展历程示意图。设计工具经历了从手工绘图到 CAD(Computer Added Design,计算机辅助设计)的变迁,而 BIM 技术则被认为是 CAD 技术的下一代设计手段。

如果我们将以 Revit 为代表的 BIM 软件技术理解为新的技术手段,作为 CAD 技术的升级工具,强调 BIM 工具在特定阶段(例如设计阶段的建筑专业)的使用,并未体现在 BIM 技术对在建筑全生命周期中各个环节的管理,我们称为狭义 BIM。1.1.2 节中介绍的 BIM 软件的发展历程,是从计算机图形图像技术的发展和参数化技术的发展的角度来说明 BIM 软件技术的发展,属于从狭义 BIM 的角度来描述 BIM 的发展。

1.3.2　广义 BIM

随着软件技术的发展,当前的 BIM 工具已经在设计、施工中发挥出独特优势,例如快速沟通、快速修改、方案预演等功能,且已涉及建筑、结构、水电、暖通等各专业领域,成为当前工程行业必不可少的基本技术。到了今天,在不断运用过程中,BIM 的含义已经大大扩展,

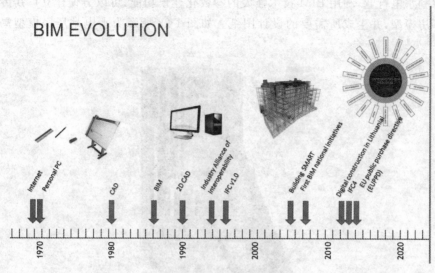

图 1-24　设计工具的发展历程

它既是 Building Information Modeling,同时也是 Building Information Model 和 Building Information Management。到广义的 BIM 阶段,不仅仅考虑 BIM 的单一软件问题,更需要考虑 BIM 如何在行业中进行管理和应用。此时的 BIM 不再是单一的 BIM 模型,同时还是建筑行业的管理手段和管理方法。

　　从广义的角度来理解,BIM 是实现不同专业之间信息共享的基础,各专业在此基础上建立、完善信息化电子模型的行为过程。工程中各专业系统可从信息模型中获取所需的设计参数和相关信息,不需要重复录入数据,避免数据冗余、歧义和错误。实现各专业之间的协同,某个专业设计的对象被修改,其他专业设计中该对象会随之更新。如图 1-25 所示,为 BIM 与其他各专业间的行为过程与关系。

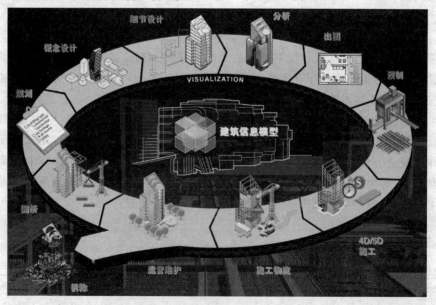

图 1-25　BIM 与其他专业间的行为过程与关系

从广义的角度来看,可以将 BIM 理解为 Building Information Management,即建筑信息管理。此时的着眼点是把项目的各主要参与方,如土建施工、机电安装、工厂预制等在设计阶段就集合在一起,共同着眼于项目的全生命期,利用 BIM 技术进行虚拟设计、建造、维护及管理,达到及时联络、共享项目信息,并通过信息分析,做出决策和改善设施的交付过程,使项目得到有效的管理。

目前越来越多的施工方和业主也开始逐渐引入 BIM 技术,并将其作为重要的信息化技术手段逐步应用于企业管理中。中国建筑总公司已经明确提出要实现基于 BIM 的施工招投标、采购、施工进度管理,并积极投入研发基于 Revit 系列数据的信息管理平台。与此同时,各大软件厂商也在积极提出 BIM 管理的解决方案和相关管理信息系统。此时的 BIM 含义已延伸为 Building Information Modeling,即不仅仅是包含建筑信息的模型,而是围绕建筑工程数字模型和其强大、完善的建筑工程信息,形成工程建设行业建筑工程的设计、管理和运营的一套方法。BIM 方法体现了工程信息的集中、可运算、可视化、可出图、可流动等诸多特性。

当然 BIM 在实践过程中也存在一些困难,如施工阶段应用软件的匮乏,集成度高的 BIM 应用系统较少;技术、应用标准的研究薄弱;参建各方出于自身利益的考虑,不愿协同提供 BIM 模型;复合型 BIM 人才的匮乏等问题,都对 BIM 的深入应用和推广产生了一定阻碍。

从 Building Information Model 到 Building Information Modeling,从 BIM 概念引入中国到当前蓬勃发展,只用了 10 多年的时间。试想一下,当创建完成 BIM 模型后,设计方可以利用该模型完成施工图纸的绘制,利用 BIM 模型的碰撞检查功能确保工程设计质量,施工企业在管理系统中导入 BIM 模型后,得出施工材料量,并根据施工进度得出每个阶段的资金预算。业主能够在工程设计阶段完整了解和模拟工程使用的状况,利用 BIM 模型进行施工进度和工程质量管理,利用 BIM 模型在后期运营时管理物业,时刻跟进建筑工程中设备、管线的变化。BIM 技术让这一切都不再是梦想。目前中国的 BIM 标准和规范也已经在制定之中,相信随着越来越多的人加入到 BIM 行列,BIM 这一革命性的方法注定会改变整个工程建设行业的管理模式。

从模型到管理,从静态到过程,BIM 已经不再是单一的计算机软件技术那么简单。从工程管理角度来看,这样的 BIM 应用属于广义 BIM。

1.4　BIM 的六大特征

现在已经知道 BIM 的两个理解维度。从狭义 BIM 的理解来看,是类似于 Revit 这样的对于 CAD 系统应用的替代。从广义 BIM 的理解角度出发,BIM 是建筑全生命周期的管理方法,具有数据集成、建筑信息管理的作用。无论从哪个角度来理解,BIM 技术均具有以下特征:

(1) 模型操作的可视化;
(2) 模型信息的完备性;
(3) 模型信息的关联性;
(4) 模型信息的一致性;

（5）模型信息的动态性；

（6）模型信息的可扩展性。

1.4.1 模型操作的可视化

三维模型是 BIM 技术的基础，因此可视化是 BIM 最显而易见的特征。在 BIM 软件中，所有的操作都是在三维可视化的环境下完成的，所有的建筑图纸、表格也都是基于 BIM 模型生成的。BIM 的可视化区别于传统建筑效果图，传统的建筑效果图一般仅针对建筑的外观或入户大堂等局部进行部分专业的模型表达，而在 BIM 模型中将提供包括建筑、结构、暖通、给排水等在内的完整的真实的数字模型，使建筑的表达更加真实，建筑可视化更加完善。

BIM 技术可视化操作以及可视化表达方式，将原本 2D 的图纸用 3D 可视化的方式展示出设施建设过程及各种互动关系，有利于提高沟通效率，降低成本和提高工程质量。如图 1-26 所示为采用 BIM 技术在现场进行交底和指导。

图 1-26　现场技术交底和指导

1.4.2 模型信息的完备性

除了对工程对象进行 3D 几何信息和拓扑关系的描述，还包括完整的工程信息描述，如对象名称、结构类型、建筑材料、工程性能等设计信息；施工工序、进度、成本、质量以及人力、机械、材料资源等施工信息；工程安全性能、材料耐久性能等维护信息；对象之间的工程逻辑关系等。如图 1-27 所示为在 BIM 技术中表现的项目情况。

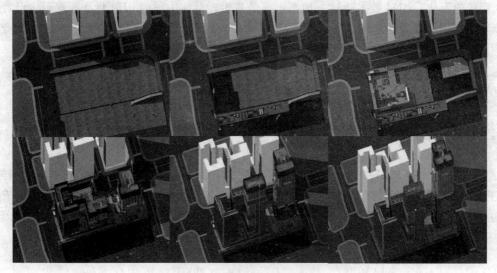

图 1-27　BIM 中表现的项目情况

信息完备性还体现在 Building Information Modeling 这一创建建筑信息模型的过程，

在这个过程中,设施的前期策划、设计、施工、运营维护各个阶段都被连接起来,把各个阶段产生的信息都存储在 BIM 模型中,使得 BIM 模型的信息不是单一的工程数据源,而是包含设施的所有信息。

信息完备的 BIM 模型可以为优化分析、模拟仿真、决策管理提供有力的基础支撑,例如,体量分析、空间分析、采光分析、能耗分析、成本分析、碰撞检查、虚拟施工、紧急疏散模拟、进度计划安排、成本管理等。

1.4.3　模型信息的关联性

信息模型中的对象是可识别且相互关联的,系统能够对模型的信息进行统计和分析,并生成相应的图形和文档。如果模型中的某个对象发生变化,与之关联的所有对象都会随之更新,以保持模型的完整性。

如图 1-28 所示,利用 BIM 技术可查看该项目的三维视图、平面图纸、统计表格和剖面图纸,并把所有这些内容都自动关联在一起,存储在同一个项目文件中。在任何视图(平面、立面、剖面)上对模型的任何修改,都是对数据库的修改,会同时在其他相关联的视图或图表上进行更新,显示出来。

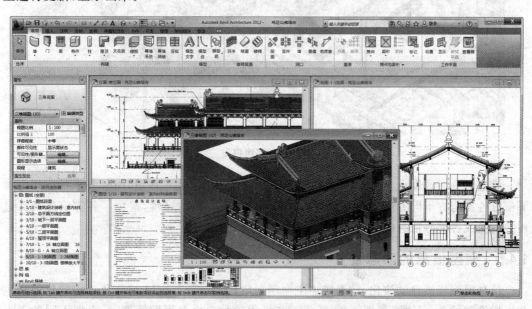

图 1-28　BIM 模型

这种关联还体现在构件之间可以实现关联显示,例如,门窗都是开在墙上的,如果把墙进行平移,墙上的窗也会跟着平移;如果将墙删除,墙上的门窗也会同时被删除,而不会出现门窗悬空的现象。这种关联显示、智能互动表明了 BIM 技术能够支撑对模型信息进行分析、计算,并生成相关的图形及文档。信息的关联性使 BIM 模型中各个构件及视图具有良好的协调性。

1.4.4　模型信息的一致性

在建筑生命期的不同阶段模型信息是一致的,同一信息无须重复输入,而且信息模型能够自动演化,模型对象在不同阶段可以简单地进行修改和扩展,而无须重新创建,避免了信息不一致的错误。

　　同时 BIM 支持 IFC 标准数据,可以实现 BIM 技术平台各专业软件间的强大数据互通能力,可以轻松实现多专业三维协同设计。如图 1-29 所示,利用 BIM 设备管线功能,基于三维协同设计模式创建水电站厂房内部机电设计模型。在设计过程中,机电工程师直接导入,由土建工程师使用创建的厂房模型,实现三维协同设计,并最终由机电工程师利用软件的视图和图纸功能完成水电站设计所需的机电施工图纸,从而确保了各专业的 BIM 模型与信息的一致性。

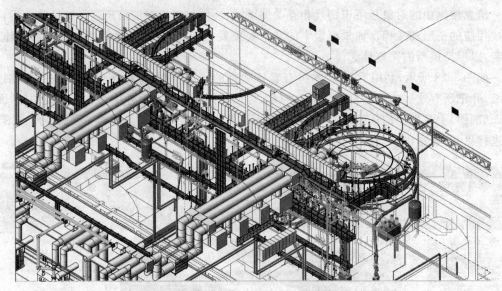

图 1-29　厂房模型

　　模型信息一致性也为 BIM 技术提供了一个良好的信息共享环境,BIM 技术的应用打破了项目各参与方不同专业之间或不同品牌软件信息不一致的窘境,避免了各方信息交流过程的损耗或者部分信息的丢失,保证信息自始至终的一致性。

1.4.5　模型信息的动态性

　　信息模型能够自动演化,动态描述生命期各阶段的过程。BIM 将涉及工程项目的全生命周期管理的各个阶段,如图 1-30 所示。在工程项目全生命周期管理中,根据不同的需求可划分为 BIM 模型创建、BIM 模型共享和 BIM 模型管理三个不同的应用层面。

　　模型信息的动态性也说明了 BIM 技术的管理过程,在整个过程中不同阶段的信息动态输入输出,逐步完善 BIM 模型创建、BIM 模型共享应用、BIM 模型管理应用的三大过程。

　　BIM 技术改变了传统建筑行业的生产模式,利用 BIM 模型在项目全生命周期中实现信息共享、可持续应用、动态应用等,为项目决策和管理提供可靠的信息基础,进而降低项目成本,提高项目质量和生产效率,为建筑行业信息化发展提供有力的技术支撑。

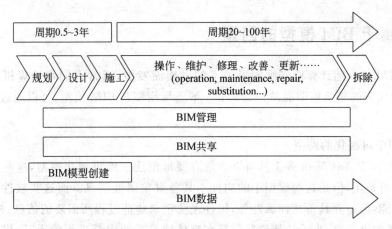

图 1-30　工程项目的全生命周期

1.4.6　模型信息的可扩展性

由于 BIM 模型需要贯穿设计、施工与运维的全生命周期,而不同的阶段不同角色的人会需要不同的模型深度与信息深度,需要在工程中不断更新模型并加入新的信息。因此,BIM 的模型和信息需要在不同的阶段具有一定深度并具有可扩展和调整的能力。通常,我们把不同阶段的模型和信息的深度称为“模型深度等级”(level of detail,LOD),通常用 100~500 代表不同阶段的深度要求,并可在工程的进行过程中不断细化加深。如图 1-31 所示为墙体在不同 LOD 下的表现。

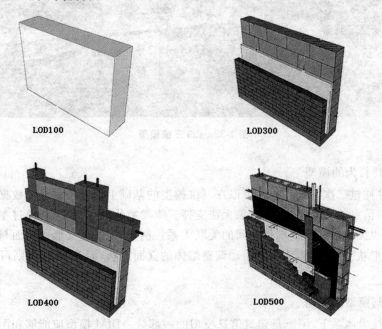

图 1-31　墙体在不同 LOD 下的表现

1.5 不属于 BIM 模型的因素

由于 BIM 技术随计算机三维图形技术的发展而发展,通常人们将计算机三维模型与 BIM 技术所代表的三维模型混淆。要区分一般三维模型与 BIM 模型,可以通过以下四种方式进行区别。

1. 只用于可视化的模型

用 SketchUP、3ds Max 等工具可以非常方便地创建三维可视化模型,这些模型确实具有三维图形可视化,但是这些模型中的构件不具备对象属性信息。而这些软件通常具有很强的造型功能,但是除具备几何属性外,构件无法记录建造过程所需要的信息、构件的材质、厂家、热工系数等信息,也无法使这些信息在整体建筑系统内部进行传递,这样的模型只能算是可视化的 3D 模型而不是包含丰富属性信息的信息化模型。如图 1-32 所示,为常见于游戏或电影场景中的 CG 三维模型,该模型仅具有视觉展示功能,因此并不属于 BIM 模型。

图 1-32　CG 三维模型

2. 不支持行为的模型

有些软件通过二次开发等技术可以在三维模型的基础上通过关联外部数据库的方式实现构件模型与信息的关联,但这些对象无法支持三维参数化的变更,无法通过参数的变化调整几何模型,也无法定义建筑构件之间的关联关系。例如,无法定义墙体立面与屋顶之间的关系,当屋顶形状变化时,需要重新手动调整墙体的立面形状,而 BIM 模型则可以实现自动修改。

3. 图纸与模型的联动

在 BIM 技术体系下,图纸是建筑信息模型的一部分。BIM 模型应能够和图纸之间进行联动与修改。任何只有模型而无图纸生成功能的模型均不属于 BIM 模型。

4. 由 2D 线框绘制的模型

如果是在视图中用二维线条绘制三维轴测图,虽然从视觉上看非常类似于三维模型,但实际上它仅仅是二维的线条,连三维模型都算不上,更不要提是 BIM 模型了。

在理解建筑信息模型时,必须首先区分建筑信息模型与一般三维模型的区别。只有正确区分建筑信息模型与一般模型,才能正确理解 BIM 的各项应用与含意。

1.6　本章小结

本章主要介绍了 BIM 的概念与特征、BIM 的历史和 BIM 在中国的发展情况,以及狭义 BIM 与广义 BIM 的概念区别,了解建筑信息模型的六大特征。本章作为全书的开篇,简要介绍了建筑信息模型在行业中的应用点,在后面的章节中,将进一步介绍 BIM 的行业应用。

习　　题

1. 如何从广义上认识 BIM 的概念?
2. BIM 的特征有哪些?
3. 你认为 CAD 与 BIM 之间有何关系? 又有何不同之处?
4. 哪些是真正的 BIM 技术?

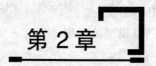

BIM 标准概述

通过第 1 章对 BIM 概念及发展的学习,可以了解到 BIM 作为一项建筑行业革命性的技术,其重要性已经得到了整个建筑行业的认可。同时 BIM 模型中的信息随着建筑全生命周期各阶段(包括规划、设计、施工、运维等阶段)的展开,逐步积累。这些信息一旦积累,就可以被后来的技术或管理人员所共享,即可以直接通过计算机读取,不需要重新录入。例如,施工者可以直接利用设计者产生的建筑设计模型信息,利用相应软件自动生成施工计划等。

BIM 模型信息横跨建筑全生命周期各个阶段,由大量的技术或管理人员使用不同的应用软件产生并共享,为了更好地进行信息共享,有必要制定应用与 BIM 技术相关的标准。这就涉及 BIM 政策法规、BIM 模型的详细级别、交付标准等诸多问题。

本章首先对国内外现行的 BIM 政策法规进行概述,接着对国内 BIM 标准进行分类介绍并对主要标准进行描述。目的是帮助读者建立与 BIM 技术相关的政策、标准的概念,便于在应用 BIM 技术的过程中,更好地进行信息共享。

2.1 国内 BIM 政策法规

随着 BIM 技术在我国的推进,各地、各级政府都出台了 BIM 技术的相关政策法规,其核心指导思想是通过政策和技术标准的引导,在建筑领域普及和深化 BIM 技术的应用,提高工程项目全生命周期各参与方的工作质量和效率,实现建筑业向信息化、工业化转型升级。

2.1.1 住建部及各省市 BIM 政策法规

中华人民共和国住房和城乡建设部(住建部)从"十二五"期间就开始提到加快建筑信息模型(BIM)的推广应用,并不断出台政策明确 BIM 的应用方向与标准,如图 2-1 所示,部分汇总政策信息如表 2-1 和表 2-2 所示。

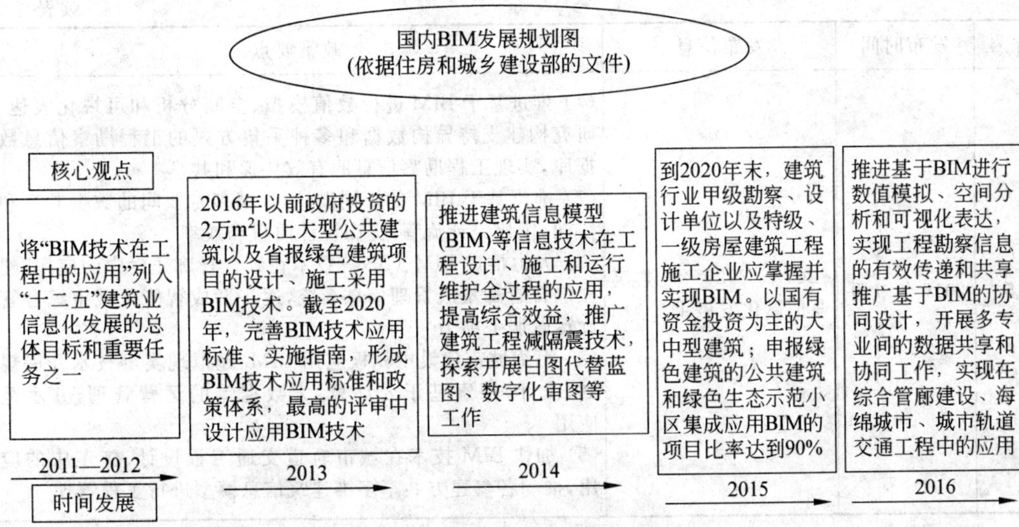

图 2-1　国内 BIM 发展规划图

表 2-1　2011 年以来住建部发布的 BIM 相关政策

序号	发布时间	发布信息	政策要点
1	2011 年 5 月	《2011—2015 年建筑业信息化发展纲要》	"十二五"期间,基本实现建筑企业信息系统的普及应用,加快建筑信息模型(BIM)、基于网络的协同工作等新技术在工程中的应用,推动信息化标准建设,促进具有自主知识产权软件的产业化,形成一批信息技术应用达到国际先进水平的建筑企业
2	2013 年 8 月	《关于征求推荐 BIM 技术在建筑领域应用的指导意见(征求意见稿)的函》	(1) 2016 年以前政府投资的 2 万 m² 以上大型公共建筑以及省报绿色建筑项目的设计、施工采用 BIM 技术 (2)截至 2020 年,完善 BIM 技术应用标准、实施指南,形成 BIM 技术应用标准和政策体系;设有相关奖项,如全国优秀工程勘察设计奖、鲁班奖(国家优质工程奖)及各行业、各地区勘察设计奖和工程质量最高的评审中,设计应用 BIM 技术的条件
3	2014 年 7 月	《关于推进建筑业发展和改革的若干意见》	推进建筑信息模型(BIM)等信息技术在工程设计、施工和运行维护全过程的应用,提高综合效益,推广建筑工程隔震技术,探索开展白图代替蓝图、数字化审图等工作
4	2015 年 6 月	《关于推进建筑信息模型应用的指导意见》	(1) 到 2020 年末,建筑行业甲级勘察、设计单位以及特级、一级房屋建筑工程施工企业应掌握并实现 BIM 与企业管理系统和其他信息技术的一体化集成应用 (2) 到 2020 年末,以下新立项项目勘察设计、施工、运营维护中,集成应用 BIM 的项目比率达到 90%;以国有资金投资为主的大中型建筑;申报绿色建筑的公共建筑和绿色生态示范小区

序号	发布时间	发布信息	政策要点
5	2016年9月	《2016—2020年建筑业信息化发展纲要》	(1) 推进基于BIM进行数值模拟、空间分析和可视化表达,研究构建支持异构数据和多种采集方式的工程勘察信息数据库,实现工程勘察信息的有效传递和共享 (2) 推广基于BIM的协同设计,开展多专业间的数据共享和协同,优化设计流程,提高设计质量和效率 (3) 大力推进BIM、GIS等技术在综合管廊建设中的应用,建立综合管廊集成管理信息系统,逐步形成智能化城市综合管廊运营服务能力 (4) 海绵城市建设中积极应用BIM、虚拟现实等技术开展规划、设计,探索基于云计算、大数据等的运营管理,并示范应用 (5) 加快BIM技术在城市轨道交通工程设计、施工中的应用,推动各参建方共享多维建筑信息模型进行工程管理

表 2-2 2014 年以来各省、市级政府发布的 BIM 相关政策

序号	发布时间	发布信息	政策要点
1	2014年4月	辽宁省住房和城乡建设厅《2014年度辽宁省工程建设地方标准编制/修订计划》	提出将于2014年12月发布《民用建筑信息模型(BIM)设计通用标准》
2	2014年5月	北京质量技术监督局/北京市规划委员会《民用建筑信息模型设计标准》	提出BIM的资源要求、模型深度要求、交付要求是在BIM的实施过程规范民用建筑BIM设计的基本内容。该标准于2014年9月1日正式实施
3	2014年7月	山东省人民政府办公厅《山东省人民政府办公厅关于进一步提升建筑质量的意见》	明确提出推广建筑信息模型(BIM)技术
4	2014年9月	广东省住房和城乡建设厅发出《关于开展建筑信息模型BIM技术推广应用的通知》	(1) 到2014年底,启动10项以上BIM技术推广项目建设 (2) 到2015年底,基本建立广东省BIM技术推广应用的标准体系及技术共享平台 (3) 到2016年底,政府投资的2万m²以上的大型公共建筑,以及申报绿色建筑项目的设计、施工应当采用BIM技术,省优良样板工程、省新技术示范工程、省优秀勘察设计项目在设计、施工、运营管理等环节普遍应用BIM技术 (4) 到2020年底,全省建筑面积2万m²及以上的工程普遍应用BIM技术
5	2014年10月	陕西省住房和城乡建设厅下发通知要求推广BIM技术	提出重点推广应用BIM(建筑模型信息)施工组织信息化管理技术

续表

序号	发布时间	发布信息	政策要点
6	2014 年 10 月	上海市人民政府办公厅《关于在本市推进建筑信息模型技术应用的指导意见》	(1) 通过分阶段、分步骤推进 BIM 技术试点和推广应用,到 2016 年底,基本形成满足 BIM 技术应用的配套政策、标准和市场环境,本市主要设计、施工、咨询服务和物业管理等单位普遍具备 BIM 技术应用能力 (2) 2017 年起,本市投资额 1 亿元以上或单体建筑面积 2 万 m² 以上的政府投资工程、大型公共建筑、市重大工程,申报绿色建筑、市级和国家级优秀勘察设计、施工等奖项的工程,实现设计、施工阶段 BIM 技术应用;世博园区、虹桥商务区、国际旅游度假区、临港地区、前滩地区、黄浦江两岸等六大重点功能区域内的此类工程,全面应用 BIM 技术
7	2015 年 5 月	深圳市建筑工务署《深圳市建筑工务署政府公共工程 BIM 应用实施纲要》《深圳市建筑工务署 BIM 实施管理标准》	(1) 从国家战略需求、智慧城市建设需求、市建筑工务署自身发展需求等方面,论证了 BIM 在政府工程项目中实施的必要性,并提出了 BIM 应用实施的主要内容是 BIM 应用实施标准建设、BIM 应用管理平台建设、基于 BIM 的信息化基础建设、政府工程信息安全保障建设等 (2) 至 2017 年,实现在其所负责的工程项目建设和管理中全面开展 BIM 应用,并使市建筑工务署的 BIM 技术应用达到国内外先进水平
8	2015 年 6 月	上海市城乡建设和管理委员会《上海市建筑信息模型技术应用指南(2015 版)》	(1) 指导本市建设、设计、施工、运营和咨询等单位在政府投资工程中开展 BIM 技术应用,实现 BIM 应用的统一和可检验;作为 BIM 应用方案制定、项目招标、合同签订、项目管理等工作的参考依据 (2) 指导本市开展 BIM 技术应用试点项目申请和评价依据 (3) 为初步开展 BIM 技术应用试点或没有制定企业、项目 BIM 技术应用标准的企业提供指导和参考 (4) 为相关机构和企业制定 BIM 技术标准提供参考
9	2016 年 1 月	湖南省人民政府办公厅《关于开展建筑信息模型应用工作的指导意见》	(1) 2018 年底前,制定 BIM 技术应用推进的政策、标准,建立基础数据库,改革建设项目监管方式,形成较为成熟的 BIM 技术应用市场。政府投资的医院、学校、文化、体育设施、保障性住房、交通设施、水利设施、标准厂房、市政设施等项目采用 BIM 技术,社会资本投资额在 6000 万元以上(或 2 万 m² 以上)的建设项目采用 BIM 技术,设计、施工、房地产开发、咨询服务、运维管理等企业基本掌握 BIM 技术 (2) 2020 年底,建立完善的 BIM 技术的政策法规、标准体系,90%以上的新建项目采用 BIM 技术,设计、施工、房地产开发、咨询服务、运维管理等企业全面普及 BIM 技术,应用和管理水平进入全国先进行列
10	2016 年 1 月	广西壮族自治区住房和城乡建设厅《关于印发广西推进建筑信息模型应用的工作实施方案的通知》	(1) 到 2017 年底,基本形成满足 BIM 技术应用的配套政策、地方标准和市场环境 (2) 到 2020 年年底,广西壮族自治区甲级勘察、设计单位以及特级、一级房屋建筑工程和市政工程施工企业普遍具备 BIM 技术应用能力,以国有资金投资为主的大型建筑、申报绿色建筑的公共建筑和绿色生态示范小区新立项目勘察设计、施工、运营维护中集成应用 BIM 的项目比率达到 90%(目标数据来源于《住房城乡建设部关于印发推进建筑信息模型应用指导意见的通知》(建质函〔2015〕159 号)的目标要求)

续表

序号	发布时间	发布信息	政策要点
11	2016 年 2 月	沈阳市城乡建设委员会《推进我市建筑信息模型技术应用的工作方案》	推进 BIM 技术在政府投资公共建筑和市政基础设施工程中试点示范应用。政府投资 1 亿元以上或者单体面积 2 万 m^2 以上的项目,要求使用 BIM 技术
12	2016 年 3 月	黑龙江省住房和城乡建设厅《关于推进我省建筑信息模型应用的指导意见》	(1) 首批计划启动哈尔滨太平国际机场、哈尔滨地铁、地下综合管廊等试点项目,利用 BIM 技术的应用使之在提升设计施工质量、协同管理、减少浪费、降低成本、缩短工期等方面发挥明显成效 (2) 从 2017 年起,各地市要科学筹划,重点选择投资额 1 亿元以上或单位建筑面积 2 万 m^2 以上的政府投资工程、公益性建筑、大型公共建筑及大型市政基础设施工程等开展 BIM 应用试点,每年试点项目不少于 2 个,并应逐年增加 (3) 通过 BIM 技术在工程中的实践应用,形成可推广的经验和方法,力争到 2020 年末,黑龙江省以国有资金投资为主的大中型建筑和市政基础设施工程、申报绿色建筑的公共建筑和绿色生态示范小区,集成应用 BIM 的项目比率达到 90%
13	2016 年 4 月	云南省住房和城乡建设厅《云南省推进 BIM 技术应用的指导意见(征求意见稿)》	到 2017 年末,基本形成满足 BIM 技术应用的配套政策、地方标准等。2020 年末,建筑行业勘察、设计、施工、房地产企业等相关企业全面掌握 BIM 技术
14	2016 年 4 月	重庆市城乡建设委员《关于加快推进建筑信息模型(BIM)技术应用的意见》	(1) 到 2017 年末,建立勘察设计行业 BIM 技术应用的技术标准,明确主要的应用软件,重庆市部分骨干勘察、设计、施工单位和施工图审查机构具备 BIM 技术应用能力 (2) 到 2020 年末,形成建筑工程 BIM 技术应用的政策和技术体系,在本市承接工程的工程设计综合甲级,工程勘察甲级,建筑工程设计甲级,市政行业道路、桥梁、城市隧道工程设计甲级企业,施工图审查机构,特级、一级房屋建筑工程施工企业,特级、一级市政公用工程施工总承包企业掌握 BIM 技术,并实现与企业管理系统和其他信息技术的一体化集成应用
15	2016 年 4 月	浙江省住房和城乡建设厅《浙江省建筑信息模型(BIM)应用导则》	指导和规范浙江省建设工程中建筑信息模型技术应用,推动工程建设信息化技术发展,保障建设工程质量安全,提升投资效益,制定本导则。本导则适用于浙江省范围内建设工程 BIM 技术的应用
16	2016 年 9 月	上海《关于进一步加强上海市建筑信息模型技术推广应用的通知》	自 2017 年 10 月 1 日起,一定规模以上新建、改建和扩建的政府和国有企业投资的工程项目全部应用 BIM 技术 由建设单位牵头组织实施 BIM 技术应用的项目,在设计、施工应用 BIM 技术的,每平方米补贴 20 元,最高不超过 300 万元;在设计、施工、运营阶段全部应用 BIM 技术的,每平方米补贴 30 元,最高不超过 500 万元

2.1.2 中国香港和台湾 BIM 政策发展

1. 香港 BIM 政策发展

香港的 BIM 政策发展主要依靠香港房屋署和行业自身的推动。

2006 年起香港房屋署已率先试用建筑信息模型，为了成功地推行 BIM，自行订立 BIM 标准、用户指南、组建资料库等设计指引和参考。这些资料有效地为模型建立、档案管理，以及用户之间的沟通创造了良好的环境。

2009 年，香港成立了香港 BIM 学会，推动 BIM 的深入实施。同年 11 月，香港房屋署发布了 BIM 应用标准，香港房屋署署长冯宜萱女士提出，在 2014 年到 2015 年该项技术将覆盖香港房屋署的所有项目。

2010 年，香港 BIM 学会主席梁志旋表示，香港的 BIM 技术应用目前已经完成从概念到实用的转变，处于全面推广的最初阶段。

2011 年，香港房屋署召开工程和物业管理工地安全研讨会，研讨"安全工作系统"和"使用建筑信息技术（BIM）加强工地安全的规划与设计"，推动 BIM 具体落实，并且每一年都会召开研讨会。

香港房屋署大力推动 BIM 应用于实际工程，在招标文件中明确要求用 BIM 提交文档。

2. 台湾 BIM 政策发展

台湾的政府层级对 BIM 的推动主要有两个方向：

1）对于建筑产业界

政府希望其自行引进 BIM 应用，官方并没有具体的辅导与奖励措施。对于新建的公共建筑和公有建筑，其拥有者为政府单位，工程发包监督都受政府的公共工程委员会管辖，要求在设计阶段与施工阶段都以 BIM 完成。

另外，台北市、新北市、台中市都是直辖市，这三个市政府的建筑管理单位为了提高建筑审查的效率，正在学习新加坡的电子化提交系统（E-Summision），致力于日后要求设计单位申请建筑许可时必须提交 BIM 模型，委托公共资讯委员会研拟编码工作，参照美国 Master Format 的编码，根据台湾地区性现况制作编码内容。

台湾主要承接政府大型公共建设的大型工程顾问公司与工程公司，对于 BIM 有一定的研究并有大量的成功案例。

2010 年，台湾世曦工程顾问公司成立 BIM 整合中心。

2011 年，中兴工程顾问股份 3D/BIM 中心，此外亚新工程顾问股份有限公司也成立了 BIM 管理及工程整合中心。

2）对于公有建筑

通过对公有建筑物开始试行 BIM。

2010 年，台北市政府启动了"建造执照电脑辅助查核及应用之研究"，并先后公开举办了三场专家座谈会，第一场为"建筑资讯模型在建筑与都市设计上的运用"，第二场为"建造执照审查电子化及 BIM 设计应用之可行性"，第三场为"BIM 永续推动及发展目标"。

2011 年与 2012 年，台北市政府又举行"台北市政府建造执照应用 BIM 辅助审查研讨会"，从不同方面就台北市政府的研究专案说明、推动环境与策略、应用经验分享、工程法律与产权等课题提出专题报告并进行研讨。

BIM 在台湾的推动与发展,台湾的产官学界对 BIM 的关注度也十分之高。

2007 年,台湾大学与 Autodesk 签订了产学合作协议,重点研究建筑信息模型(BIM)及动态工程模型设计。

2009 年,台湾大学土木工程系成立了"工程信息仿真与管理研究中心"(Research Center for Building & Infrastructure Information Modeling and Management,简称 BIM 研究中心),建立技术研发、教育训练、产业服务与应用推广的服务平台,促进 BIM 相关技术与应用的经验交流、成果分享、人才培训与产官学研合作。

2011 年,为了调整及补充现有合同内容在应用 BIM 上的不足,BIM 中心与淡江大学工程法律研究发展中心合作并出版了《工程项目应用建筑信息模型之契约模板》一书,并特别提供合同范本与说明,让用户能更清楚了解各项条文的目的、考虑重点与参考依据。高雄应用科技大学土木系也于 2011 年成立了工程资讯整合与模拟(BIM)研究中心。此外,台湾交通大学和台湾科技大学对 BIM 进行了广泛的研究,极大地推动了台湾对于 BIM 的认知与应用。

2.2　国外 BIM 政策法规

BIM 最先从美国发展起来,随着全球化的进程,已经扩展到了欧洲、韩国、新加坡、澳大利亚等国家,目前这些国家的 BIM 发展和应用都达到了一定水平。根据美国 McGraw Hill Construction(麦格劳-希尔集团)统计分析数据,近两年世界各地 BIM 应用情况如图 2-2 所示。

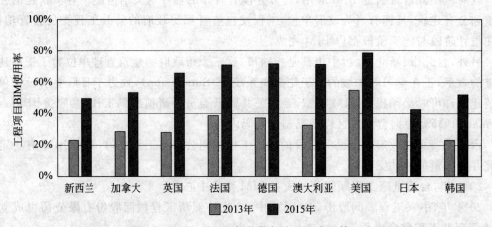

图 2-2　2013—2015 年世界各地 BIM 应用情况

随着 BIM 应用在国外的不断推广,很多国家政府为了能把 BIM 技术应用得更好,根据自己国家的现有发展状况和需求制定了相应的具体技术政策。本书将重点剖析几个国家对 BIM 应用制定的相关政策法规,以此来对国外 BIM 的政策法规进行概述。

1. 美国

美国是较早启动建筑业信息化研究的国家,发展至今,BIM 研究与应用都走在世界前列。目前,美国大多建筑项目已经在不同方向上开始应用 BIM,而且存在各种 BIM 协会,也出台了各种 BIM 标准。由于 BIM 技术在美国的发展日趋成熟,其政策标准也得到具体的完善。

2003 年,美国开始规定了具体的 BIM 政策,为了提高建筑领域的生产效率,支持建筑行业信息化水平的提升,GSA(General Services Administration,美国总务管理局)推出了国家 3D-4D-BIM 计划,鼓励所有 GSA 的项目采用 3D-4D-BIM 技术,并给予不同程度的资金资助。

2006 年,美国陆军工程兵团(U. S. Army Corps of Engineers,USACE)是世界最大的公共工程设计和建筑管理机构,为了全面提升建筑行业质量和效率制定并发布了一份 15 年的 BIM 路线图,如图 2-3 所示。

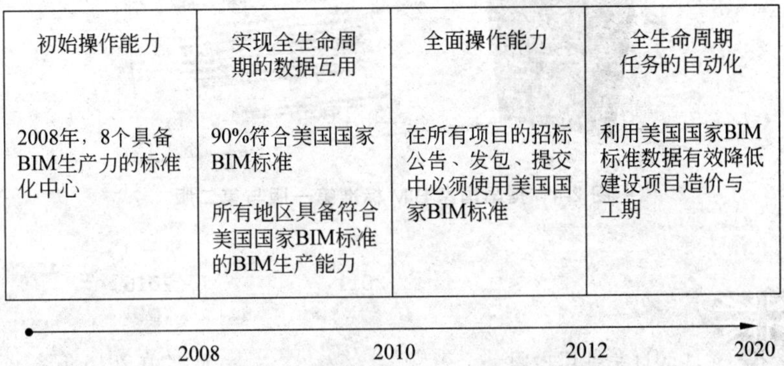

初始操作能力	实现全生命周期的数据互用	全面操作能力	全生命周期任务的自动化
2008年，8个具备BIM生产力的标准化中心	90%符合美国国家BIM标准 所有地区具备符合美国国家BIM标准的BIM生产能力	在所有项目的招标公告、发包、提交中必须使用美国国家BIM标准	利用美国国家BIM标准数据有效降低建设项目造价与工期
	2008	2010	2012	2020

图 2-3　USACE 针对 BIM、NBIMS 及互用性的长期战略目标

2007 年,美国建筑科学研究院发布 NBIMS,旗下的 BSA 联盟(Building SMART Alliance,BSA)致力于 BIM 研究和推广,使项目所有参与者在项目生命周期阶段能共享准确的项目信息。BIM 通过收集和共享项目信息与数据,可以有效地节约成本、减少浪费。因此,美国 BSA 的目标是在 2020 年之前,帮助建设部门节约 31% 的浪费或者节约 4 亿美元。

BSA 下属的美国国家 BIM 标准项目委员会(the National Building Information Model Standard Project Committee-United States,NBIMS-US)专门负责美国国家 BIM 标准(National Building Information Model Standard,NBIMS)的研究与制定,共发布了 NBIMS-USV1、NBIMS-USV2、NBIMS-USV3 三版标准,其中两版如图 2-4 所示。

2. 英国

英国是目前全球 BIM 应用增长最快的地区之一,英国 BIM 的快速发展与政府的政策支持是息息相关的。英国政府要求强制使用 BIM 的文件得到了英国建筑业 BIM 标准委员会(AEC(UK)BIM Standard Committee)的支持,如图 2-5 所示。

目前,标准委员会还在制定适用于 ArchiCAD、Vectorworks 的类似 BIM 标准,以及已有标准的更新版本。这些标准的制定都为英国的 AEC 企业从 CAD 过渡到 BIM 提供切实可行的方案和程序,例如,如何命名模型、如何命名对象、单个组件的建模、与其他应用程序或专业的数据交换等。特定产品的标准是为了在特定 BIM 产品应用中解释和扩展通用标准的一些概念。标准委员会成员编写了这些标准,这些成员来自日常使用 BIM 工作的建筑行业专业人员,所以这些服务不只停留在理论上,更能应用于 BIM 的实际实施。

图 2-4　美国国家 BIM 标准第一版与第二版

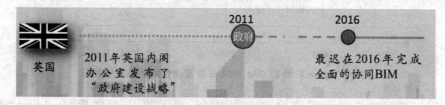

图 2-5　英国政府 BIM 路线图

由此可见,政府在 BIM 技术发展中扮演着不可或缺的角色,因而政府所颁布的一系列政策法规对该国家 BIM 技术的发展起到了推动性作用。因此,政府要重视对 BIM 技术的发展,把 BIM 放入建筑业发展规划中是很有必要的。

3. 韩国

韩国公共采购服务中心(Public Procurement Service,PPS)于 2010 年 4 月发布了 BIM 路线图,如图 2-6 所示,内容包括:

2010 年,在 1～2 个大型工程项目应用 BIM;

2011 年,在 3～4 个大型工程项目应用 BIM;

2012—2015 年,超过 500 亿韩元大型工程项目都采用 4D BIM 技术(3D 模型+成本管理);

2016 年前,全部公共工程应用 BIM 技术。

此外,韩国国土海洋部分别在建筑领域和土木领域制订 BIM 应用指南。其中《建筑领域 BIM 应用指南》于 2010 年 1 月完成发布。该指南是建筑业业主、建筑师、设计师等采用 BIM 技术时必需的要素条件以及方法等的详细说明文书。土木领域的 BIM 应用指南也已立项,暂定名为《土木领域 3D 设计指南》。

4. 澳大利亚

澳大利亚也制订了国家 BIM 行动方案,2012 年 6 月,澳大利亚 Building SMART 组织

	短期 (2010—2012年)	中期 (2013—2015年)	长期 (2016年—　)
目标	通过扩大BIM应用来提高设计质量	构建4D设计预算管理系统	设施管理全部采用BIM，实行行业革新
对象	500亿韩元以上交钥匙工程及公开招标项目	500亿韩元以上的公共工程	所有公共工程
方法	通过积极的市场推广，促进BIM的应用；编制BIM应用指南，并每年更新；BIM应用的奖励措施	建立专门管理BIM发包产业的诊断队伍；建立基于3D数据的工程项目管理系统	利用BIM数据库进行施工管理、合同管理及总预算审查
预期成果	通过BIM应用提高客户满意度；促进民间部门的BIM应用；通过设计阶段多样的检查校核措施，提高设计质量	提高项目造价管理与进度管理水平；实现施工阶段设计变更最少化，减少资源浪费	革新设施管理并强化成本管理

图 2-6　韩国 BIM 路线图

受澳大利亚工业、教育等部门委托发布了一份《国家 BIM 行动方案》，制订了按优先级排序的"国家 BIM 蓝图"如下：

（1）规定需要通过支持协同、基于模型采购的新采购合同形式；

（2）规定了 BIM 应用指南；

（3）将 BIM 技术列为教育内容之一；

（4）规定产品数据和 BIM 库；

（5）规范流程和数据交换；

（6）执行法律、法规审查；

（7）推行示范工程，鼓励示范工程用于论证和检验上述六项计划的成果用于全行业推广普及的准备就绪程度。

5. 新加坡

新加坡负责建筑业管理的国家机构是建筑管理署（Building and Construction Authority，BCA）。在 2011 年，BCA 发布了新加坡 BIM 发展路线规划（BCA's Building Information Modeling Roadmap），如图 2-7 所示，规划明确规定整个建筑业在 2015 年前广泛使用 BIM 技术。为了实现这一目标，BCA 分析了面临的挑战，并制定了相关策略。

其中包括制定 BIM 交付模板以减少从 CAD 到 BIM 的转化难度，于 2010 年 BCA 发布了建筑和结构的模板，2011 年 4 月发布了 M&E 的模板；另外，与新加坡 Building SMART 分会合作，制订了建筑与设计对象库，并明确在 2012 年以前合作确定发布项目协作指南。

为了鼓励早期的 BIM 应用者，BCA 于 2010 年成立了一个 600 万新币的 BIM 基金项目，任何企业都可以申请。基金分为企业层级和项目协作层级，企业层级最多可申请20000新元，用以补贴培训、软件、硬件及人工成本；项目协作层级需要至少 2 家公司的 BIM 协作，

图 2-7   新加坡 BIM 发展路线规划

每家公司、每个主要专业最多可申请 35000 新元，用以补贴培训、咨询、软件及硬件和人力成本。申请的企业必须派员工参加 BCA 学院组织的 BIM 建模或管理技能课程。

在创造需求方面，新加坡决定政府部门必须带头在所有新建项目中明确提出 BIM 需求。2011 年，BCA 与一些政府部门合作确立了示范项目。BCA 将强制要求提交建筑 BIM 模型（2013 年起）、结构与机电 BIM 模型（2014 年起），并且最终在 2015 年前实现所有建筑面积大于 $5000m^2$ 的项目都必须提交 BIM 模型的目标。

6. 日本

2009 年被认为是日本的 BIM 元年。大量的日本设计公司、施工企业开始应用 BIM，而日本国土交通省也在 2010 年 3 月选择一项政府建设项目作为试点，探索 BIM 在设计可视化、信息整合方面的价值及实施流程，如图 2-8 所示。

图 2-8   日本 BIM 发展路线图

2010 年，日经 BP 社调研了 517 位设计院、施工企业及相关建筑行业从业人士，了解他们对于 BIM 的认知度与应用情况。结果显示，BIM 的知晓度从 2007 年的 30.2% 提升至 2010 年的 76.4%。

2008 年的调研显示，采用 BIM 的最主要原因是 BIM 绝佳的展示效果，而 2010 年人们采用 BIM 主要用于提升工作效率，仅有 7% 的业主要求施工企业应用 BIM，这也表明日本企业应用 BIM 更多是企业的自身选择与需求。日本 33% 的施工企业已经应用 BIM 了，在这些企业当中近 90% 是在 2009 年之前开始实施的。

2012 年，日本建筑学会发布 BIM 指南，从 BIM 团队建设、BIM 数据处理、BIM 设计流程、应用 BIM 进行预算、模拟等方面为日本的设计院和施工企业应用 BIM 提供了指导。

2.3   国际 BIM 技术标准

对于发布的 BIM 标准，目前在国际上主要分为三类：一类是由 ISO 等认证的相关行业数据标准，另一类是 BIM 构件模型建模深度标准，最后一类是各个国家针对本国建筑业发展情况制定的 BIM 标准。行业性标准主要分为工业基础类（Industry Foundation Class，

IFC)、信息交付手册(Information Delivery Manual,IDM)、国际字典(International Framework for Dictionaries,IFD)三类,它们是实现 BIM 价值的三大支撑技术,其发布情况可如表 2-3 所示。各个国家的 BIM 标准,如图 2-9 所示,是该国针对自身发展情况制定的指导本国实施 BIM 的操作指南。

表 2-3　IFC/IDM/IFD 标准分类

标准类别	标准名称	发布状态
IFC 标准 (工业基础类)	ISO/PAS 16739:2005 工业基础分类 2X 版平台规范(IFC 2X 平台)	已发布
	ISO/PAS 16739:2013 工业基础类(IFC)数据共享	已发布
IDM 标准 (信息交付手册)	ISO 29481-1:2010 建筑信息模型—信息交付手册—第一部分:方法和格式	已发布
	ISO 29481-1:2016 建筑信息模型—信息交付手册—第二部分:交换框架	已发布
IFD 标准 (国际数据字典)	ISO 12006-2:2006 建筑施工—建造业务信息组织—第二部分:信息分类框架	已发布
	ISO 12006-3-2007 建筑构造—施工工程的信息组织—第 3 部分:面向对象的信息框架	已发布
	ISO 12006-2:2015 建筑施工—建造业务信息组织—第二部分:信息分类框架	已发布

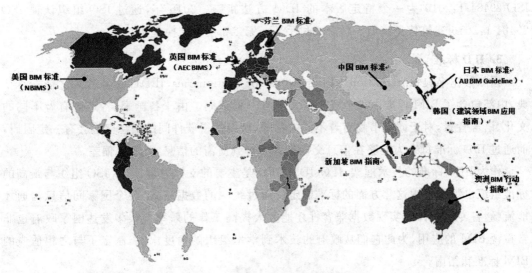

图 2-9　世界各地 BIM 标准地图

2.3.1　行业数据标准

1. IFC 标准

在 2002 年欧特克提出 BIM 前,已有相关的 BIM 标准研究基础。最早在 1995 年,IAI (Industry Alliance for Interoperability,现更名为 Building SMART International)提出了面向建筑对象的 IFC 信息模型标准,其 IFC 是用在工程建设行业数据互用的文件格式,通过这个标准可以清楚地定义与表达包含在工程项目中所要传递的东西,帮助实现 BIM 应用。

IFC 作为建筑产品数据表达的标准,能够在横向上支持各应用系统之间的数据交换,在纵向上解决建筑全生命周期过程中的数据管理。直到 1997 年 IAI 组织发布了 IFC 信息模型的第一个完整版本,并在 2002 年,通过了国际标准化组织(International Standard Organization,ISO)鉴定并被 ISO 标准化组织接受,注册为 ISO/PAS 16739 国际标准。目前 IFC 标准已扩展到建筑行业的建筑、结构、电气、物业等 9 个领域,同时还在向地理信息系统(Geographic Information System ,GIS)等方面扩展。其主要有 IFC1. 0～FC2X4,共 7个版本。当前最新版本 IFC2X4 包含了最全面的 BIM 数据标准。

2. IDM 标准

IFC 是信息交换标准格式,存储了工程项目全生命周期的信息,包括各类不同软件、不同项目参与方以及项目不同阶段的信息。但是兼容 IFC 的软件由于缺乏特定的信息需求定义而使得整个的信息传递方案未能解决,即各软件系统间无法保证交互数据的完整性与协调性。为此需要制定一套能满足信息需求定义的标准,信息交付手册(Information Delivery Manual,IDM)。通过 IDM 标准的制定,使得 IFC 标准在全生命周期的某个阶段能够落到实处,类似于桥梁的连接作用,从 IFC 标准中收集所需的信息,通过标准化后应用于某个指定的项目阶段、业务流程或某类软件,实现与 IFC 标准的映射。2010 年,Building SMART 通过 ISO 组织认证"建筑信息模型—信息交付手册—第一部分:方法与格式",即 ISO 29481-1:2010 为一个特定版本的 IDM 方法指南。2016 年,通过 ISO 组织认证 ISO 29481-1:2016 建筑信息模型—信息交付手册—第二部分:交换框架。

3. IFD 标准

国际数据字典(International Framework for Dictionaries,IFD),顾名思义它是一本字典,内部包含了 BIM 标准中每个概念定义的唯一标识码。由于各国家、各地区有着不同的文化、语言背景,对于同一事物有着不同的称呼,所以使得软件间的信息交换会有一定阻碍,而通过 IFD 标准每个人能够在信息交换过程中得到所需的信息,不产生偏差。

作为 BIM 标准的技术框架,IFC、IDM、IFD 是主要的支撑力量,国际 ISO 组织与最高的标准组织也特别重视这几方面的标准制定。通过统一的数据格式,各个国家间信息沟通才能流畅,各专业软件间实现数据兼容性才能大大提高工作的效率。很多发达国家政府也非常重视 BIM 的应用,为此它们从政府的技术到学术组织的角度出发,制定了与之相适应的 BIM 标准和指南。

2.3.2　BIM 构件模型建模深度标准

美国建筑师协会(American Institute of Architects,AIA)的 E202 号文件中,以"发展程度"(Level of Development,LOD)来定义 BIM 模型中模型构件在建筑生命期各阶段中所期望的"完整度"(LOC),划分了从 100 -500 的五个等级的 LOD,如表 2-4 所示。

表 2-4　美国建模精度

阶段	英文	阶段代码	建模精细度	阶段
勘察/概念化设计	Survey/Conceptual Design	SC	LOD100	项目可行性研究,项目用地许可
方案设计	Schematic Design	SD	LOD200	项目规划评审报批,建筑方案评审报批,设计概算
初步设计/施工图设计	Design Development / Construction Documents	DD/CD	LOD300	专项评审报批,节能初步评估,建筑造价估算,建筑工程施工许可,施工准备,施工招投标计划,施工图招标控制价
虚拟建造/产品预制/采购	Virtual Construction/ Pre-Fabrication/Product Bidding/Acceptance	VC	LOD400	施工预演,产品选用,集中采购,施工阶段造价控制
验收/交付	Acceptance/As-Built	VB	LOD500	施工结算

由表 2-4 可见,AIA 的 E202 号文件只是概念性地说明了在不同建设阶段,模型构件随着不同的应用需求,模型复杂度按照预期设定不断深化。虽然表 2-4 中美国建模精度被广泛引用,且被定义为说明建筑信息模型内容详细程度的标准,但鉴于美国建筑设计图纸各阶段表达深度与目前国内图纸设计标准存在偏差等客观事实,该标准并不能作为建模的直接参照。

2.3.3　国家操作指南

随着 BIM 标准的发展,美国、英国、挪威、芬兰、澳大利亚、日本、新加坡等国家都开始基于 IFC 标准制定适合本国的 BIM 标准。

1. 美国

目前美国走在 BIM 研究的前沿,有着相对较为成熟的 BIM 应用技术,并在多个项目中已展开使用。在 2004 年,美国就开始基于 IFC 编制国家 BIM 标准。

2007 年,美国发布了 BIM 应用标准第一版(National Building Information Model Standard,NBIMS-USV1)。该标准是美国第一个完整的具有指导性和规范性的标准,它规定了基于 IFC 数据格式的建筑信息模型在不同行业之间信息交互的要求,实现信息化促进商业进程的目的,对正确应用 BIM 起到了很好的作用。

2012 年,在华盛顿举行的 AIA 大会上,美国 Building SMART 联盟发布了 BIM 应用标准第二版(NBIMS-USV2),包含了 BIM 参考标准、信息交换标准与指南和应用三大部分。其中参考标准主要是经 ISO 认证的 IFC、XML(Extensible Markup Language,可扩展标记语言)、Omniclass、IFD 等技术标准。信息交换标准包含了 COBie、空间规划复核、能耗分析、工程量和成本分析等。

2015 年,发布了 BIM 应用标准第三版(NBIMS-USV3),包括参考标准的一致性规范,描述了在建筑全寿命周期过程中不同部分信息交换标准要求,明确包括建模、管理、沟通、项目执行和交付,甚至合同规范的标准流程。

2. 英国

在英国,多家设计与施工企业共同成立"AEC(UK)BIM 标准"项目委员会。

2009 年,为满足 AEC 行业在设计环境中实施统一、实用、可行的建筑信息模型,在该项目委员会的领导下,制定了相关标准——《建筑工程施工工业(英国)建筑信息模型规程》,即"AEC(UK)BIM Standard"。2011 年发布了 AEC(UK)BIM 标准第二版,同时在 2010 年、2011 年分别基于 Revit 平台、Bentley 平台发布了 BIM 实施标准——AEC(UK) BIM Standard for Autodesk Revit、AEC(UK) BIM Standard for Bentley Building。针对这两种软件发布的 BIM 使用标准,具有很强的社会实践性。

英国标准学会(BSI)也发布实施了工程应用方面的 BIM 国家标准 BS1192,该标准目前有 5 部分,覆盖了工程项目不同阶段,具体是:

第一部分 BS 1192:2007《建筑工程信息协同工作规程》(*Collaborative production of architectural, engineering and con struction information code of practice*)。

第二部分 BS PAS 1192-2:2013《BIM 工程项目建设交付阶段信息管理规程》(*Specification for information management for the capital/delivery phase of construction projects using building information modelling*)。

第三部分 BS PAS 1192-3:2014《BIM 项目/资产运行阶段信息管理规程》(*Specification for information management for the operational phase of assets using building information modelling*)。

第四部分 BS 1192-4:2014《使用 COBie 满足业主信息交换要求的信息协同工作规程》(*Collaborative production of information Part 4: Fulfilling employers information exchange require-ments using COBie code of practice*)。

第五部分 BS PAS 1192-5:2015《建筑信息模型、数字建筑环境与智慧资产管理安全规程》(*Specification for security-minded building information modelling, digital built environments and smart asset management*)。

3. 日本

日本建筑学会(Architectural Institute of Japan,AIJ)在 2012 年发布了日本 BIM 指南及 *Revit User Group Japan Modeling Guideline*,从设计师的角度出发,对设计事务所的 BIM 组织机构建设、BIM 数据的版权、质量控制、BIM 建模规则、专业应用切入点以及交付成果提出了详细的指导,同时探讨了 BIM 带给设计阶段概预算、性能模拟、景观设计、监理管理以及运维管理的一系列变革及对策。

4. 新加坡

新加坡建设局(Building and Construction Authority,BCA)在 2012 年、2013 年分别发布了《新加坡 BIM 指南》1.0 版和 2.0 版。《新加坡 BIM 指南》是一本参考性指南,概括了各项目成员在采用建筑信息模型(BIM)的项目中不同阶段承担的角色和职责,是制定《BIM 执行计划》的参考指南,包含了 BIM 说明书和 BIM 模型及协作流程。

5. 韩国

韩国包括韩国国土海洋部、韩国教育科学技术部、韩国公共采购服务中心(Public Procurement Service,PPS)等多个政府机关都在致力于 BIM 应用标准的制定。其中韩国公共采购服务中心下属的建设事业局制订了 BIM 实施指南和路线图。韩国国土海洋部在 2010 年发布了分别在建筑领域和土木领域制定 BIM 应用指南,包括《建筑领域 BIM 应用指南》《韩国设施产业 BIM 应用基本指南书——建筑 BIM 指南》以及《BIM 应用设计指南——三维建筑设计指南》,是建筑业业主、建筑师、设计师等采用 BIM 技术时必需的要素条件及方法等的详细说明。

6. 芬兰

芬兰的 Senate Properties 在 2007 年发布了 BIM Requirements。其内容包括总则、建模环境、建筑、水电暖、构造、质量保证和模型合并、造价、可视化、水电暖分析及使用等,以项目各阶段于主体之间的业务流程为蓝本构成,包括了建筑的全生命周期中产生的全部内容,并进行多专业衔接、衍生出有效的分工。

2.4　国内 BIM 技术标准

中国 BIM 技术应用发展迅速,住房和城乡建设部于 2016 年 12 月 2 日发布第 1380 号公告,批准《建筑信息模型应用统一标准》(GB/T 51212—2016)为国家标准,自 2017 年 7 月 1 日起实施。这是我国第一部建筑信息模型应用的工程建设标准,填补了我国 BIM 技术应用标准的空白。同时相关单位也带头着手 BIM 标准编制工作,具体如下:

2007 年,中国建筑标准设计研究院提出了《建筑对象数字化定义》(JG/T 198—2007),其非等效采用了国际上的 IFC 标准《工业基础类 IFC 平台规范》,只是对 IFC 进行了一定简化。

2008 年,由中国建筑科学研究院、中国标准化研究院等单位共同起草了《工业基础类平台规范》(GB/T 25507—2010),等同采用 IFC(ISO / PAS 16739：2005)标准,在技术内容上与其完全保持一致,仅为了将其转化为国家标准,并根据我国国家标准的制定要求,在编写格式上作了一些改动。

2010 年清华大学软件学院 BIM 课题组提出了中国建筑信息模型标准框架(China Building Information Model Standards,CBIMS)。

2012 年,住房和城乡建设部批准国家标准《建筑工程信息模型应用统一标准》(GB/T 51212—2016)(简称 NBIMS-CHN)和《建筑工程设计信息模型分类和编码标准》立项。

下面简单介绍我国已经颁布和即将颁布的 BIM 标准,主要分为国家标准、地方标准、行业标准。

2.4.1　国家标准

1. 建筑工程信息模型应用统一标准

中国建筑科学研究院会同有关单位编制《建筑工程信息模型应用统一标准》(GB/T 51212—2016)共分 6 章,主要技术内容是:总则、术语和缩略语、基本规定、模型结构与扩展、数据互用、模型应用。其中章节主要内容如下:

第 1 章"总则"说明了制订此标准的背景和使用范围。

第 2 章"术语和缩略语",规定了建筑信息模型、建筑信息子模型、建筑信息模型元素、建筑信息模型软件等术语,以及"P-BIM"基于工程实践的建筑信息模型应用方式这一缩略语。

第 3 章"基本规定",提出了"协同工作、信息共享"的基本要求,并推荐模型应用宜采用 P-BIM 方式,还对 BIM 软件提出了基本要求。

第 4 章"模型结构与扩展",提出了唯一性、开放性、可扩展性等要求,并规定了模型结构由资源数据、共享元素、专业元素组成，以及模型扩展的注意事项。

第 5 章"数据互用"，对数据的交付与交换提出了正确性、协调性和一致性检查的要求，规定了互用数据的内容和格式，对数据的编码与存储也提出了要求。

第 6 章"模型应用"，不仅对模型的创建、使用分别提出了要求，还对 BIM 软件提出了专业功能和数据互用功能的要求，并给出了对于企业组织实施 BIM 应用的一些规定。

2. 建筑工程设计信息模型交付标准

中国建筑标准设计研究院于 2014 年推出了其编制的《建筑工程设计信息模型交付标准》一版征询意见稿，但住建部尚未发布公告，正在编制过程中。标准主要技术内容包括：总则、术语和符号、基本规定、命名规则、建筑工程信息模型建模要求、建筑经济对设计信息模型的交付要求、建筑工程设计专业协同流程和数据传递、建筑工程信息模型交付物。

该标准主要用于指导基于建筑信息模型的建筑工程设计过程中，各阶段数据的建立、传递和解读，特别是各专业之间的协同，工程设计参与各方的协作，以及质量管理体系中的管控等过程。另外，该标准也用于评估建筑信息模型数据的完整度，以用于在建筑工程行业的多方交付。

3. 建筑工程设计信息模型分类和编码

中国建筑标准设计研究院于 2014 年推出了其负责编制的《建筑工程设计信息模型分类和编码》一版征询意见稿，但住建部尚未发布公告，正在编制中。标准主要技术内容包括：总则、术语、基本规定、应用方法。

该标准主要用于实现建筑工程建设与使用各阶段建筑工程信息的有序分类与传递，为建筑工程规划、设计、施工阶段的成本预算与控制，设计阶段项目描述建立，建筑信息模型数据库建立，规范建筑工程中建筑产品信息交换、共享，促进建筑工程信息化发展而制定的。

4. 建筑工程施工信息模型应用标准

中国建筑股份有限公司和中国建筑科学研究院会同国家建筑信息模型（BIM）产业技术创新战略联盟等单位编制《建筑工程施工信息模型应用标准》。于 2016 年推出了一版征询意见稿，但住建部尚未发布公告，正在编制中。此标准是我国第一部施工领域建筑信息模型应用的工程建设标准，提出了建筑工程施工信息模型应用的基本要求，内容涵盖了施工过程中所有相关工作的 BIM 应用。

该标准主要技术内容包括：总则、术语、基本规定、施工 BIM 应用策划与管理、施工模型、深化设计 BIM 应用、施工模拟 BIM 应用、预制加工 BIM 应用、进度管理 BIM 应用、预算与成本管理 BIM 应用、质量与安全管理 BIM 应用、施工监理 BIM 应用、竣工验收与交付 BIM 应用。

5. 建筑工程信息模型存储标准

中国建筑科学研究院会同相关单位负责编制《建筑工程信息模型存储标准》的相关工作，此标准适用于建筑工程全生命期模型数据的存储，目前尚未发布征询意见稿。

6. 中国建筑信息模型标准框架（CBIMS）

2011 年 12 月由清华大学 BIM 课题组主编的《中国建筑模型标准框架研究》（CBIMS）第一版正式发行。内容主要包括三个方面。（1）CBIMS 技术规范即信息交换规范，包括引用现有国家和国际的标准和建设中国的标准体系,中国建筑业信息分类体系与术语标准、中国建筑领域的数据标准、中国建筑信息化流程规则标准;(2)CBIMS 解决方案主要针对中国 BIM 数字化资源问题,包括技术选择说明、对应 CBIMS 说明、构件详细说明;(3)CBIMS 应用指导主要是协助用户理解和应用 CBIMS,利用技术规范来制作构件,并用 CBIMS 标准构件来搭建和使用 BIM 模型,内容包括构件制作、工程建模、模型应用,如图 2-10 所示。

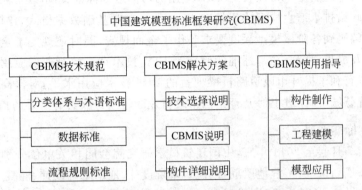

图 2-10　中国国家标准 CBIMS 标准框架体系结构

2.4.2　地方标准

1. 北京市

北京质量技术监督局和北京市规划委员会于 2014 年 5 月颁布了《民用建筑信息模型设计标准》(DB11/T 1069—2014),该标准提出 BIM 的资源要求、模型深度要求、交付要求是在 BIM 的实验室过程规范民用建筑 BIM 设计的基本内容。

2. 上海市

上海市城乡建设和管理委员会 2015 年月颁布《上海市建筑信息模型技术应用指南(2015 版)》,该指南是上海市建筑领域应用 BIM 技术的重要依据,有助于指导和规范上海市 BIM 应用,实现 BIM 技术的价值。同时,该指南也是上海市 BIM 标准和规范体系建设的一阶段成果。

3. 广东省

广东省建筑科学研究院和广东省建筑设计研究院编制的《广东省建筑信息模型应用统一标准》,目前正在编制中,主要内容包括:模型体系类型(标准信息模型的建筑结构体系,标准模型扩展信息体系、模型信息任务等),模型分析(模型信息提取、模型信息量分析、模型适应性分析),基本构造规定(信息模型构造设计与应用要求规定、一般构造节点信息规定等),数据共享(数据信息交付与交换标准,模型、族库数据等信息编码与存储方式),应用模型规定(模型信息量与要求、模型数据采集要求、基本信息模型数据提取等),信息模型基本元素组成(建筑元素的种类、精细化程度等)。

2.4.3　行业标准

1. 城市轨道交通

上海市于 2016 年 1 月制定了《城市轨道交通信息模型技术标准》与《城市轨道交通信息

模型交付标准》,两项标准的出台将对构建城市轨道交通 BIM 应用技术体系以及 BIM 技术的落地实践起到很好的规范和指导作用;同时对提升轨道交通工程建设和运维信息化管理水平,加快城市轨道交通行业向信息化和工业化转型升级具有十分重要的意义。

2. 市政道路桥梁

上海在国内率先制定了市政行业 BIM 应用的两部地方标准:《市政道路桥梁信息模型应用标准》《市政给排水信息模型应用标准》。两部标准对基础数据格式、建模要求、协同要求及构件分类编码到各阶段模型深度要求等作了全面规定,同时还规定了全寿命周期各阶段的模型应用及成果要求。两部标准的制定为 BIM 技术在市政行业的应用提供了详细的应用参考模板,有利于提升市政道路桥梁项目的 BIM 技术应用水平,对提高市政产业信息化水平,建设智慧城市,促进上海乃至全国市政行业的转型升级具有重要的指导意义。

3. P-BIM 标准系列

从 2013 年 7 月起至 2014 年底,中国建筑科学研究院会同相关单位分别完成了主编包括规划和报建、规划审批、工程地质勘查、建筑基坑设计、地基基础设计、混凝土结构、钢结构设计、砌体结构设计、给排水设计、供暖通风与空气调节设计、建筑电气设计、施工图审查、绿色建筑设计评价、混凝土结构施工、钢结构施工、机电施工、工程监理、工程造价管理、施工计划进度管理、施工质量安全管理、竣工验收管理、建筑绿色施工评价、建筑空间管理等一系列 P-BIM 标准计划工作,如表 2-5 所示。

表 2-5　P-BIM 标准系列

序号	名　　称
1	《规划和报建 P-BIM 软件技术与信息交换标准》
2	《规划审批 P-BIM 软件技术与信息交换标准》
3	《建筑基坑设计 P-BIM 软件技术与信息交换标准》
4	《岩土工程勘察 P-BIM 软件技术与信息交换标准》
5	《地基基础设计 P-BIM 软件技术与信息交换标准》
6	《绿色建筑设计评价 P-BIM 软件技术与信息交换标准》
7	《混凝土结构施工图审查 P-BIM 软件技术与信息交换标准》
8	《建筑空间管理 P-BIM 软件技术与信息交换标准》
9	《供暖通风与空气调节设计 P-BIM 软件技术与信息交换标准》
10	《工程造价管理 P-BIM 软件技术与信息交换标准》
11	《给排水设计 P-BIM 软件技术与信息交换标准》
12	《地基与基础工程监理 P-BIM 软件功能与信息交换标准》
13	《混凝土结构设计 P-BIM 软件技术与信息交换标准》
14	《电气设计 P-BIM 软件技术与信息交换标准》
15	《钢结构施工 P-BIM 信息交换标准》
16	《砌体结构设计 P-BIM 软件技术与信息交换标准》

续表

序号	名　称
17	《竣工验收管理 P-BIM 软件技术与信息交换标准》
18	《机电施工 P-BIM 软件技术与信息交换标准》
19	《混凝土结构施工 P-BIM 软件技术与信息交换标准》
20	《建筑设计 P-BIM 软件技术与信息交换标准》

2.5　本章小结

本章通过对国内外政策法规以及标准进行简单概述,让读者对于 BIM 的标准发展有一定的认识。目前,我国 BIM 政策法规及标准还处于制定阶段,并不完善,相比较国际的发展态势,还需要一段时间来探索与发展。只有制定统一的数据标准,才能使得建筑业间的信息沟通变得高效、准确。

BIM 是未来建筑行业发展的必然趋势,BIM 标准是建筑行业 BIM 应用的基础,但 BIM 的发展还需要依靠整个行业共同努力来实现构建。

习　　题

1. 目前国外有哪些国家制定了 BIM 技术的标准?分别有哪些?
2. 我国的 BIM 标准涉及哪些方面?
3. 请列举几个 P-BIM 标准。

第 3 章

BIM 系统概述

BIM 很有用，我想学习，但是 BIM 就是一款 3D 软件吗？我应该学习哪款 BIM 软件呢？我应该配一个什么样的电脑呢？这些问题可是每位 BIM 初学者常常会问到的，也是我们比较难以给出标准答案的问题，但是通过本章的学习相信你会找到属于自己的 BIM 软件及硬件。

BIM 系统由 BIM 软件构成，还需要一系列硬件满足软件要求。硬件包括中央处理机、存储器和外部设备等，软件则是一系列的 BIM 运行程序和相应的文档。随着计算机技术和软件工程的不断发展，BIM 从 2002 年提出以来，其硬件需求水平在逐年提高，软件的规模也在不断扩大。也许，对于长期从事 BIM 工作的工程师来说，每一个人都有自己对于 BIM 硬件配置的不同理解。不可否认的是，BIM 硬件和软件存在着相关匹配的关系，每一个 BIM 软件都对硬件有着不同的要求。但是我们不可能为了每一款 BIM 软件去采购不同的硬件，只能最大限度地一次性满足不同 BIM 软件的需求。因此，我们需要在 BIM 应用点的基础上完成 BIM 软件的选择，构建最大限度满足软件要求的硬件，进而才能组成符合项目自身需求的 BIM 系统。

3.1　BIM 软件

美国 BuildingSMART 联盟主席 Dana K. Smitn 先生在 2009 年出版的 BIM 专著 *Building Information Modeling—A Strategic Implementation Guide for Architects, Engineers, Constructors and Real Estate Asset Managers*（建筑信息模型——建筑战略实施指南）中下了这样一个论断："依靠一个软件解决所有问题的时代已经一去不复返了。"在《为什么 BIM 应用不容易成功？》一文中，也提到了 BIM 的其中一个特点就是 BIM 不再是一个软件的事，其实 BIM 不只不是一个软件的事，准确一点应该说 BIM 不是一类软件的事，而且每一类软件的选择也不只是一个产品，这样一来要充分发挥 BIM 价值为项目创造效益涉及常用的 BIM 软件数量就有十几个到几十个之多了。已有不少 BIM 专家学者对现有的 BIM 软件进行了分类，如图 3-1 所示，根据 BIM 软件的应用特点将其分为核心建模、方案设计、可持续发展、分析、模型检查等多种类型。

现阶段，在全球范围内人人小小的 BIM 软件不计其数，其软件形式也多种多样，有独立版本，有二次开发，有插件……本书不会对其一一进行介绍，而主要考虑软件的市场占有率和 BIM 工程师的应用反馈，详细介绍一些主流的 BIM 应用软件。

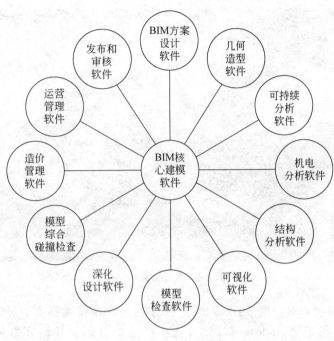

图 3-1　BIM 软件分类

3.1.1　建模软件

众所周知,BIM 模型是一切应用的基础。模型创建的好坏将直接关系到最终的 BIM 应用。从 BIM 软件分类图中也可以看出建模软件的核心地位所在。因此,在相关文献中称其为核心建模软件。现阶段,在国内 BIM 相关标准还未完全明确之前,许多 BIM 应用软件往往也自带了建模功能,比如一些国产造价软件。但随着 BIM 的发展和国标的出台,建模软件将更加专业,同时更具备广泛的适用性,因为 BIM 应用中数据的传递是非常重要的。目前,全球范围内主流的建模软件厂商包括 Autodesk、Bentley、Dassault Systemes、Nemetschek Vectorworks,下面进行简单介绍。

1. Autodesk

始建于 1982 年的 Autodesk 是世界领先的设计软件和数字内容创建公司,其产品广泛地用于建筑设计、土地资源开发、生产、公用设施、通信、媒体和娱乐。其中以 AutoCAD 为代表的数字设计软件在国内外工程设计、施工中占有较高的市场地位,尤其在国内行业中其市场占有率处于绝对领先地位。其 BIM 建模相关产品主要包括:

1) Revit

Revit 是当前 BIM 在建筑设计行业的领导者。Autodesk Revit 借助 Auto CAD 的天然优势,在市场上有一定的发展,Revit 系列软件包括 Revit Architecture,Revit Structure,Revit MEP,Revit One Box 以及 Revit LT 等,分别为建筑、结构、设备(水、暖、电)等不同专业提供 BIM 解决方案。Revit 作为一个独立的软件平台,使用了不同于 CAD 的代码库及文件结构,在民用建筑市场有明显的优势,如图 3-2 所示。

Revit 作为 BIM 工具,易于学习和使用,并且用户界面友好;Revit 支持建立参数化对

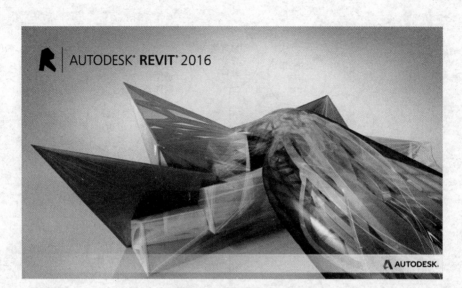

图 3-2　Autodesk Revit

象,定义参数,从而可以对长度、角度等进行约束;Revit 具有非常强大的对象库,约 7 万多种产品的信息储存在于 Autodesk 官网上,这些产品信息的文件格式多种多样,主要有:RVA,DWG,DWF,DGN,GSM,SKP,IES 以及 TXT,便于项目各参与方多用户操作。

Revit 作为 BIM 平台,可以实现相关的应用程序之间的数据交换,主要是通过 Revit API 或者 IFC,DWF 等中间格式;Revit 还可以链接 Auto CAD,Civil 3D 软件进行场地分析,链接 Nomitech,Tocoman i Link 等软件用于成本预算,链接 Navisworks 用于碰撞检查和 4D 模拟等;Revit 支持的文件格式有很多,包括 DWG,DGN,DXF,DWF/DWFx,ADSK,gb XML,html,IFC 等。

综上所述可以看出,Revit 的优点有很多,主要有:

(1) 易于上手,用户界面友好、直观;

(2) 作为一个设计软件,功能强大,出图方便,能满足用户在方案设计阶段对模型创建的各种要求;

(3) 有海量的软件自带的以及第三方开发的对象库;

(4) 支持大量的 BIM 软件,可以链接到多个其他的 BIM 工具;

(5) 支持项目中的各个参与方协同工作等。

然而,Revit 仍然存在着一些缺陷,例如,当模型的大小超过 300M 时,Revit 的运行速度就会大大减慢,这是因为 Revit 采用的是基于内存的系统,模型文件的数据一般保存在内存中。

2) AutoCAD Civil 3D

Civil 3D 是根据相关专业需要进行了专门定制的土木工程道路与土石方解决的 BIM 建模软件,可以加快设计理念的实现过程。它的三维动态工程模型有助于快速完成道路工程、场地、雨水/污水排放系统以及场地规划设计。所有曲面、横断面、纵断面、标注等均以动态方式链接,可更快、更轻松地评估多种设计方案,做出更明智的决策并生成最新的图纸,如图 3-3 所示。

图 3-3　AutoCAD Civil 3D

2. Bentley

Bentley 软件公司是全球最大的 BIM 软件制造商和方案提供商之一,长期致力于为全球建筑师、工程师、施工人员及业主运营商提供促进基础设施可持续发展的综合软件解决方案,软件产品涵盖了土木、建筑、交通等行业,已被广泛应用于国内外大型建设项目中,如图 3-4 所示。

图 3-4　MicroStation 界面

Bentley 软件公司 BIM 建模相关软件包括:

1) Bentley Architecture

Bentley Architecture 具有面向对象的参数化创建工具,能实现智能的对象关联、参数化门窗洁具等,能够实现二维图样与三维模型的智能联动,主要用于建立各类三维构筑物的全信息模型,应用于建筑专业建模。

2) Bentley Structural

Bentley Structural 适用于各类混凝土结构、钢结构等信息结构模型的创建。其构建的结构模型可以连接结构应力分析软件(如 STAAD. Pro 等),进行结构安全性分析计算。从结构模型中可以提取可编辑的平、立面模板图,并能自动标注杆件截面信息,主要用于建立各类三维构筑物的模型,应用于结构专业建模。

3）Bentley Building Mechanical Systems

Bentley Building Mechanical Systems 能够快速实现三维通风及给排水管道的布置设计,材料统计以及平、立、剖面图自动生成等功能,实现二维、三维联动,主要用于创建通风空调管道及设备布置设计,应用于通风、空调和给排水专业建模。

4）Bentley Building Electrical Systems

Bentley Building Electrical Systems 是基于三维设计技术和智能化的建模系统,可以快速完成平面图布置、系统图自动生成,能够生成各种工程报表,完成电气设计的相关工作,结合 BIM 完成协同设计和工程施工模拟进度,满足了建筑行业对三维设计日益提高的需求,可应用于建筑电气专业建模。

5）MicroStation

MicroStation 是集二维制图、三维建模于一体的图形平台,具有照片级的渲染功能和专业级的动画制作功能,是所有 Bentley 三维专业设计软件的基础平台,可应用于所有专业建模。

综上所述,Bentley 的优点有:

（1）Bentley 的 B 样条曲线可以用于创建复杂曲面;

（2）建模工具几乎涵盖了工程建设的各个行业;

（3）Bentley 有多种模块,支持自定义参数化对象,也可以创建复杂的参数组件;

（4）Bentley 支持多平台功能,有良好的扩展性。

但是 Bentley 系统只集成了部分应用,用户界面不能完全一致,数据也不能完全统一,用户需要花费更多的时间去掌握,同时也降低了这些程序的应用价值,使不同功能的系统只能单独应用,而且 Bentley 对象库中的对象,相比 Revit 来说,其种类和数量都有限。

3. Systemes Dassault

Dassault Systemes（达索）公司总部位于法国巴黎,提供 3D 体验平台,应用涵盖 3D 建模、社交和协作、信息智能和仿真,产品品牌包括 SolidWorks, CATIA, SIMULIA, DELMIA, ENOVIA, 3DEXCITE, 3DVIA, NETBIVES, GEOVIA, BIOVIA, EXALEAD。其中 BIM 建模相关软件包括:

1）Digital Project

以 Dassault Systemes' CATIA 为核心的管理工具,能处理大量建筑工程相关数据,具备施工管理架构,可以处理大量的复杂几何形体;大规模的数据库管理能力,可以使建筑设计过程拥有良好的沟通性;智能化的参数群组,可以撷取各细部的局部设计,并自动生成图说优化报告;无限的扩展性,适用于都市设计、导航与冲突检查。此外还具有强大的 API 功能,供于用户开发附加功能,自行设定控管,可以便利与准确地和其他软件互相交流。Digital Project 特色在于具有强大且完整的参数化对象能力,并且能够直接将大型且复杂的模型对象直接进行整合以控制与运作,如图 3-5 所示。

Digital Project 作为 BIM 工具,由于软件比较复杂,所以入门学习的难度大。Digital Project 支持全局的参数化定制,可以创建复杂的参数化组件,还具备极佳的曲面造型功能。

Digital Project 的优点在于:

（1）可创建复杂的大型项目,支持全局参数化定制;

（2）多个工具模块集成了丰富的工具集;

（3）拥有强大的三维参数化建模能力,可以进行深化设计。

图 3-5　Digital Project 软件

　　Digital Project 的缺陷在于界面复杂,学习起来比较困难,而且内嵌的建筑基本对象种类有限,出图能力相比 Revit 存在不足。

　　2) CATIA

　　CATIA 是 Dassault 产品开发旗舰解决方案。作为 PLM 协同解决方案的一个重要组成部分,它可以帮助制造厂商设计未来的产品,并支持从项目前阶段、具体的设计、分析、模拟、组装到维护在内的全部工业设计流程,如图 3-6 所示。其强大的曲面设计模块被广泛地用于异形建筑的 BIM 模型创建。

图 3-6　CATIA 软件

4. Nemetschek Vectorworks

　　Nemetschek Vectorworks 公司自 1985 年起便始终专注于软件开发,并用 2007 年收购 Graphisoft(图软)公司。其研发的 Vectorworks 软件产品系列为 AEC、娱乐以及景观设计领域的 450 000 余名设计师提供了专业设计解决方案。Nemetschek Vectorworks 始终致力于开发使用灵活、多用途、直观且价位合理的计算机辅助设计(CAD)和建筑信息模型

(BIM)解决方案。公司在三维设计技术领域始终保持全球领先地位。

Graphisoft(图软)公司成立于1982年,由匈牙利一些建筑师与数学家共同开发而成,慢慢扩展至现在的规模,现已有二十多万的使用者,可以说是 BIM(建筑信息模型)的始祖之一。Graphisoft 公司一直致力于开发专门用于建筑设计的三维 CAD 软件,是三维建筑设计软件行业的领先者。其 BIM 建模相关软件包括:

1) Graphisoft Archicad

ArchiCAD 是由 GRAPHISOFT 公司开发的专门针对建筑专业的三维建筑设计软件,基于全三维的模型设计,拥有强大的剖/立面、设计图档、参数计算等自动生成功能,以及便捷的方案演示和图形渲染,为建筑师提供了一个无与伦比的"所见即所得"的图形设计工具,如图 3-7 所示。ArchiCAD 内置的 PlotMaker 图档编辑软件使出图过程与图档管理的自动化水平大大提高,而智能化的工具也保证了每个细微的修改在整个图册中相关图档的自动更新,大大节省了传统设计软件大量的绘图与图纸编辑时间,使建筑师能够有更多的时间和精力专注于设计本身,创造出更多激动人心的设计精品。

图 3-7 Graphisoft ArchiCAD

ArchiCAD 主要有以下优点:

(1) 易于学习使用,用户界面良好;

(2) 支持服务器功能,可以有效地促进参与方直接协同工作;

(3) 有丰富的对象库,可应用于项目的各个阶段。

但是 ArchiCAD 不能用于细部构造,对于自定义的参数化建模功能仍然有局限性,同 Revit 一样 ArchiCAD 也是基于内存的系统,尽管可以使用 BIM Server 技术提高项目的管理效率,但是仍然存在许多问题。

2) Vectorworks

Vectorworks 在欧美及日本等工业发达国家设计师的首选工具软件,以设计为本,提供二维及三维建模功能,其三维导览模组以即时预览的方式直接在工作视窗中呈现旋转各种透视角度,如图 3-8 所示。Vectorworks 提供了许多精简但强大的建筑及产品工业设计所需的工具模组;在建筑设计、景观设计、舞台及灯光设计、机械设计及渲染等方面拥有专业化性能。利用它可以设计、显现及制作针对各种大小项目的详细计划。使用界面非常接近向量图绘图软件工具,但其可运用的范围却更广泛,可以应用在 MAC 及 Windows 平台。

图 3-8　Vectorworks

3.1.2　管理软件

1. Autodesk Navisworks

Autodesk Navisworks 能够将 AutoCAD 和 Revit 系列等应用创建的设计数据，与来自其他设计工具的几何图形和信息相结合，将其作为整体的三维项目，通过多种文件格式进行实时审阅，而无须考虑文件的大小。Navisworks 软件产品可以帮助所有相关方将项目作为一个整体来看待，从而优化设计决策、建筑实施、性能预测和规划，直至设施管理和运营等各个环节。其主要功能包括：

（1）实现实时的可视化，支持漫游并探索复杂的三维模型以及其中包含的所有项目信息；

（2）对三维项目模型中潜在冲突进行有效的辨别、检查与报告，如图 3-9 所示；

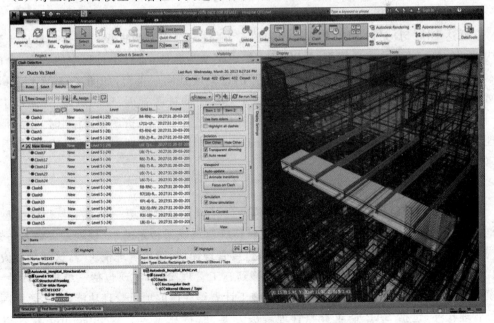

图 3-9　碰撞检查

（3）可以将三维模型数据与项目进度表相关联，实现四维可视化效果，进而清晰地表现设计意图、施工计划与项目当前的进展状况，如图 3-10 所示。

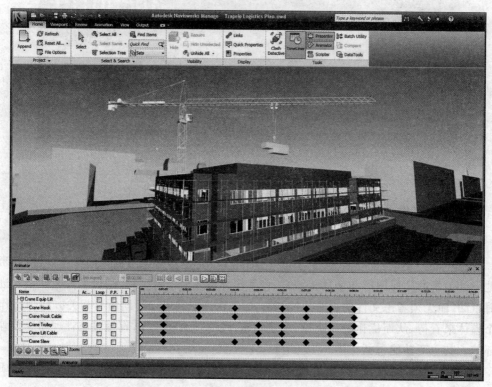

图 3-10　四维仿真

2. 广联达 BIM 5D

广联达 BIM 5D 是以 BIM 集成平台为核心，通过三维模型数据接口的方式集成土建、钢构、机电、幕墙等多个专业模型，并以 BIM 集成模型为载体，将施工过程中的进度、合同、成本、工艺、质量、安全、图纸、材料、劳动力等信息集成到同一平台，如图 3-11 所示。利用 BIM 模型形象直观、可计算分析的特性，为施工过程中的进度管理、现场协调、合同成本管理、材料管理等关键过程及时提供准确的构件几何位置、工程量、资源量、计划时间等，帮助管理人员进行有效决策和精细管理，减少施工变更、缩短项目工期、控制项目成本、提升质量，如图 3-12 所示。

3. iTWO

由德国 RIB 建筑软件有限公司开发的 iTWO 可以说是全球第一个数字与建筑模型系统整合的建筑管理软件，如图 3-13 所示。它将传统建筑规划和先进 5D 规划理念融为一体，其构架别具一格，在软件中集成了算量模块、进度管理模块、造价管理模块等，这就是传说中"超级软件"，能将设计阶段的模型无损地转移到施工管理阶段，实现包括三维模型算量、三维模型计价、动态分包招标、评标、三维模型施工计划等在内的项目管理功能，兼容通用国际项目管理软件，包括 SAP 企业资源管理解决方案、欧特克 Revit Architecturer 软件以及 Primavera 软件等。

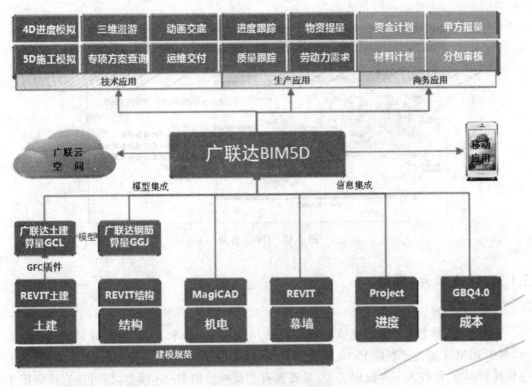

图 3-11　广联达 BIM 5D 构架

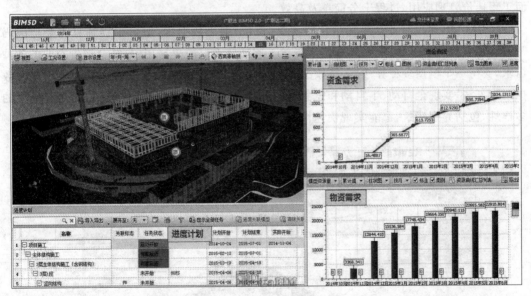

图 3-12　BIM 5D 施工仿真

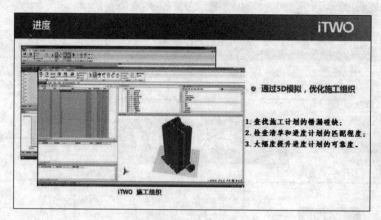

图 3-13　iTWO 界面

3.1.3　效率软件（插件）

1. IsBIM QS

IsBIM QS 是上海比程自主研发的一款 BIM 算量和 5D 软件，是根据算量造价行业思维，基于 BIM 主流设计软件 Revit 平台上开发的，如图 3-14 所示。使用 IsBIM QS 数据不必转换和再生，而且不会有数据丢失，只要拥有工程项目的 Revit 模型，即可以直接应用于算量、设计造价比选、设计变更、资金计划分析、进度款分析、结算分析和量审核配合等多方面工程造价管理应用，过程十分简单及高效。

IsBIM QS 通过和计算规则结合的清单（造价）编码数据库，造价工程师只需要把编码"贴"到模型构件中，即可直接计算出工程量。此插件不仅简单易用，更结合造价专业的各种需求，支持一个模型多种算法，一个模型多种应用。IsBIM QS 的数据管理核心采用多种数据匹配方法，实现全自动、半自动和全手工的方式对模型构件添加清单编码，能对应模型的多样性，包括异型建筑，都能实现快速精准算量。

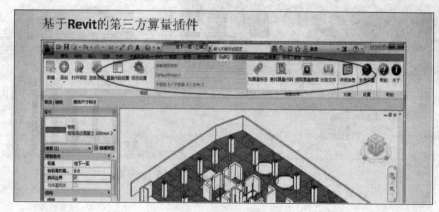

图 3-14　IsBIM QS

2. 模术师

IsBIM 模术师是 IsBIM 基于 Revit 的二次开发插件,该插件扩展和增强了 Revit 的建模、修改等功能,可用于建筑、结构、水电暖通、装饰装修等专业中,极大地提高了用户创建模型的效率,同时提高了建模的精度和标准化,如图 3-15 所示。模术师具有五大模块:

(1) 通用功能模块:旨在提供对设计工程师有用、实用、好用的通用工具,解决运用 Revit 建模时遇到的功能限制;

(2) 土建结构模块:注重模型构件的修改及圈梁、过梁、构造柱等构件的快速创建,通过该模块可以建立更加准确、符合标准的模型;

(3) 装饰装修模块:提供了墙面贴砖、墙体砌块、楼板拆分、抹灰操作等功能,涵盖了地面、隔墙、吊顶各类装修方式,有效缩短人为建模时间;

(4) 快速建模模块:提供了 DWG 图纸的快速翻模,能够快速、高效、精准地提取链接或导入的 DWG 图纸信息,并转换为 Revit BIM 模型;

(5) 机电管线模块:注重解决管线创建过程中由于过多复杂、繁琐、重复性高的操作所带来的效率低下问题,帮助用户快速、方便、高效地建模,提高工程师的效率。

图 3-15　IsBIM 模术师

3. 橄榄山快模

橄榄山快模软件是 Revit 平台上的插件程序,扩展增强了 Revit 的功能,提高了用户创建模型的便捷性和效率,给 BIM 时代的设计师、建筑模型的建模工程师提供了快速建模的一系列工具,包含有 50 多个贴近用户需求的工具,尤其是包含批处理工具集,能确保工程师在节省大量时间的同时创建高精度的模型,如图 3-16 所示。

4. 新点比目云 5D

新点比目云 5D 算量 [土建版] 是集成在 Revit 平台上的 5D 算量软件,充分利用了最先进的软件技术,对接国内各地工程量计算规则,打通设计、施工、预算、进度等多个环节,如图 3-17 所示。其共用一个模型,同时用于工程设计、施工管理、成本控制、进度控制等多个环节,有效避免了重复建模,实现了"一模多用",从而消除了多种软件之间模型转换和互导导致数据不一致的问题,节约了传统算量软件重复建模的时间,大幅提高了工作效率及工程

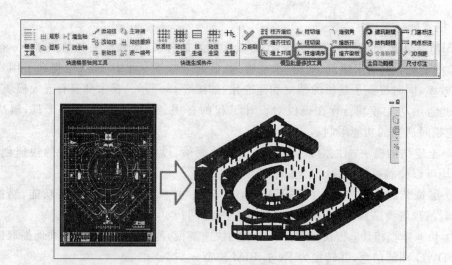

图 3-16　快速翻模

量计算的精度。该软件还可为用户提供三维辅助设计,按照不同地区的清单、定额计算规则计算工程量,提供智能套价和进度管理,一键智能布置构造柱、过梁、垫层、土方等多种施工中的"二次结构",可应用于建筑工程的全生命周期。

图 3-17　新点比目云 5D

3.1.4　可视化工具

1. Fuzor

　　Fuzor 是由美国 Kalloc Studios 打造的一款虚拟现实级的 BIM 软件平台,为建筑工程行业引入多人游戏引擎技术开了先河,拥有独家双向实时无缝链接专利,如图 3-18 所示。Fuzor 可作为 Revit 上的一个 VR 插件,但它的功能却远远不止用在 VR 那么简单,更具备同类软件无法比拟的功能体验。其不仅仅是提供实时的虚拟现实场景,还能让 BIM 模型数据在瞬间变成和游戏场景一样的亲和度极高的模型,最重要的是它保留了完整的 BIM 信息,并且所有参与者都可以通过网络连接到模型中,在这个虚拟场景中进行协同交流,让所有用户体验—把"在玩游戏中做 BIM",使工作变得轻松有趣。

图 3-18 Fuzor

2. Lumion

Lumion 是一款建筑师常用的可视化软件,可以快速把三维计算机辅助设计做成视频、图片和在线 360°演示,并通过添加环境、材料、灯光、物体、树叶和引人注目的效果来提高三维模型的展示效果。同时,直接在个人电脑上创建虚拟现实,通过渲染可以在短短几秒内就创造出惊人的建筑可视化效果,如图 3-19 所示。

图 3-19 Lumion

3. Twinmotion

Twinmotion 是一款致力于建筑、城市规划和景观可视化的专业 3D 实时渲染软件,如图 3-20 所示。它非常方便灵活,能够完全集成到工作流程中。Twinmotion 作为一款解决方案,可适用到设计、可视化和建筑交流等领域。官方提供支持 Revit 导出的 2014—2016 年三个软件版本的插件。在 Twinmotion 中可以实时地控制风、雨、云等天气效果,也可以同样快速地添加树木,覆盖植被,添加人物和车辆动态效果。

图 3-20　Twinmotion

3.1.5　分析工具

1. Autodesk Ecotect Analysis

AutodeskEcotect Analysis 软件是一款功能全面,适用于从概念设计到详细设计环节的可持续设计及分析工具,其中包含应用广泛的仿真和分析功能,能够提高现有建筑和新建筑设计的性能,如图 3-21 所示。该软件将在线能效、水耗及碳排放分析功能与桌面工具相集成,能够可视化及仿真真实环境中的建筑性能。用户可以利用强大的三维表现功能进行交互式分析,模拟日照、阴影、发射和采光等因素对环境的影响,如图 3-22～图 3-24 所示。

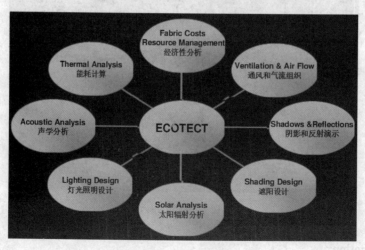

图 3-21　Ecotect 功能图

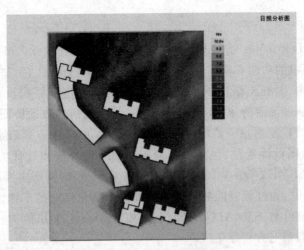

图 3-22　Ecotect 日照分析

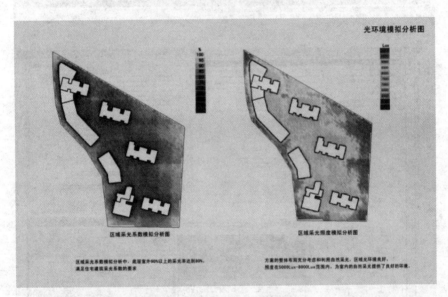

图 3-23　Ecotect 光环境分析

图 3-24　Ecotect 照度分析

2. STAAD

Bentley STAAD Pro V8i（SELECTSeries 6）是结构工程专业人员的最佳选择，可通过灵活的建模环境、高级的功能和流畅的数据协同进行涵洞、石化工厂、隧道、桥梁、桥墩等几乎任何设施的钢结构、混凝土结构、木结构、铝结构和冷弯型钢结构设计，如图 3-25 所示。其助力结构工程师通过灵活的建模环境、高级的功能及流畅的数据协同分析设计几乎所有类型的结构。灵活的建模通过一流的图形环境来实现，并支持 7 种语言及 70 多种国际设计规范和 20 多种美国设计规范，包括一系列先进的结构分析和设计功能，如符合 10CFR Part 50、10CFR21、ASME NQA-1-2000 标准的核工业认证，时间历史推覆分析和电缆（线性和非线性）分析。同时，通过流畅的数据协同来维护和简化目前的工作流程，从而实现效率提升。STAAD. Pro 可与 STAAD. foundation 和 ProSteel 等其他 Bentley 产品相集成，OpenSTAAD 则可与第三方程序集成。

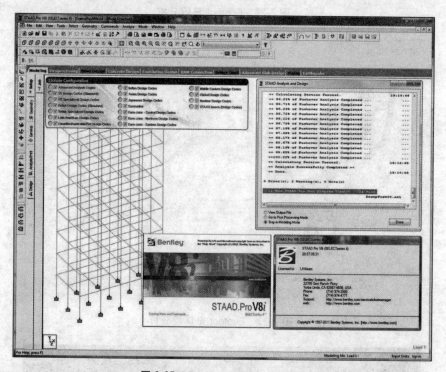

图 3-25　Bentley STAAD Pro V8i

3. Robot

Autodesk Robot Structural Analysis 是一个基于有限元理论的结构分析软件，其前身为 Robobat 公司，全球最主要的建筑结构分析和设计软件开发商之一，如图 3-26 所示。其专门为 BIM 设计，能够通过强大的有限元网格自动划分、非线性计算以及一套全面的设计规范计算最复杂的模型，从而将得出结果所需时间由几小时缩短为几分钟。同时，通过与 Autodesk 配套产品建立三维的双向连接，能够提供无缝、协调的工作流程和操作性。此外，该软件开放的 API（应用编程接口）提供了一种可扩展、针对特定国家/地区的分析解决方案，该方案能够处理类型广泛的结构，包括建筑物、桥梁、土木以及其他专业结构。

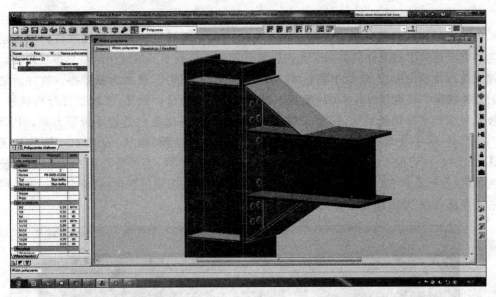

图 3-26 Autodesk Robot Structural Analysis

4. ETABS

ETABS 是由 CSI 公司开发研制的房屋建筑结构分析与设计软件,ETABS 已有近三十年的发展历史,是美国乃至全球公认的高层结构计算程序,在世界范围内广泛应用,是房屋建筑结构分析与设计软件的业界标准。除一般高层结构计算功能外,还可计算钢结构、钩、顶、弹簧、结构阻尼运动、斜板、变截面梁或腋梁等特殊构件和结构非线性计算(Pushover、Buckling、施工顺序加载等),甚至可以计算结构基础隔震问题,功能非常强大,如图 3-27 所示。

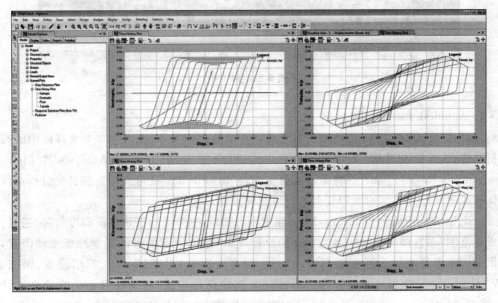

图 3-27 ETABS

5. PKPM

PKPM 是中国建筑科学研究院建筑工程软件研究所研发的工程管理软件。中国建筑科学研究院建筑工程软件研究所是我国建筑行业计算机技术开发应用的最早单位之一。它以国家级行业研发中心、规范主编单位、工程质检中心为依托,技术力量雄厚。软件所的主要研发领域集中在建筑设计 CAD 软件,绿色建筑和节能设计软件,工程造价分析软件,施工技术和施工项目管理系统,图形支撑平台,企业和项目信息化管理系统等方面。PKPM 是一个系列,除了建筑、结构、设备(给排水、采暖、通风空调、电气)设计于一体的集成化 CAD 系统以外,目前 PKPM 还有建筑概预算系列(钢筋计算、工程量计算、工程计价)、施工系列软件(投标系列、安全计算系列、施工技术系列)、施工企业信息化(目前全国很多特级资质的企业都在用 PKPM 的信息化系统),如图 3-28 所示。

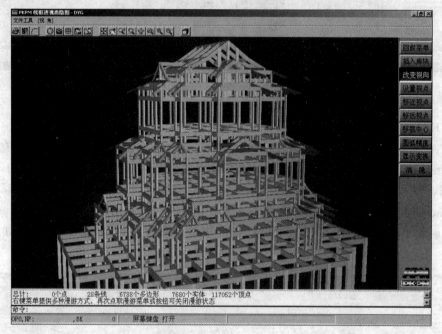

图 3-28   PKPM

6. Autodesk insight 360

Autodesk insight 360 主要通过集中访问性能数据以及 Insight 360 中央界面中的高级分析引擎,优化建筑性能,其集成了现有工作流(例如 Revit Energy Analysis 和 Lighting Analysis for Revit)。除了了解 PV 能量生成外,Insight 360 还可使用新的日光分析工作流对体量或建筑图元表面的太阳辐射进行可视化操作。

Insight 360 还能利用 EnergyPlus 在 Revit 2017 中提供动态热负荷和冷负荷,通过"能量成本范围"系数即时显示一系列潜在的设计成果,快速确定关键的能量性能推动因素,同时借助随手可得的数百万个潜在设计场景,对方向影响、封套、WWR、照明设备、明细表、HVAC 以及 PV 执行可视化操作进而比较不同的设计场景,并与项目相关方共享设计意图,根据 Architecture 2030 和 ASHRAE 90.1 性能指标对性能进行评测,如图 3-29 所示。

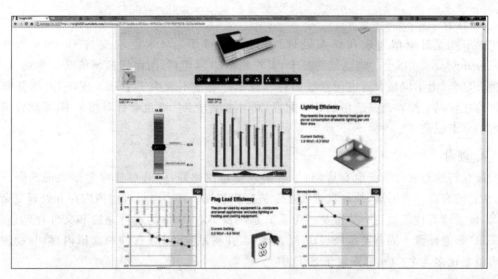

图 3-29 Autodesk insight 360

3.2 BIM 硬件

3.2.1 硬件概述

现阶段,BIM 主要基于三维条件下的工作方式,其文件大小根据项目的体量从几十 MB 至上千 MB,因此对计算机的计算能力、图形处理能力等都提出很高要求。下面分别从几个方面进行简单的分析。

1. CPU

CPU 在 BIM 的交互设计过程中承担了大量的关联运算,同时也在模型三维图像生成过程中承担了渲染功能。现在,许多 BIM 软件支持多 CPU 多核架构的计算渲染,因为多核系统可提高 CPU 运行效率,尤其在同时运行多个程序时,提效更为显著。因此。随着现在项目的复杂度和体量日益提升,需要的 CPU 频率越来越高、核数越来越多,尤其是在保存、渲染、链接的时候,需要用到多线程技术,故运行 BIM 软件的 CPU 一般推荐拥有二级或三级高速缓冲存储器,并采用 64 位架构。此外,按照 BIM 项目的工作方式,一般个人电脑采用 Inter i 系 CPU,服务器一般采用 Inter E 系 CPU。

2. 内存

按有关资料介绍,BIM 模型文件所占用内存容量至少在文件自身大小 20 倍以上;另外,为充分发挥 64 位操作系统优势,8G 或 16G 已成为 BIM 软件运行计算机的内存标准配置。

以 Revit 为例,当模型达到 100MB 时,至少应配置 4 核处理器,主频应不低于 2.4GHz,4GB 内存;当模型达到 300MB 时,至少应配置 6 核处理器,主频应不低于 2.6GHz,8GB 内存;当模型达到 700MB 时,至少应配置 4 个 4 核处理器,主频应不低于 3.0GHz,16GB 内存(32~64GB 为最佳)。

3. 显卡

显卡性能对模型表现和模型处理而言，至关重要。显卡要求支持 DirectX 9.0 和 Shader model 3.0 以上。越高端的显卡，其三维效果越逼真，图面切换越流畅。为此，应选用独立显卡（因集成显卡需占用系统内存），且显存容量不宜少于 1GB。现在，大部分 BIM 软件均在官网上推荐产品适用的显卡配置，同时主流显卡厂商也会针对相关 BIM 软件推出对应的显卡驱动。

4. 硬盘

硬盘转速对软件系统也有影响，一般来说是越快越好，但其对软件工作表现的提升作用，初看没有前三者明显，故硬盘重要性常被客户忽视。其实当设有虚拟内存并处理复杂模型时，硬盘读写性能显得十分重要。为提升系统及 BIM 软件的运行速度和文件存储速度，可采取"普通硬盘＋固态硬盘（SSD）"配置模式，并将系统、BIM 软件和虚拟内存（与物理内存容量之比多为 2∶1），都安置于 SSD 中。

5. 显示器

BIM 软件多视图对比效果可在多个显示器上展现。故为避免多软件间切换繁琐，推荐采用双显示器或多显示器。显而易见，如不考虑成本因素，屏显尺寸越大、显示分辨率越高（目前常规图显分辨率为 1920×1080，专业图显则为 2560×1600）、辐射越低，配置就越理想。

另外，为了提高工作的便利性，笔记本电脑也已成为很多 BIM 工程师的首选，但与一般的笔记本不同，此类笔记本电脑多为专业图形工作站，均是由计算机厂商根据 BIM 软件的运行特点定制化生产。但是，在同等条件下，台式电脑的运行效率要高于笔记本电脑。

3.2.2　参考配置

下面列举入门级 BIM 电脑配置清单，仅作参考，如表 3-1 所示。

表 3-1　硬件配置表

序号	硬件名称	参　　数
1	台式机	操作系统：Windows 7 旗舰版　64 位 CPU：英特尔 Xeon E3-1230 v3 @3.30Ghz 内存：16GB（金士顿 DDR3） 主板：华硕 B85-PLUS 显卡：NVIDIA GeForce GTX660 显示器（两台）：MAYA MAY2370 LED2370
2	笔记本	型号：联想 ThinkPad T430 CPU：英特尔 第三代酷睿 i5-3230M @ 2.60GHz 双核 主板：联想 23472D0（英特尔 Ivy Bridge—QM77 Express 芯片组） 内存：8 GB（海力士 DDR3 1600MHz） 主硬盘日立 HGST HTS725050A7E630（500 GB/7200 转/分） 显卡：Nvidia NVS 5400M（2 GB/联想） 显示器：联想 LEN40A1（14 英寸）

3.2.3　相关硬件

1. BIM 与移动设备

现在,包括 IPAD、Surface 在内的移动设备已经广泛地在我们的生活和工作中使用。与此同时,BIM 技术也已经在国内建筑行业深入应用,因此,软件厂商们开始思考如何更好地在施工管理中将 BIM 与移动设备进行有效结合,进而提高管理效率。以全球 3D 设计、工程及娱乐软件厂商欧特克公司(Autodesk, Inc.)为例,其发布了 Autodesk BIM 360 Layout,此软件利用 BIM 360 云端服务(图 3-30),可为一般承包商和机电(MEP)承包商链接建筑资讯模型(BIM)与施工放样流程。利用此技术,越来越多的项目开始使用移动设备进行施工现场管理,如图 3-31 所示,完成全方位可视化交底、施工过程的现场校验等工作。

图 3-30　IPAD 与 BIM

图 3-31　基于 IPAD 的现场管理

2. BIM 与三维扫描技术

目前在 3D 建筑模型中 BIM 技术又能够被赋予诸如进度、投资等信息,形成 4D 乃至 5D 的 BIM 模型,使建筑图纸更加直观,对于各个项目组之间的协调工作特别关键。但是在实际应用中,尤其是在工程实施阶段,如何能够将 BIM 模型更好地应用于现场管理和推进,也需要结合一些有效的手段。在此背景下,三维扫描技术开始出现,其主要作为有效连接 BIM 模型和工程现场的纽带,能有效地、完整地记录下工程现场复杂的情况,如图 3-32 所示。该项技术主要是利用激光测距的原理,密集记录目标物体的表面三维坐标、反射率和纹理信息,对整个施工现场进行三维测量后形成以点云为基本单位的三维模型。一方面可以与已有的 BIM 模型进行有效对比,找出工程中存在的问题;另一方面,在缺乏原始图纸的情况下,如古建筑,其也能实现 BIM 模型的快速创建。

3. BIM 与放线机器人

BIM 在综合管线设计优化、方案模拟、系统分析等方面的运用已经比较成熟。如何将 BIM 设计的成果快速准确地转化为现场施工的成果,是 BIM 深化应用的必然趋势。在传统的现场放样工作中,现场技术员主要借助于二维 CAD 图纸和全站仪,存在着误差大、精度低的问题,往往会直接影响到工程的进度和质量。然而,基于 BIM 的放线机器人能有效解

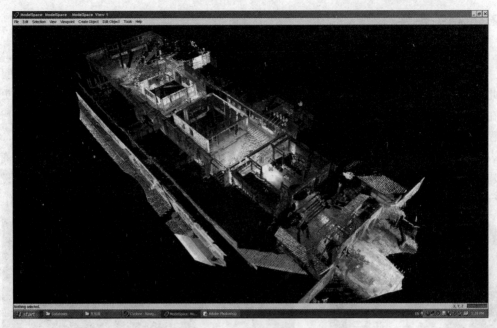

图 3-32　建筑三维扫描效果图

决这些问题,其具备快速、精准、智能、劳动力需求少等特点,能将 BIM 模型中的数据直接转换为现场的精确点位,如图 3-33 所示。

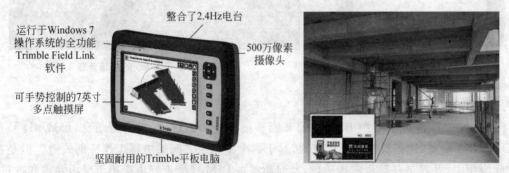

图 3-33　基于 BIM 的放线机器人

4. BIM 与无人机

相比于传统的航空摄影测量,无人机航测更加机动灵活、高效快速、精细准确且作业成本低。其携带的数码相机、数字彩色航摄像机等设备可快速获取地表信息,获取超高分辨率数字影像和高精度定位数据,生成 DEM、三维正射影像图、三维景观模型、三维地表模型等二维、三维可视化数据,便于进行各类环境下应用系统的开发和应用。目前,已有施工企业通过无人机对项目现场进行整体扫描,采集项目现状数据,形成三维点云模型,与 BIM 模型制成的完成面模型进行比对,得到土方开挖回填工程量,并为项目其他专业深化设计及施工提供基础数据信息,减少施工过程可能存在的返工情况,如图 3-34 所示。

5. BIM 与 3D 打印

3D 打印即快速成型技术的一种,是一种以数字模型文件为基础,运用粉末状金属或塑

图 3-34　无人机在 BIM 中的应用

料等可黏合材料,通过逐层打印的方式来构造物体的技术。在对微缩模型的全数字还原精确度上具有显著优势,大型重要工程可利用该项技术先期构建精确模型以进行辅助设计、立体成果展示、风洞及相关测试,对设计和施工进行技术支撑。在实际工程中,说小一点,我们可以针对建筑构件复杂节点、新的施工工艺构件,建立 BIM 模型,并通过导入模型利用 3D 打印创建等比例的实体模型进行分析,发现操作过程中遇见的重难点,进一步优化方案、提高质量,进而指导现场实体施工,如图 3-35 所示。说大一点,我们甚至可以通过 BIM＋3D 打印的方式完成实际工程项目的构件,即一层层的建筑构件通过在工厂 3D 打印出来,然后到项目实地组装。

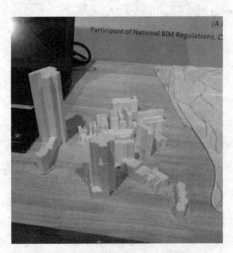

图 3-35　基于 BIM 的 3D 打印

3.3　本章小结

不难看出,BIM 系统是实现 BIM 应用的基础。无论是软件还是硬件,都会直接影响到 BIM 的使用效果。今天,BIM 软件还在以几何递增的速度飞速发展,BIM 硬件也在不断地推陈出新,那么如何去选择,就成了每一个 BIM 初学者乃至 BIM 工程师需要面对和解决的问题。但是不难发现,行业中没有绝对的选择标准,只有最适合的选择,因此以项目应用为目的的选择才是最正确的选择。

习　　题

1. 请对比分析主流的 BIM 核心建模软件。
2. 请举例说明常见的 BIM 插件及其功能。
3. 如何选择 BIM 软件和硬件？

第 4 章

BIM 在项目前期规划阶段的应用

第 3 章中我们了解了实现 BIM 必需的一些软件和硬件,已经知道 BIM 可以应用在建筑的全生命周期过程中,即从建筑的前期规划,到设计施工,甚至运营维护都有应用,且在各个阶段的使用方法以及所起到的作用均不相同,那么如何把 BIM 应用到一个工程项目的各个不同阶段呢? 本章将主要介绍如何在项目的前期规划阶段应用 BIM 来对项目的定位进行决策。

4.1 项目前期规划概述

几年前南方某县投资 2000 万元建设了一个节水灌溉工程,但因用水成本较高与当地种植甘蔗的实际需求脱节,导致中看不中用,使得该工程成了华而不实的摆设! 哪个环节出了问题致使了该工程项目成了伤心工程、民怨工程呢?

项目前期策划是指在项目前期,通过收集资料和调查研究,在充分收集信息的基础上,针对项目的决策和实施,进行组织、管理、经济和技术等方面的科学分析和论证。这能保障项目主持方工作有正确的方向和明确的目的,也能促使项目设计工作有明确的方向并充分体现项目主持方的项目意图。项目前期策划根本目的是为项目决策和实施增值。增值可以反映在项目使用功能和质量的提高、实施成本和经营成本的降低、社会效益和经济效益的增长、实施周期缩短、实施过程的组织和协调强化以及人们生活和工作的环境保护、环境美化等诸多方面。项目前期策划虽然是最初的阶段,但是对整个项目的实施和管理起着决定性的作用,对项目后期的实施、运营乃至成败具有决定性的作用。工程项目的前期策划工作,包括项目的构思、情况调查、问题定义、提出目标因素、建立目标系统、目标系统优化、项目定义、项目建议书、可行性研究、项目决策等。要考虑科学发展观、市场需求、工程建设、节能环保、资本运作、法律政策、效益评估等众多专业学科的内容。

项目前期策划阶段对整个建筑工程项目的影响是非常大的。前期策划做得好,随后进行的设计、施工、运营就会进展顺利;若前期策划做得不好,将会对后续各个工程阶段造成不良的影响。

美国著名的 HOK 建筑师事务所总裁帕特里克麦克利米(Patrick MacLeamy)提出过一张具有广泛影响的麦克利米曲线(MacLeamy Curve),如图 4-1 所示,清楚地说明了项目前期策划阶段的重要性以及实施 BIM 对整个项目的积极影响。

图中曲线①表示影响成本和功能特性的能力,它表明在项目前期阶段的工作对于成本、

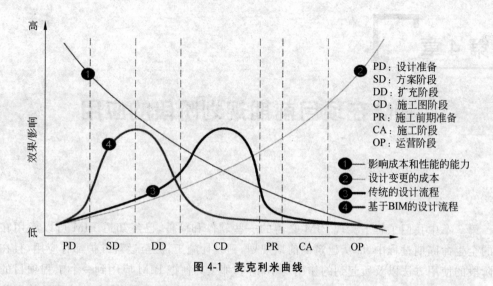

图 4-1　麦克利米曲线

建筑物的功能影响力是最大的,越往后这种影响力越小;

图中曲线②表示设计变更的费用,它的变化显示了在项目前期改变设计所花费的费用最低,越往后期费用越高;

对比图中曲线③和曲线④可发现,早期就采用 BIM 技术可使设计对成本和性能的影响时间提前,进而对建筑物的功能和节约成本有利。

在项目的前期就应该及早应用 BIM 技术,使项目所有利益相关者能够早一点参与项目的前期策划,让每个参与方都可以尽早发现各种问题并做好协调工作,以保证项目的设计、施工、交付使用顺利进行,减少延误、浪费和增加交付成本。

BIM 在项目的前期规划阶段应用主要包括现状分析、场地分析、成本估算、规划编制、建筑策划等,详细应用情况如表 4-1 所示。

表 4-1　BIM 在项目前期规划阶段的主要应用

序号	应用方面概要	主要应用具体情况
1	现状分析	把现状图纸导入到基于 BIM 技术的软件中,创建出场地现状模型,根据规划条件创建出地块的用地红线及道路红线,并生成道路指标。之后创建建筑体块的各种方案,创建体量模型,做好交通、景观、管线等综合规划,进行概念设计,建立起建筑物初步的 BIM 模型
2	场地分析	根据项目的经纬度借助相关软件采集此地太阳及气候数据,并基于 BIM 模型数据利用分析软件进行气候分析、环境影响评估,包括日照、风、热、声环境影响等评估。某些项目还要进行交通影响模拟
3	成本估算	应用 BIM 技术强大的信息统计功能,可以获取较为准确的土建工程量,即可以直接计算本项目的土建造价。还可提供对方案进行补充和修改后所产生的成本变化,可快速知道设计变化对成本的影响,衡量不同方案的造价优劣
4	规划编制	应用 BIM 模型、漫游动画、管线碰撞报告、工程量及经济技术指标统计表等 BIM 技术的成果编制设计任务书等
5	建筑策划	利用参数化建模技术,可以在策划阶段快速组合生成不同的建筑方案,从而得到不同的建筑方案

4.2　BIM 在不同类型项目中的应用

在工程建设行业中,无论是哪个行业,是否能够帮助业主把握好产品和市场之间的关系是项目规划阶段至关重要的一点,BIM 则恰好能够为项目各方在项目策划阶段做出使市场收益最大化的建议。同时在规划阶段,BIM 技术对于建设项目在技术和经济上可行性论证提供了帮助,提高了论证结果的准确性和可靠性。然而不同类型项目在前期阶段的 BIM 应用有所不同,下面将分别介绍工业与民用建筑、地铁、公路、桥梁、水坝项目前期阶段的 BIM 应用情况。

4.2.1　工业与房屋建筑

在项目规划阶段,业主需要确定出建设项目、方案是否既具有技术与经济可行性又能满足类型、质量、功能等要求。但是,只有花费大量的时间、金钱与精力,才能得到可靠性较高的论证结果。而 BIM 技术可以为广大业主提供概要模型,针对建设项目方案进行分析、模拟,从而为整个项目的建设降低成本、缩短工期并提高质量。

4.2.1.1　BIM 应用方向

工业与房屋建筑项目在规划阶段主要将 BIM 技术应用在以下几个方面。

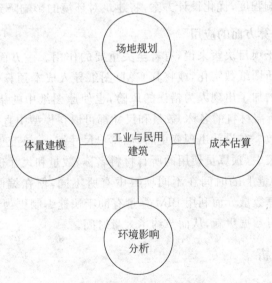

图 4-2　BIM 在工业与房建前期规划阶段主要应用点

1. BIM 在场地规划方面的应用

场地规划是研究影响建筑物定位的主要因素,是确定建筑物的空间方位和外观、建立建筑物与周围景观联系的过程。在规划阶段,场地的地貌、植被、气候条件都是影响设计决策的重要因素,往往需要通过场地分析来对景观规划、环境现状、施工配套及建成后交通流量等各种影响因素进行评价及分析。传统的场地分析存在诸如定量分析不足、主观因素过重、无法处理大量数据信息等弊端,通过 BIM 结合地理信息系统(GIS),对场地及拟建的建筑物空间数据进行建模,通过 BIM 及 GIS 软件的强大功能,迅速得出令人信服的分析结果,帮助项目在规划阶段评估场地的使用条件和特点,从而做出新建项目最理想的场地规划、交通流线组织关系、建筑布局等关键决策。

2. BIM 在体量建模方面的应用

在项目的早期规划阶段,BIM 的体量功能能帮助设计师进行自由形状建模和参数化设计,并能够让使用者对早期设计进行分析。同时借助 BIM,设计师可以自由绘制草图,快速创建三维形状,交互处理各个形状。也为建筑师、结构工程师和室内设计师提供了更大的灵活性,使他们能够表达想法并创建可在初始阶段集成到建筑信息建模(BIM)中的参数化体量。以 Revit 为例,利用其概念体量的功能,便于设计师对设计意图进行推敲和找型,并根据实际情况实时进行基本技术指标的优化。

3. BIM 在环境影响分析方面的应用

建筑业每年对全球资源的消耗和温室气体的排放几乎占全球总量的一半,采用有效手段减少建筑对环境的影响具有重要的意义,因此在项目的规划阶段进行必要的环境影响分析显得尤为重要。通过基于 BIM 的参数化建模软件如 Revit 的应用程序接口 API,将建筑信息模型 BIM 导入到各种专业的可持续分析工具软件如 Ecotect 软件中,可以进行日照、可视度、光环境、热环境、风环境等的分析、模拟仿真。在此基础上,对整个建筑的能耗、水耗和碳排放进行分析、计算,使建筑设计方案的能耗符合标准,从而可以帮助设计师更加准确地评估方案对环境的影响程度,优化设计方案,将建筑对环境的影响降到最低。

4. BIM 在成本估算方面的应用

建筑成本估算对于项目决策来说,有着至关重要的作用。一方面此过程通常由预算员先将建筑设计师的纸质图纸数字化,或将其 CAD 图纸导入成本预算软件中,或者利用图纸手工算量。上述方法增加了出现人为错误的风险,也使原图纸中的错误继续扩大。如果使用 BIM 来取代图纸,所需材料的名称、数量和尺寸都可以在模型中直接生成,而且这些信息将始终与设计保持一致。在设计出现变更时,如窗户尺寸缩小,该变更将自动反映到所有相关的施工文档和明细表中,预算员使用的所有材料名称、数量和尺寸也会随之变化。另一方面,预算员花在计算数量上的时间在不同项目中有所不同,但在编制成本估算时,50%～80%的时间要用来计算数量。而利用 BIM 算量有助于快速编制更为精确的成本估算,并根据方案的调整进行实时数据更新,从而节约了大量时间。

4.2.1.2 案例分析

1. 某办公楼项目

(1) 项目概况

该项目地处历史悠久的上海外滩,位于黄浦区中山东二路、新开河路路口。项目总建筑面积约 19 万 m²,由 4 栋 60～135m 的高层办公楼和商业裙楼错落排列而成,其经典的天际线设计与昔日外滩的"万国建筑博览群"完美融合,建成后将是一个集办公、商业和娱乐一体的多元化国际街区。

(2) 项目 BIM 应用

设计最初造型极大地影响着建筑造价和功能定位,结合用地红线以及周边道路关系,该项目在前期规划阶段采用 BIM 技术生成参数化体量建模,方便对设计意图进行推敲和找型。由于 BIM 模型中除可以生成直观的三维体量模型外,体量模型中还将包括造型的建筑面积、各楼层的面积等相关信息,且信息与造型关联,通过造型优化使之满足规划指标要求。

如图 4-3 所示,在项目前期,使用 Revit 的体量建模功能,能够快速创建项目初步方案,并借助 Revit 的统计分析功能,实现日照分析、体积统计等,为初步方案的对比和决策提供了必要的定量分析和数据支撑。

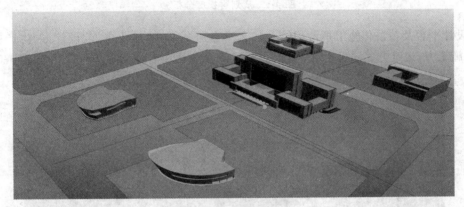

图 4-3　参数化体量建模

该项目将 BIM 与景观设计结合,如图 4-4 所示,从图中可见三维地貌、植被、水体、铺地和景观小品设计。使用 BIM 技术与景观设计结合,可进行三维景观模型展示,方便修改方案,进而优化设计方案。

图 4-4　BIM 与景观设计结合

该项目通过 BIM 进行绿色性能分析,规划可视度分析如图 4-5 所示,左图为外滩景观带人流对本地块的建模可视度分析,右图为外滩黄浦江船行对本地块的建模可视度分析。使用 BIM 技术可以使可视化分析简单易懂,从结果可以清晰明了地看到分析对象的可视度分布。该项目使用 BIM 技术的亮点是协同设计和 BIM 技术的综合应用。

2. 某产业化居住项目

(1) 项目概况

该项目建筑面积 99281m²,21 层,层高 2.8m,为装配整体式剪力墙结构。该项目采用

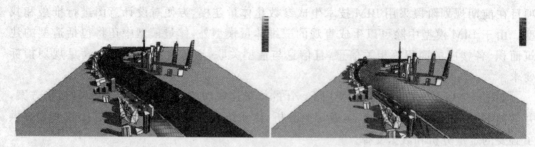

图 4-5 规划可视度分析

BIM 设计平台及精益化施工平台相结合的云平台服务模式,在业主方、设计方、生产方、物流方、施工方、运维方共同努力下,将形成 BIM 在产业化住宅全生命周期的应用(图 4-6)。

图 4-6 项目效果图

(2) 项目 BIM 应用

项目在前期方案设计阶段,就引入 BIM 进行性能分析,如图 4-7～图 4-11 所示。

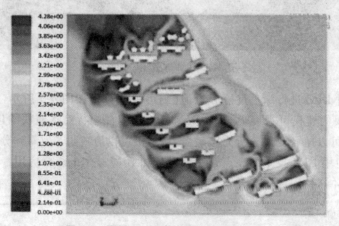

图 4-7 夏季 1.5m 高度小区内风速分布

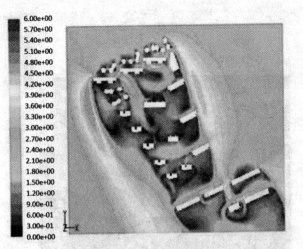

图 4-8　冬季 1.5m 高度小区内风速分布

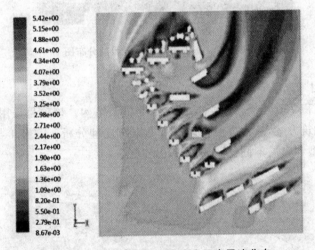

图 4-9　过渡季节 1.5m 高度小区内风速分布

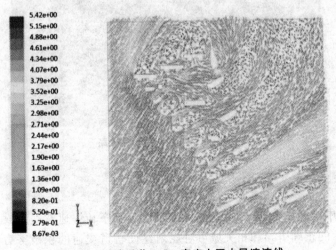

图 4-10　过渡季节 1.5m 高度小区内风速流线

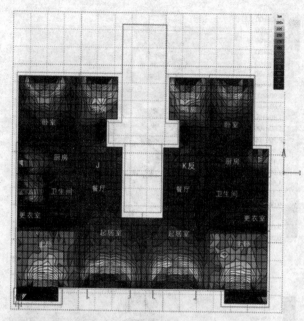

图 4-11 室内天然光临界照度分布图

3. 某园区项目

该项目建筑面积 76032m²，11 层，层高 3m，为框架结构。该项目采用参数化快速建模，组合生成不同的建筑方案，从而方便快速进行方案对比和分析。方案 1 与方案 2 建筑面积相同，但是建筑造型和布局不同见图 4-12 和图 4-13。

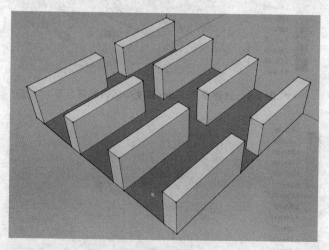

图 4-12 方案 1 型体及布局

4.2.2 轨道交通

近 30 年来，中国城市轨道交通正逐步进入稳步、有序和快速发展阶段，尤其是近 10 年来，由于国家政策的正确引导和相关城市对规划建设轨道交通的积极努力，从发展速度、规模和现代化水平，突显了后发优势。城市轨道交通工程建设规模大、周期长（一般可达 4～7

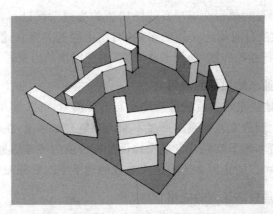

图 4-13　方案 2 型体及布局

年),各相关主要专业多达 20 余个,专业间协调工作量巨大。同时由于地铁工程受环境因素影响较大,经常出现各种各样的工程变更,涉及各专业和部门,形成各专业不断调整、协调的动态设计过程。同时,相比于一般建筑工程项目,城市轨道交通项目在前期规划阶段需要进行线网规划、线路走向、线站位选取等复杂规划,其规划方案的好坏会直接影响到城市的发展。现阶段,BIM 也已经开始在城市轨道交通工程中推广应用,其全新的理念在一定程度上提高了轨道交通规划、设计、施工、运维的科学技术水平,特别是在规划阶段,BIM 在可视化、参数化、信息化方面的优势为其规划方案设计提供了快速直观的设计表达方式。

4.2.2.1　BIM 应用方向

现阶段,BIM 在城市轨道交通工程规划阶段主要应用在以下几个方面(图 4-14)。

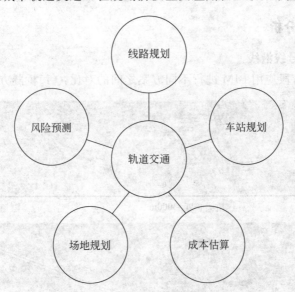

图 4-14　BIM 在轨道交通前期规划的主要应用

1. BIM 在轨道交通场地规划的应用

将 BIM 与 GIS 相结合,建立地下轨道交通模型,并将线路模型导入,借助周边场景的模拟寻找最佳走向。同时可对轨道交通项目线路周边的交通情况进行模拟,通过交通综合分析模拟,直观分析建设项目对周边交通的影响,对比不同的方案在建设期内可能造成的影响,材料物料供应的可行性等问题,选择最优方案,避免因供给因素所造成的影响。

2. BIM 在轨道交通车站规划的应用

利用 BIM 技术对地铁车站客流进行三维动态仿真模拟,可以较真实地反映地铁客流和与之相关的商业客流之间的交互关系。通过不断地调整初始客流,获取最优的客流分布,为确定车站出入口的布置和地下空间开发规模提供富有价值的参考信息。这样既可以避免高峰时段客流的拥堵,也可以防止因客流不足而造成的地下空间资源浪费。

3. BIM 在轨道交通线路规划的应用

利用 BIM 可视化的特点,结合 GIS 信息,建立周边的建筑物、周边环境、地下空间的模型,并将不同方案的设计模型导入,进行方案比对,通过可视化的场景能够更好地辅助线路的选择,辅助整体线路规划。找出不同选址的问题点,提高选址决策的准确性。

4. BIM 在轨道交通成本估算的应用

利用 BIM 快速计算工程量的特点,能够尽最大可能提供准确的工程量数据,并且能够对不同方案的工程量进行快速计算,得到精确的工程量,从而得到相对准确的投资估算,为项目决策提供可靠的数据支持,降低项目风险。

5. BIM 在轨道交通风险预测的应用

当城市轨道交通经过密集人群和市区,或者特殊建筑构筑物时,通过 BIM 技术的模拟,可以迅速直观地发现问题,并且在项目实施前进行论证,从而实现前段控制,快速发现风险,提前采取有效手段,进行有效的风险管控。关键问题难点提前预测,从而降低投资风险。

4.2.2.2　案例分析

1. 某市地铁 3 号线沿线

该项目在前期阶段应用 BIM 进行不同方案之间的对比:(1)桥隧方案,如图 4-15 所示,

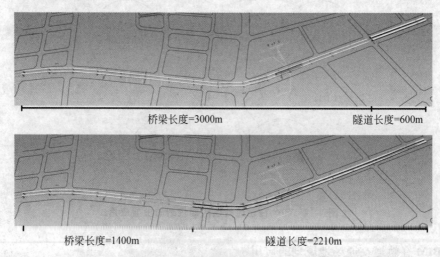

桥梁长度=3000m　　　　　　　隧道长度=600m

桥梁长度=1400m　　　　　　　隧道长度=2210m

图 4-15　某市地铁 3 号线沿线方案比选

两个方案桥隧比例不同总造价也不同；(2)停车场方案对比，包括车站位置和停放方案，如图 4-16 所示；(3)土方量对比，如图 4-17 所示。

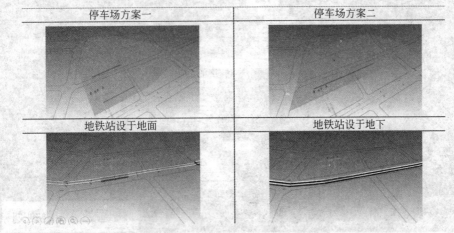

图 4-16　某市地铁 3 号线沿线停车场和车站方案对比

图 4-17　某市地铁 3 号线沿线土方量方案对比

2. 某轨道交通 1 号线一期

该工程引进了 BIM 应用技术，开创了国内轨道交通领域系统性应用 BIM 技术的先例，符合工程项目全生命周期信息管理的发展方向。该项目由上海蓝色星球科技有限公司和上海市地下空间设计研究总院合作完成，地下院提供 BIM 模型，蓝色星球提供 BIM 公共平台，将 BIM 模型和 3DGIS 相结合，由此得到三维模型和地理信息系统无缝和信息无损的结合，实现 3D 浏览和 3D 漫游、距离测量、明细报表量算等功能。轨道交通 1 号线前期阶段基于蓝色星球 BIM 平台的线路规划、管网搬迁如图 4-18 和图 4-19 所示。使用 BIM 技术创建 4D 模型可模拟各管线搬迁顺序，进行方案优化。

4.2.3　道路桥梁

公路作为我国基础建设的重要内容，直接影响着国家的经济发展。公路建设存在着建设周期长、影响范围广、投资金额大等特点。公路线路的规划是否合理，是项目决策的决定性因素。同时桥梁作为公路工程的组成部分，在整个项目中占据极为重要的地位。因为大型桥梁工程及复杂桥梁工程的选址及桥式方案直接关系到整个项目成功与否。因此能否合理完成公路的规划，就显得尤为重要。

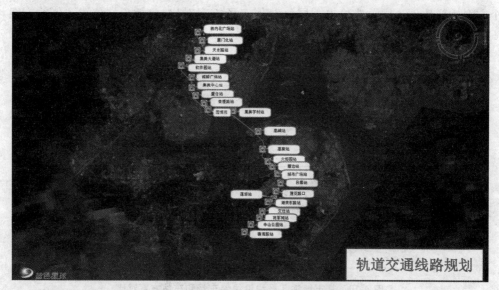

图 4-18   厦门轨道交通 1 号线线路规划

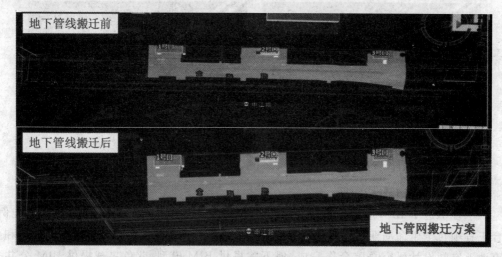

图 4-19   厦门轨道交通 1 号线管网搬迁

　　运用 BIM 全生命周期的理念和技术,可以根据规范及建设标准快速建立公路项目的可行性研究模型,由于模型是信息化模型,具有参数化和可运算的特征,因此通过计算分析,在模型中进行线路、行车、人群流量预测,能够有效地确定项目功能定位和建设的必要性。同时,公路的 BIM 模型可把路线走廊带以动画的形式显示出来,使建设方、各专家及决策方能在直观条件下对方案作出比选。

　　在公路的规划阶段,一般要求能简洁、快速地把全线中关键控制点及重要构造物展示出来,而不需要具体详细的结构参数。因此 BIM 可以运用专业软件(如基于三维平台的 GIS 空间选线系统)导入地面高程数据及相关地理信息,如图 4-20 所示,然后结合相关技术标准,就可直接进行公路路线设计。同时,BIM 能利用虚拟的信息技术,把线路及地形以三维立体形式显示出来,形成三维立体选线系统,并利用该系统可以同时生成几条路线进行方案比选,实现工程投资概算、工程量查询、工期制定等功能,系统产生的数据也可以为后续设计奠定基础。公路桥梁前期规划应用如图 4-21 所示。

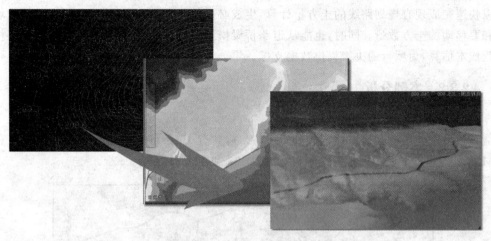

图 4-20　使用鸿业快速建立数字地模并进行地形分析等

图 4-21　BIM 在公路桥梁前期规划的主要应用

4.2.3.1　BIM 应用方向

现阶段,BIM 在公路桥梁工程的前期规划阶段主要应用在以下几个方面。

1. BIM 在公路线路规划的应用

利用 BIM,设计师可以快速导入地面高程数据及相关地理信息,将原始地形以三维立体的方式显示出来,进而在可视化的条件下生成多条路线进行有效比选。

2. BIM 在桥型方案的应用

现阶段,在桥型方案规划中,BIM 可以让桥梁工程师基于真实的地形、环境场景和既有线路在三维视图下以搭积木的方式快速建立直观准确的桥梁三维模型,并完成初步的工程量统计,同时也能完成桥梁在净高、视野、安全等方面的分析,为业主提供直观有效的决策辅助。

3. BIM 在路桥成本估算的应用

以公路建设为例,其土石方量是决定成本的重要因素之一。利用 BIM 与 GIS 的结合,可以快速完成现有规划路线的土方量计算,生成必要的土方调配表,用以分析合适的挖填距离和要移动的土方数量。同时,也能从道路桥梁模型中提取相应的工程量,快速完成路桥的工程成本估算,为项目的决策提供数据支撑。

4.2.3.2 案例分析

1. 某高速公路互通

该项目是三座桥互通组成的枢纽(图 4-22),共有 19 条可选的路线走向。该项目利用 BIM 技术创建三维模型进行方案分析,如图 4-23 和图 4-24 所示。

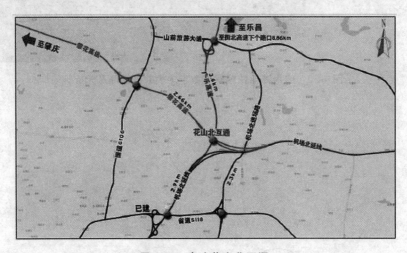

图 4-22　高速花山北互通

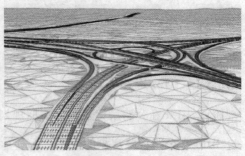

图 4-23　高速花山北互通三维仿真模型

2. 某高速公路安全评估

该高速公路与两条高铁并行且距离较近约有 3km,如图 4-25 所示。该项目采用 BIM 技术进行建模和安全评估,如图 4-26 所示。

3. 某高速公路设计

该项目总里程 43.183km,桥隧比 89.7%,总造价 65.627 亿元,是目前国内已建和在建

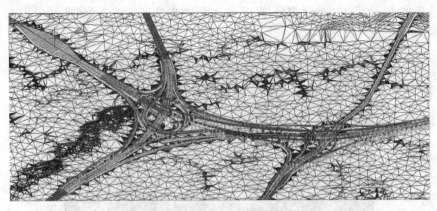

图 4-24 高速花山北互通全三维模型

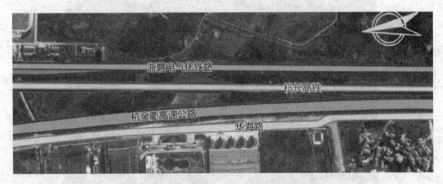

图 4-25 两条高铁线在高速近距离并行

图 4-26 三维建模与安全分析

高速公路中,最复杂的高速公路项目之一。该项目桥隧布置在规划期间对多源公路 BIM 基础数据进行整合,通过高分辨率卫星测量、航空摄影测量、三维激光测量等手段,对地形、地物信息进行采集,最后将这些不同精度、不同类型的数据进行整合,形成 BIM 基础模型,如图 4-27～图 4-29 所示。

图 4-27　航拍卫星图像

图 4-28　矢量地形图

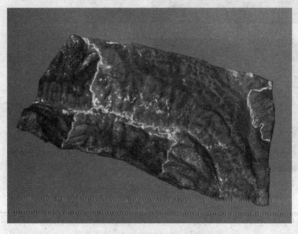

图 4-29　BIM 基础模型

　　依据基础的 BIM 模型进行选线规划分析,经过 Civil 3D 优化设计后,成果导入 Infraworks 360 中,在真实的地形、路线、路基、桥隧等模型的基础上,进行多方案可视化比选,缩短方案决策时间。

　　例如,此项目将 K 线和 A 线方案进行对比,非常直观看出,A 线方案线型指标较高,但在高填深挖工点、复杂桥梁规模均比 K 线要大,造价要高,因此将 K 线定为推荐线位,如图 4-30 所示。

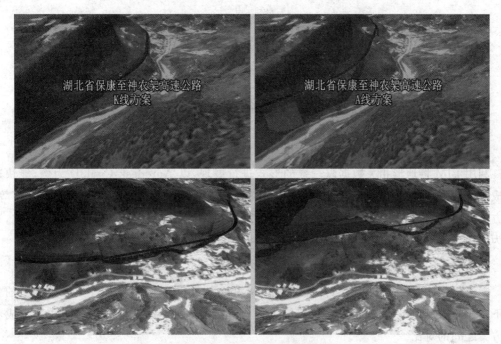

图 4-30　BIM 快速规划选线

4.2.4　水利水电

　　水利水电工程施工大多在复杂的地形、地质条件下露天进行,且一次性投资高,要求使用寿命时间长,关系挡水建筑物下游千百万人畜财产的安全。同时,水利水电工程属于复杂的系统工程,设计专业多、设计周期长、工程量大、环境多变、施工工期长、干扰因素多、机械布置困难,还要考虑施工导流、度汛、坝体挡水及蓄水发电等目标要求,施工组织、进度计划安排及项目管理存在相当大的困难。目前随着工程项目的复杂性和信息化要求提升,传统图纸已经很难解决和表达以上工程面临的各种难题。

　　因此利用 BIM 技术不仅能得出三维地形模型,甚至还能够形成工程区域周边环境、建筑、桥梁、道路,不仅为项目可研阶段提供了可靠的数据依据,还大幅降低了工程方案表达的难度。从理论上看,BIM 技术在项目规划和可研阶段的应用,还提高了工程方案的稳定性,一定程度上降低了初步设计阶段反复调整、修改的难度。

4.2.4.1　BIM 应用方向

　　现阶段,BIM 在水利水电前期规划中的应用主要体现在以下几方面(图 4-31)。

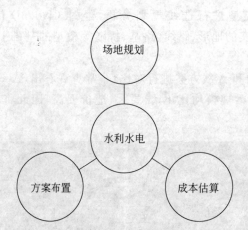

图 4-31　BIM 在水利水电前期规划的主要应用

1. BIM 在水利水电场地规划的应用

利用 BIM 将地形相关数据以三维的形式进行展现,以 Autodesk Civil3D 为例,能快速完成三维地形建模、枢纽导流建筑物建模、料场渣场建模、施工场地建模与施工道路建模等。其方法简单实用,模型数据间动态关联,并且可以实时调整更新,计算结果能三维可视化,这就为项目决策者提供了必要的依据。

2. BIM 在水利水电方案布置的应用

无论是坝体、沟渠或是建筑,都能够由 BIM 相关软件自动生成,比如在三维可视化的状态下完成施工场地设计、施工设备布置等工作,并能利用 BIM 的统计分析功能快速完成不同方案之间的对比。

3. BIM 在水利水电成本估算的应用

BIM 在水利水电工程成本估算方面的应用与公路桥梁较为类似,在此就不再赘述。

4.2.4.2　案例分析

1. 某发电站项目

该项目为混合式电站,坝高 96m,正常蓄水位 670m,电站位于孔家垭村的花坪河(图 4-32),尾水位 396m,规划毛水头 274m。采用有压隧洞引水,布置在右岸,引水线路长7800.635m,水库回水长度 6.36km。水库正常蓄水位以下库容为 2243 万 m^3,总装机容量3 万 kW,多年平均发电量 7114 万 kW·h,年利用小时数 2371,项目总投资 2.1 亿元。

该项目 BIM 应用范围包括:使用 Civil 3D 软件进行设计工作,主要应用在测量提供的三维数据(点、等高线等)基础上创建三维曲面,并据此进行设计;应用 Revit Architecture 软件进行土建建筑物设计;应用 Revit MEP 软件进行管路、风道等设计;应用 Inventor 软件进行机械设计及完成部分土建设计;应用 NavisWorks 软件实现项目整合与浏览、动画制作及碰撞检查等设计。其中前期 BIM 应用主要是创建三维曲面进行水工方案初选。项目实施过程中,湖北水院邀请北纬华元武汉技术团队向水院提供前期 BIM 应用策划服务,帮助水工专业项目组明确实施目标和思路。

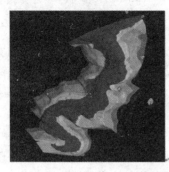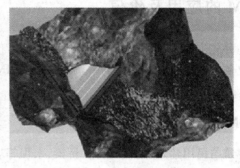

图 4-32　花坪河项目

2. 某水电站项目

该项目位于云南省兰坪县境内(图 4-33),是澜沧江上游古水至苗尾河段水电梯级开发方案的第五级,电站布置方案为碾压混凝土重力坝,最大坝高 203m,总库容 15 亿 m^3,装机容量为 1900MW,该电站以发电为主,兼有防洪、灌溉、供水、水土保持和旅游等综合效益。本项目工程规模宏大,工程总投资估算额约 173 亿元,建设总工期 81 个月,主体工程区范围约 20km^2,区内布置大量的工程生产区、生活区以及加工厂等辅助企业,并分布错综复杂的道路交通系统。

图 4-33　蓄水后水电站

该水电站工程设计涉及多个不同专业,包括地质、水工、施工、建筑、机电等。水电站施工总布置以 AutoCAD Civil 3D、Autodesk Revit、Autodesk Inventor 等为各专业建模基础,以 Autodesk Navisworks Manage 为模型观测与碰撞检查工具,以 AIM 为总布置可视化和信息化整合平台开展 BIM 协同设计。

该水电站项目前期规划阶段 BIM 应用主要是依据 AutoCAD Civil 3D 强大地形处理功能,实现工程三维枢纽方案布置以及立体施工规划,结合 AIM 快速直观的建模和分析功能,轻松、快速帮助布设施工场地规划,有效传递设计意图,并进行多方案比选。

4.3 BIM 的应用及价值

作为一种先进的工具和工作方式,BIM 技术不仅改变了建筑设计的手段和方法,而且在建筑行业领域做出了革命性的创举,通过建立 BIM 信息平台,建筑行业的协作方式被彻底改变。

4.3.1 BIM 的应用

工业建筑与民用建筑、地铁、公路、桥梁、水坝等项目在规划阶段就开始采用 BIM 技术,这是实现项目全生命周期均采用 BIM 的重要第一步,其应用点如表 4-2 所示。

表 4-2　BIM 应用点总结

序号	BIM 应用项目类型	主要应用点
1	工业建筑与民用建筑	创建场地及体量模型,进行环境影响评估、节能分析、初步设计方案比选、投资估算等
2	轨道	规划管理拆迁,进行线路方案选择与调整,包括桥隧比例对比分析、管网搬迁、土方量计算等
3	公路	结合地理信息,运用 BIM 技术,形成三维立体选线系统。在立体展示情况下进行方案比选、安全评估、工程投资概算、工程量查询等
4	桥梁	建立三维地形进行桥址调整,建立三维可视化实体模型进行方案的对比和调整,快速确定前期桥型桥式方案
5	水坝	建立三维可视化实体模型快速进行方案比选,更精确地进行工程量估算,协调各专业,减少出错,进行效果图设计、三维动画等

工业建筑与民用建筑中采用 BIM 技术的项目较多,前期规划阶段主要进行场地规划设计、体量建模、节能分析、初步设计方案比选等。

轨道交通项目规划阶段采用 BIM 技术可规划影响沿线商业格局,管理拆迁信息,进行线路方案选择与调整,包括桥隧比例对比分析、管网搬迁、土方量计算等。

公路项目规划阶段运用 BIM 专业软件导入地面高程数据及相关地理信息,把线路及地形以三维立体形式显示出来,形成三维立体选线系统,利用这个系统可以同时生成几条路线比选方案,进行安全评估、工程投资概算、工程量查询等。

桥梁项目规划阶段运用 BIM 建立三维实体模型,可以方便地根据模拟的三维地形进行桥址调整,方案设计效果直接以三维可视化模型为载体为项目决策者服务,方便设计方案的对比和调整,快速确定前期桥型桥式方案。

通过水坝项目应用实例发现,BIM 应用可从早期项目规划阶段开始,并可加快方案比选过程,提高工程量估算的精度,保持前后工作的连贯和专业间的协调,减少了出错及前后不一致的概率;并实现了更高程度的可视化,不仅可以显示各种形式的三维模型,在此基础上还可以进行效果图设计、三维动画,出任意方向平面图也变得十分容易。

4.3.2　BIM 的价值

众所周知，一个项目的完成要经过规划、设计、施工和运营（管理）这几个阶段。然而规划方案的好坏会直接影响到项目最后的成功与否。随着 BIM 在工程领域的不断发展，其在规划阶段发挥的作用也日益明显。对于任何一个项目的开发者来说，确定建设项目方案是否既具有技术与经济可行性，又能满足类型、质量、功能等要求，在过去很长一段时间是一个既花费大量的时间，又浪费金钱与精力的过程。通过以上案例的分析，我们可以将 BIM 技术在项目规划阶段的应用价值归纳为以下几点。

1. 量化的评价方法

BIM 区别于传统的三维模型，其最大的特点是除了具备几何尺寸之外，还包含了必要的参数信息。正是因为这些参数的存在，为项目在规划阶段的方案评价提供了量化的基础。以环境分析为例，通过 BIM 技术的应用对项目环境指标进行模拟，以更简单明了的方式对生态指标进行量化，就为项目决策者提供了更为科学的依据。

2. 高效的评价过程

以 BIM 为基础的评价过程，其实就是一种数据流的传递过程。现阶段，绝大多数的评价软件均支持这一数据的传递。在评价中，工程师们需要做的仅仅是模型的导入，而繁琐的计算过程已不再需要人为进行。同时，随着云计算的普及，评价结果的计算效率得到了很大程度的提高。另一方面，在项目的方案评价中，不同方案之间的对比，方案本身的不断调整都希望能快速取得对应的评价结果，而不希望将有限的时间浪费在等待结果的过程中。因此，BIM 模型本身所具备的联动性和统计分析功能很好地解决了这个问题。以方案的成本估算为例，当方案发生变化的时候，设计师和预算员之间的不同步性和设计方案传递过程中的人为疏漏都是影响评价效率的重要因素。反观 BIM 模型，一改都改，工程量数据同步变化能极大提高评价的效率。

3. 直观的评价视角

所见即所得，这是 BIM 给项目规划评价带来的重要变化之一。第一，数字化的 BIM 模型将传统纸面的设计方案变为 3D 甚至 5D 的参数模型。第二，以 BIM 为基础的信息交互平台为决策参与方提供了信息沟通的平台。第三，BIM 能确保决策者对方案拥有更为全面而直观的认识。以绿色分析为例，项目对环境的影响分析不再是枯燥单调的二维数据表格，而是利用 BIM 将这些数据变成了更加直观形象的模型，能让决策者实现身临其境的感觉。

4.4　本章小结

本章主要介绍了 BIM 在房建、公路、桥梁、水坝等项目规划阶段的应用情况及价值。在房屋建筑中 BIM 主要用于体量建模、节能分析、初步设计方案比选等方面；在基础设施建设中 BIM 用于三维地形建模、线路或桥址方案选择等方面。总之，在项目的前期阶段如果借助 BIM，决策者将获得较直观的三维立体模型，对方案的理解更深入，几种方案比选时区别更清楚，可减少遗漏的问题。下一章将介绍如何在项目的设计阶段应用 BIM。

习　题

1. 项目的前期就应用 BIM 技术有什么意义？
2. 工业建筑与民用建筑类项目规划阶段 BIM 技术主要用于哪些方面？
3. 轨道交通类项目规划阶段 BIM 技术主要用于哪些方面？
4. BIM 技术在项目规划阶段的应用价值是什么？

第 5 章

BIM 在设计阶段的应用

通过第 4 章的学习,我们已经知道了 BIM 如何在工程项目的规划阶段进行应用。与规划阶段相比较,设计阶段又将如何应用 BIM 将是本章介绍的主要内容。众所周知,工程设计阶段一般是指工程项目建设决策完成,即设计任务书下达之后,从设计准备开始,到施工图结束这一时间段。此阶段对于设计人员来说,最需要的就是能快速、准确、合理、有效地把业主意图反映在图纸上。但是在传统的设计过程中,设计阶段各专业之间在一定程度上存在信息渠道闭塞、沟通不畅等问题,导致了设计图纸中错、漏、碰、缺的现象时常出现,进而影响了工程的顺利进行。同时,在采用 AutoCAD 或天正对图纸进行修改的过程中也常常由于图纸之间缺乏联动效果,需要同时修改多张图纸才可以。因此,BIM 的出现可以帮助设计师解决这些问题,大大提高工作效率。本章将结合不同类型的工程案例,介绍 BIM 在项目设计阶段的应用。

5.1 设计阶段概述

伦敦 Eastcheap 区一栋价值 2 亿英镑的 37 层摩天楼,其玻璃幕墙在特定的时间会在地面形成聚光,从而给周边的居民生活带来不便。这是哪里出了问题呢? 是玻璃幕墙的原因吗?

今天,我们可以看见成功的项目比比皆是,但是不可否定的是,每一个项目都存在着这样那样的瑕疵,而往往就是这些设计中不经意的小毛病会在项目建成后带来严重的后果。因此,如何能在项目设计阶段就发现和解决这些问题,是值得思考的问题。

作为工程项目设计阶段的主要工作内容,基于 BIM 的参数化设计有别于传统 AutoCAD 等二维设计方法,是一种全新的设计方法,是一种可以使用各种工程参数来创建、驱动三维建筑模型,并可以利用三维建筑模型进行建筑性能等各种分析与模拟的设计方法,是实现 BIM、提升项目设计质量和效率的重要技术保障。其特点在于:全新的专业化三维设计工具,实时的三维可视化,更先进的协同设计模式,由模型自动创建施工详图底图及明细表,一处修改处处更新,配套的分析及模拟设计工具等。

基于 BIM 的设计协同是提升工程建设行业全产业链各个环节质量和效率终极目标的重要保障工具和手段,包含协同设计和协同作业。协同设计是针对设计院专业内、专业间进行数据和文件交互、沟通交流等的协同工作(图 5-1)。协同作业是针对项目业主、设计方、施工方、监理方、材料供应商、运营商等与项目相关各方,进行文件交互、沟通交流等的协同工作。

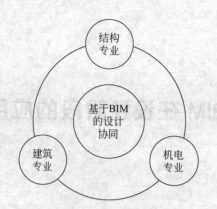

图 5-1   基于 BIM 的设计协同

同时不难看出,在上有业主的需求,下有施工方的技术进步,后有软硬件的支持,加上设计企业提升自身综合竞争能力和企业未来发展的需求,BIM 在设计阶段的应用已经势在必行。

5.2   BIM 在不同类型项目中的应用

5.2.1   工业与房屋建筑

在建筑工程设计阶段,一方面设计人员需对拟建项目的选址、方位、外形、结构形式、耗能与可持续发展问题、施工与运营概算等问题做出决策。BIM 技术可以对各种不同的方案进行模拟与分析,且为集合更多的参与方投入该阶段提供了平台,使做出的分析决策早期得到反馈,保证了决策的正确性与可操作性。另一方面,不同于 CAD 技术下 3D 模型需要由多个 2D 平面图共同创建,BIM 软件可以直接在 3D 平台上绘制 3D 模型,并且所需的任何平面视图都可以由该 3D 模型生成,准确性更高且直观快捷,为业主、施工方、预制方、设备供应方等项目参与人的沟通协调提供了平台。

此外,对于传统建设项目设计模式,各专业包括建筑、结构、暖通、机械、电气、通信、消防等设计之间的矛盾冲突极易出现且难以解决。然而,BIM 整体参数模型可以对建设项目的各系统进行空间协调,消除碰撞冲突,大大缩短了设计时间且减少了设计错误与漏洞。同时,结合运用与 BIM 建模工具具有相关性的分析软件,可以就拟建项目的结构合理性、空气流通性、光照、温度控制、隔声隔热、供水、废水处理等多个方面进行分析,并基于分析结果不断完善 BIM 模型。

5.2.1.1   BIM 应用方向

目前在工程项目的设计阶段,BIM 的应用主要体现在以下四个方面,如图 5-2 所示。

1. BIM 在异形设计方面的应用

目前,随着建筑行业的不断发展,各类异形建筑层出不穷,以扎哈·哈迪德为代表的一批建筑师以"打破建筑传统"为目标,一直在实践着"建筑更加建筑"的思想。在他们看来,建

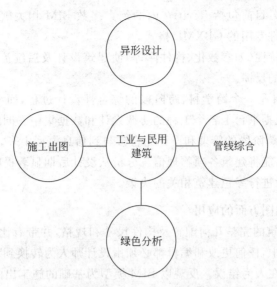

图 5-2　BIM 在工业与民用建筑中的应用

筑除了具备原有的实用功能外,更是一件伟大的艺术品。但与此同时,异形建筑也给传统的设计方法带来了不小的挑战,大胆而粗犷的造型和复杂的空间已经无法再用传统的二维设计图纸进行表达和反复修改。BIM 的出现从某种意义上讲正好解决了这个问题。

首先 BIM 的所见即所得、信息相互关联、一改全改,极大地节省了人力与时间成本;其次,以 Rhino 为代表的三维建模软件,为设计师提供了强大的技术支持,能让设计师在三维视角下完成对造型的参数化设计和调整;再次,BIM 的信息互用与表达能帮助团队和参与方更高效协调地处理复杂形体和构件。

2．BIM 在管线综合方面的应用

在现阶段的建筑机电安装工程项目中,管道复杂性越来越高,在有限空间中涉及的专业也越来越多,比如给排水、消防、通风、空调、电气、智能化等专业,同时,安装工程设计的好坏会直接关系到整个工程的质量、工期、投资和预期效果,因此都必须进行管线的深化设计。随着 BIIM 即建筑信息模型的发展和成熟,以三维数字技术为基础,对建筑物管道设备建立仿真模型,将管线设备的二维图纸进行集成和可视化,在设计过程中就可以进行管线的碰撞检查,进而对原有图纸设计进行充分的优化,减少在建筑施工阶段由于图纸问题带来的损失和返工,从而达到管线综合优化布置的目的。

3．BIM 在绿色分析方面的应用

今天,无论在国内还是海外,绿色建筑早已是炙手可热的词汇。在实现绿色设计方面,BIM 的优势十分明显的:BIM 方法可用于分析包括影响绿色条件的采光、能源效率和可持续性材料等建筑性能的方方面面;可分析、实现最低的能耗,并借助通风、采光、气流组织以及视觉对人心理感受的控制等,实现节能环保;采用 BIM 理念,还可在项目方案完成的同时计算日照、模拟风环境,为建筑设计的"绿色探索"注入高科技力量。

与传统的流程相比,BIM 为绿色设计带来的便利:

(1) 真实的 BIM 数据和丰富的构件信息给各种绿色建筑分析软件以强大的数据支持,

确保了结果的准确性。目前包括 Revit 在内的绝大多数 BIM 相关软件都可以将其模型数据导出为各种分析软件专用的 GBXML 格式。

(2) BIM 的某些特性(如参数化、构件库等)使建筑设计及后续流程针对上述分析的结果有非常及时和高效的反馈。

(3) 绿色建筑设计是一个跨学科、跨阶段的综合性设计过程,而 BIM 模型则正好顺应此需求,实现了单一数据平台上各个工种的协调设计和数据集中。同时结合 Navisworks 等软件加入 4D 信息,使跨阶段的管理和设计完全参与到信息模型中来。

(4) BIM 的实施,能将建筑各项物理信息分析从设计后期显著提前,有助于建筑师在方案、甚至概念设计阶段进行绿色建筑相关的决策。

4. BIM 在施工出图方面的应用

BIM 模型具有建筑的完整几何配置及构件尺寸和规格,并带有比图纸更多的信息。在传统的二维出图过程中,任何更改和编辑都必须由设计师人为转换到多个图纸,因而存在着由于疏漏而导致的潜在人为错误。反观以 BIM 模型为基础的施工出图,由于每个建筑模型构件个体只表示一次,构建个体如形状、属性和模型中的位置,根据建筑构件个体的排列,所有图纸、报表和信息集,都可以被拾取。这种非重复的建筑表现法,能确保所有的图纸、报告和分析信息一致,可以解决图纸的错误来源。同时 BIM 软件本身具有联动性,也确保了对模型进行修改后所有涉及的图纸同步发生相应的修改,也就提高了设计师修改设计的效率,也可以避免人为的疏漏。

5.2.1.2 案例分析

1. 民用项目

1) 某大型娱乐城项目

(1) 项目概况

该项目斥资近 1600 亿元,汇聚 600 多名世界级设计师,打造出世界上最美丽、最生态环保、配套设施最完善、规模最大的、全球人人向往的顶级旅游文化圣地。项目总占地 12000 亩,总建筑面积 1367 万 m^2,居住用地绿化率大于 35%,容积率 2.1,海岸线长达 40km。项目包含一座总建筑面积约 7 万 m^2 的娱乐城,内含一座可容纳 1600 名观众的歌剧院,一座 300 席的音乐厅,一座 26 个观演厅的电影院和一座 36 间包房的 KTV,还有一台大型室外水上秀表演台(图 5-3)。其娱乐城项目定位为世界级艺术文化中心,建成后可举办大型室内外主题秀表演、音乐剧演出、电影及 KTV 娱乐等各类型文化演艺活动。

(2) 项目 BIM 应用内容

该项目造型复杂,使用传统 CAD 二维设计工具的平、立、剖面等无法表达其设计创意。因此为了有效提高设计效率,BIM 从项目方案设计阶段介入,使用可编写程序脚本的高级三维 BIM 设计工具或基于 Revit Architecture 等 BIM 设计工具编写程序、定制工具插件等完成异型设计和设计优化,再在 Revit 系列软件中完成管线综合设计。同时,在模型创建过程中,利用 BIM 的专业协同对图纸进行了细致检查,完成了包括净高、碰撞等在内的设计优化(图 5-4~图 5-6)。

图 5-3　项目效果图

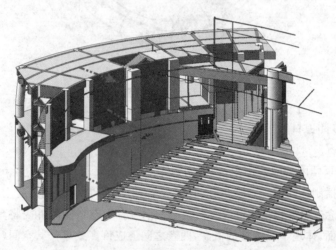

图 5-4　管线净高检查

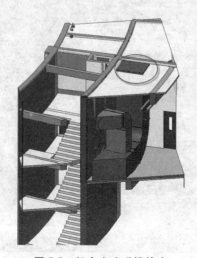

图 5-5　机电土建碰撞检查

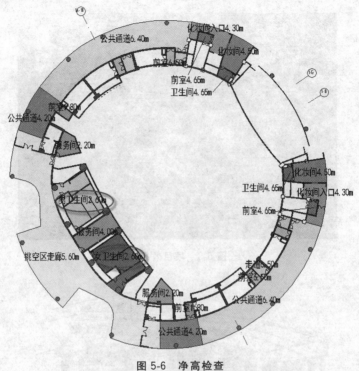

图 5-6 净高检查

2）某传媒总部项目

（1）项目概况

项目位于北京朝阳公园西南角，占地面积 1.8hm²，总建筑面积 7.2 万 m²，建筑高度 55m。除媒体办公和演播制作功能外，建筑还安排了大量对公众开放的互动体验空间，以体现传媒独特的开放经营理念。建筑的整体设计逻辑是用一个具有生态功能的外壳将具有独立维护使用的空间包裹在里面，体现了楼中楼的概念，两者之间形成许多共享公共空间（图 5-7）。

图 5-7 项目效果图

（2）项目 BIM 应用内容

由于独特的创意构思,建筑具有复杂的三维形体,这为建筑的深化设计和施工提出了严峻的挑战。随着大量前所未有的技术难题的涌现,传统的建筑设计方法与设计工具已经不足以应对复杂形体的深化控制。因此 BIAD 联合北纬华元在项目概念方案深化、建筑体型逻辑加工、结构设计、表皮构造设计等方面大量运用了三维数字化技术,同时利用 BIM 以及参数化编程控制技术生成了无法逐一绘制的技术信息,完成了常规技术无法实现的设计成果。

该项目利用的 BIM 技术,在虚拟环境中对建筑进行信息模拟的数字化模型,包含了具体而精确的建筑信息,因此建筑师可以不再通过二维图纸的信息转换,而直接在三维数字平台中进行复杂形体建筑的创建和调整。对于复杂形体建筑中存在的、众多二维表达所不能描述的复杂空间、复杂几何信息,利用 BIM 三维可视的特点,可以对其效果进行先期验证。因此,该项目的 BIM 模型是与项目的设计,甚至建筑构件的建造、生产同步更新的,使得所有建筑构件的完成效果与模型控制效果一致,这也是 BIM 技术应用的真正价值所在。高质量的建筑信息模型使建筑师不必再凭借抽象思考进行设计,建筑模型中的复杂关系,尤其是不规则曲面构件之间的位置关系、比例尺度,都与现实建造保持一致,建筑师可以在虚拟环境下真实解决建造问题,进行美学推敲和空间体验。这一技术手段大大提高了复杂形体的设计效率,同时保障了最终设计成果的精度(图 5-8)。

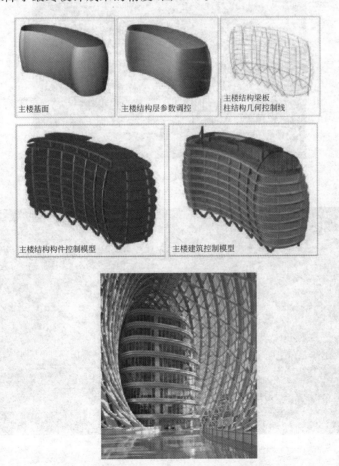

图 5-8　结构控制模型和建筑控制模型

2. 工业项目

在工业设计方面,一方面使用 BIM 能创建各种钢结构构件族,准确地将二维图纸很难表达的结构部分细节,在三维环境中直观地进行表现,并且通过视图双向联动功能,减少了设计人员重复性的建模和绘图工作,能有效确保设计数据的一致性。另一方面,利用 BIM 技术可以对厂房气流组织、污染控制、建筑声光热等性能进行模拟分析及优化,努力营造绿色、节能、舒适的生产环境,有助于对厂区更好更合理地规划,同时也使得各种绿色技术手段得以在项目中更加高效、顺畅地实施,对节约资源、降低损耗起着重要作用。

以某工程技术有限公司马来西亚年产 120 万吨球团生产线项目为例,通过 Autodesk Revit 和 Naviswork Manager 的应用,在设计阶段完成了项目的工程量统计、局部碰撞检查、优化设计等工作内容,这不仅为工程建设前期的工程材料备料提供了精确可靠的依据,更为后期的施工和设备安装提供了方便,减少了传统施工过程中很多不必要的返工和重复劳动(图 5-9,图 5-10)。

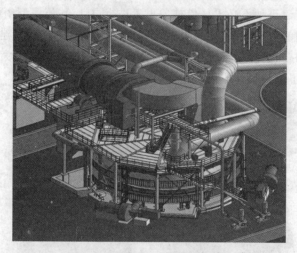

图 5-9　环冷机设备及结构模型

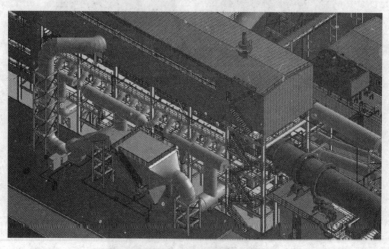

图 5-10　链箅机室模型

5.2.2　轨道交通

地铁属于地下复杂构造项目,地铁车站构造复杂,标高较多,空间狭小,建筑与结构难配合,而且地铁管线密集,管线穿墙穿梁要预留洞口,若洞口设置不合理,则会与机电管线发生碰撞。如果这些情况在施工才发现,必定会造成人力物力的损失。如采用 BIM 技术于地铁项目之中,则能防患于未然,避免设计以及施工方面的错误,及早发现问题并解决,帮助项目节省施工成本,避免超资,保证项目工期。另外,地铁项目中有大量的复杂的图纸,阅读这些图纸不仅需要大量的时间,而且还有可能造成不同专业之间的沟通不畅。采用 BIM 技术可通过动画展示项目的实际情况,从而让项目参与方直观地了解项目,为项目的成功提供保障。BIM 在轨道交通工程的应用见图 5-11。

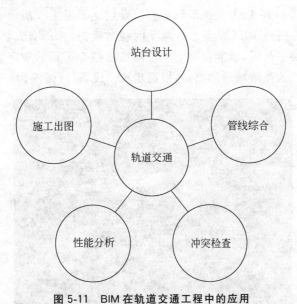

图 5-11　BIM 在轨道交通工程中的应用

5.2.2.1　BIM 应用方面

1. 基于 BIM 的参数化设计和专业协同

因为目前轨道交通工程车站建筑功能、空间关系日益复杂,借助新的 BIM 平台,可以对轨道交通工程复杂的建筑几何进行理性的分析和设定,包括从几何学的角度对建筑平面及三维空间生成进行准确的定义和呈现。利用 BIM 的参数化设计能准确地完成车站建筑群的设计工作,同时利用 BIM 的专业协同也能确保设计过程不同专业间的信息交流,最大限度避免由于沟通不畅造成的设计错误。

2. 基于数字化平台的建筑性能分析

对于像地铁车站这类的大型公共建筑而言,性能正在成为决定其内在质量的关键综合指标,尤其表现在结构效率和可持续策略上。性能分析可根据已有的 BIM 模型进行,内容包括能耗模拟、消化模拟、温度模拟等方面。这样,将设计方案 BIM 模型化后,可以通过性能分析检查、建筑构件空间检查,进而综合各项结果后反复调整 BIM 模型以达设计最优。

5.2.2.2 案例分析

1. 某市地铁10号线珠江路站项目

1)项目概况

某市地铁10号线珠江路站,又称"糖果车站",其位于某市珠江路和中山路交界处,为地下二层岛式车站,未来将与地铁13号线换乘。地铁公司为了解决项目过于复杂所带来的种种挑战,采用BIM技术,让设计图纸可行、可建,并模拟整个工程的实际效果和所需工序以指导实际施工。

2)项目中BIM应用内容

首先,在建模过程中,项目小组通过BIM及时发现图纸存在的问题,例如墙的洞口发生碰撞,上下层图纸对接不上,以及楼梯步数不够以致到达不了上下层等一些设计类型碰撞。其次,可以利用站台与隧道BIM模型进行通车的漫游模拟,让所有人都清晰明了地了解项目,方便项目各方沟通。最后,也能在施工阶段模拟出整个工程的实际效果和所需工序,指导实际施工,帮助工程人员清晰理解项目,根据步骤完成项目(图5-12~图5-15)。

图 5-12 珠江路站土建模型

图 5-13 珠江路站结构模型

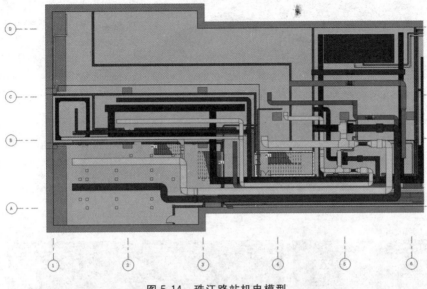

图 5-14 珠江路站机电模型

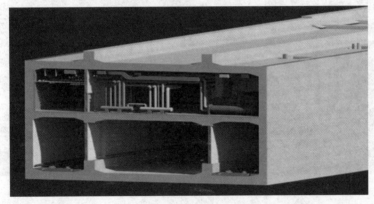

图 5-15 珠江路站综合模型

2. 某市地铁 9 号线项目

某市轨道交通 9 号线三期东延伸工程全长 13.831km,全为地下线,共设 9 座车站,其芳甸路站在设计中应用了 BIM 技术,完成包括场地布置、车站设计等在内的多项设计内容,并利用 BIM 协作平台实现了相关信息的共享。在设计过程中,各方利用 BIM 数据共享平台完成项目中所需数据的调用和更新,借以实现在项目设计过程中的模型浏览、表单填写、进度跟踪、进度显示、沟通协调等协同功能(图 5-16～图 5-18)。

5.2.3 道路桥梁

BIM 的发展是始于建筑行业,但其内涵及外延早已超出了模型的范畴,也延伸出了建筑行业,甚至覆盖了整个工程建设行业。对于路桥工程而言,可以参考美国国家 BIM 标准,对桥梁信息模型(BIM)阐释如下:

(1)一个路桥工程物理和功能特性的数字化表达;

图 5-16　场地分析

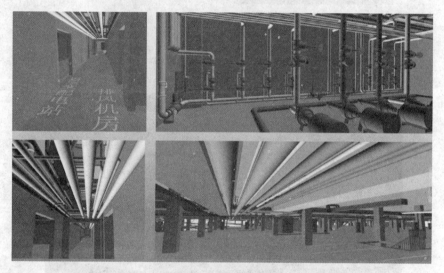

图 5-17　管线 BIM 模型

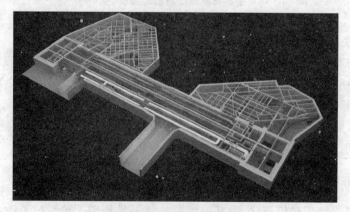

图 5-18　车站 BIM 模型

（2）一个共享有关路桥建设项目所有信息的资源数据库；

（3）一个分享有关路桥工程的信息，为该工程从概念开始的全生命周期内所有决策提供可靠依据的过程；

（4）在项目不同阶段、不同利益相关方，通过在 BIM 中写入、提取、更新和修改信息，以支持和反映各自职责的协同作业。

对于路桥设计而言，采用 BIM 的理念与传统 CAD 相比，改变的是整个设计流程与设计方法：

（1）从线条绘图转向构件布置；

（2）从单纯几何表现转向全信息模型集成；

（3）从各工种单独完成项目转向各工种协同完成项目；

（4）从离散的分步设计转向基于同一模型的全过程整体设计；

（5）从单一设计交付转向工程全生命周期支持。

对于路桥设计行业，采用 BIM 技术不仅仅意味着效率与质量的提升，更重要的是设计方掌握了工程项目最核心的信息模型资源，不仅向业主方提供工程设计服务，也是向全生命周期内各个工程参与方提供高附加值的服务与咨询，使工程项目的潜在价值向设计阶段前移。

5.2.3.1　BIM 应用方向

在道路桥梁工程设计阶段，BIM 主要应用在以下几个方面（图 5-19）。

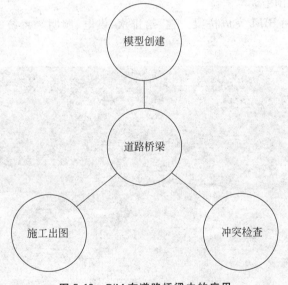

图 5-19　BIM 在道路桥梁中的应用

（1）模型创建

以 Revit 为例，可以建立大量的参数化桥梁结构族库，并定制相关的视图样板和明细表模板，可供以后相似工程使用。同时，可以根据测绘、地质、线路等基础数据，利用参数化的族库，创建新旧桥梁的 BIM 模型、两侧引线模型等。同时，通过二次开发创建桥梁下部结构的参数化钢筋配置模块，并为每一种不同类型的桥墩和桥台布置实体钢筋，以便钢筋图的生成和钢筋数量统计。

（2）设计合理性及冲突检查

在建模过程中，可以及时发现设计图纸的错误并在正式施工前就得到了澄清或勘误。另外材料清单也可以通过 BIM 自动生成，将模型创建的清单与原始二维设计图纸比对，可查出工程量统计中的问题。同时，可以利用 BIM 在桥梁设计中进行必要的专业协同和冲突检查，进而避免设计错误。

（3）施工出图

通过三维 BIM 模型，可以直接生成二维图纸，也是 BIM 的优势之一，且模型与图纸的关联性可以保证出图的准确性和质量。

5.2.3.2 案例分析

1. 某大桥青州航道桥项目

1）项目概况

该大桥是连接香港、广东珠海、澳门的超级跨海通道，是列入"国家高速公路网规划"的重要交通建设项目，是我国具有国家战略意义的世界级跨海通道，包括主体工程、香港界内跨海桥梁、三地口岸、三地联结线。主体工程桥梁长约 22.9km，包括 3 座通航孔桥及非通航孔桥。其中，青州航道桥为跨径最大的通航孔桥，采用钢箱梁，斜拉索采用扇形双索面布置，索塔采用横向 H 形框架结构。

2）项目 BIM 应用内容

在设计阶段，利用 BIM 完成桥梁土建、给排水、供电、照明等系统的建模和族库建设工作（图 5-20～图 5-23）。

图 5-20 整体 BIM 模型

2. 某隧道项目

1）项目概况

该隧道穿越福州市鼓山风景区，进口位于福州市东山村东侧，距离东山村约 400m，分别在 DK5＋205、DK5＋230 下穿南三环和机场高速；出口位于福州市东村北侧的山坡上，线路分别在 DK12＋189、DK13＋009、DK13＋319，自即有温福、福厦铁路联络线隧道上方立体交

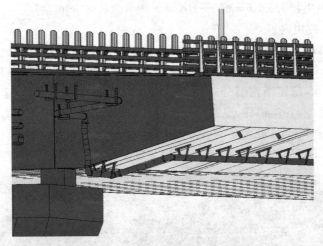

图 5-21　桥梁给排水系统 BIM 模型

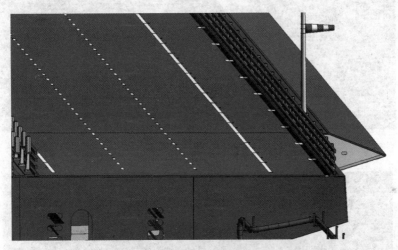

图 5-22　桥梁土建系统 BIM 模型

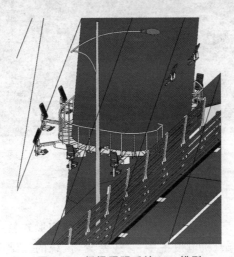

图 5-23　桥梁照明系统 BIM 模型

叉通过。隧道起讫里程为 DK5＋095～DK13＋294，全长 8199m。

2）项目 BIM 应用内容

利用 BIM 完成了从工程可行性设计（概念设计）到施工图设计的全设计流程。在设计过程中，首先应用 IDS 套包和 Inventor 为主要 BIM 核心软件，负责勘察和线路专业以及土方的开挖设计；其次，隧道结构部分采用 Inventor 的参数化设计工具，建立了材质库，高参数化的隧道横断面库，各类锚杆、型钢、导管等标准件库，通过并行设计的设计理念，完成了整条隧道的协同设计工作；最后在 Navisworks 中实现全长 8199m 的多专业整合和施工进度 4D 模拟，并利用现成的模型完成了 3D MAX 动画渲染（图 5-24～图 5-27）。

图 5-24　洞门效果图

图 5-25　工程概况

5.2.4　水利水电

水利水电工程牵扯面广、投资大、专业性强、建筑结构形式复杂多样，尤其是水库、水电站、泵站工程，水工结构复杂、机电设备多、管线密集，传统的二维图纸设计方法无法直观地从图纸上展示设计的实际效果，造成各专业之间打架碰撞，导致设计变更、工程量漏记或重

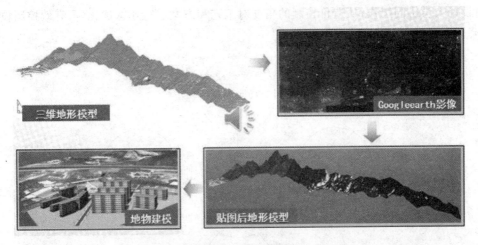

图 5-26　场地 BIM 模型

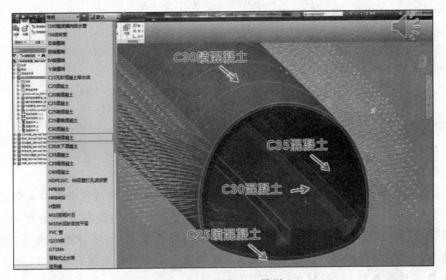

图 5-27　洞身 BIM 模型

计、投资浪费等现象出现。

5.2.4.1　BIM 应用方向

利用 BIM 技术能建立设计、施工、造价人员的协同工作平台,设计人员可以在不改变原来设计习惯的情况下,通过二维方法绘图,自动生成三维建筑模型,并为下游各专业提供含有 BIM 信息的布置条件图,增加专业沟通,实现工程信息的紧密连接(图 5-28)。

同时,由于水利工程造价具有大额性、个别性、动态性、层次性、兼容性的特点,BIM 技术在水利建设项目造价管理信息化方面有着传统技术不可比拟的优势:

一是大大提高了造价工作的效率和准确性,通过 BIM 技术建立三维模型,自动识别各类构件,快速抽调计算工程量,及时捕捉动态变化的结构设计,有效避免漏项和错算,提高清单计价工作的准确性。

二是利用 BIM 技术的模型碰撞检查工具优化方案、消除工艺管线冲突,造价工程师可以与设计人员协同工作,从造价控制的角度对工艺和方案进行比选优化,可有效控制设计变更,降低工程投资。

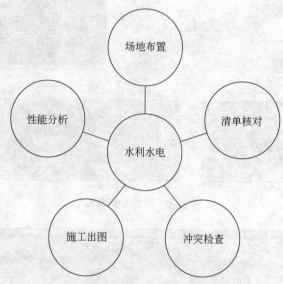

图 5-28　BIM 在水利水电中的应用

5.2.4.2　案例分析

1. 某水电站项目

1) 项目概况

该水电站位于云南省兰坪县境内,采用堤坝式开发,是云南澜沧江上游古水至苗尾河段水电梯级开发方案的第五级水电站,以发电为主。拦河大坝为混凝土重力坝,最大坝高203m,属Ⅰ等大(1)型工程。工程枢纽主要由碾压混凝土重力坝、坝身泄洪表孔、泄洪放空底孔、左岸折线坝身进水口及地下引水发电系统组成。工程总投资估算额为 1732814.64 万元,其中静态总投资为 1488244.56 万元。

2) 项目 BIM 应用内容

项目设计阶段引入 BIM 技术,水工专业部分利用 Autodesk Revit Architecture 完成大坝及厂房的三维形体建模;利用 Autodesk Revit MEP 软件平台,机电专业(包括水力机械、通风、电气一次、电气二次、金属结构等)建立完备的机电设备三维族库,最终完成整个水电站的 BIM 设计工作(图 5-29～图 5-31)。

2. 某水利枢纽工程

1) 项目概况

该水利枢纽工程是叶尔羌河干流山区下游河段的控制性水利枢纽工程,在保证塔里木河生态供水条件下,具有防洪、灌溉、发电等综合利用功能。水库总库容 22.5 亿 m³,最大坝高 164.8m,控制灌溉面积 477.96 万亩,电站装机容量 730MW,为大(1)型一等工程。枢纽工程由拦河坝,1#、2# 表孔溢洪洞,中孔泄洪洞,1#、2# 深孔放空排沙洞,发电引水系统,电站厂房等主要建筑物组成,工程总投资 102.11 亿元。

图 5-29　黄登水电站整体布置模型

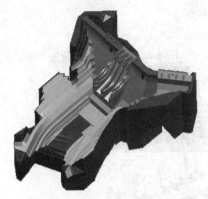

图 5-30　黄登水电站土建模型

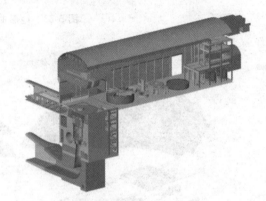

图 5-31　黄登水电站厂房模型

2）项目 BIM 应用内容

水利部新疆维吾尔自治区水利水电勘测设计研究院打破传统的设计模式，建立了基于
BIM 的三维设计和协作机制。BIM 技术应用包括：地形处理、地质生成、方案分析比选、设
计 BIM 模型、对模型进行有限元分析、BIM 模型深化、经济分析、专业间协同、完善 BIM 模
型信息等（图 5-32～图 5-34）。

图 5-32　项目效果图

图 5-33　地形曲面模型

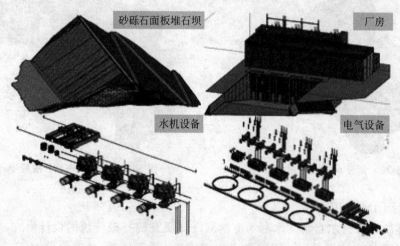

图 5-34　建筑物模型参数化模型

5.3　BIM 的应用及价值

通过以上案例的分析,不难看出,BIM 在工程项目设计阶段发挥着巨大作用,对工程后续阶段的工作开展有着积极的影响,我们可以将其在设计阶段的应用和价值总结如下。

5.3.1　BIM 的应用

1. 概念设计阶段

在前期概念设计阶段使用 BIM,可以在完美表现设计创意的同时,进行各种面积、体形系数、商业地产收益、可视度、日照轨迹等量化分析,为业主决策提供客观的依据。

2. 方案设计阶段

在方案设计阶段使用 BIM,尤其是复杂造型设计项目,可以起到设计优化、方案对比

（如曲面有理化设计）和方案可行性分析作用。同时建筑性能分析、能耗分析、采光分析、日照分析、疏散分析等都将对建筑设计起到重要的设计优化作用。

3. 施工图设计阶段

在施工图设计阶段使用 BIM，可以在复杂造型设计等用二维设计手段施工图无法表达的项目中发挥巨大的作用。同时在大型工厂设计、机场与地铁等交通枢纽、医疗体育剧院等公共项目的复杂专业管线设计中，BIM 是彻底、高效解决这一难题的唯一途径。

5.3.2　BIM 的价值

BIM 在工程设计阶段的价值主要体现在以下 6 个方面，见表 5-1。

表 5-1　BIM 价值表

BIM 的价值	描　述
可视化	抽象的二维变直观的三维
协　调	基于三维的协同设计
模　拟	虚拟建造，在施工之前发现问题
分　析	为业主决策提供必要的数字支撑
优　化	利用模拟分析的结果确保设计方案的最优
出　图	基于 BIM 的施工图最大限度保证准确性

1. 可视化（Visualization）

BIM 将专业、抽象的二维建筑描述通俗化、三维直观化，使得专业设计师和业主等非专业人员对项目需求是否得到满足的判断更为明确、高效，决策更为准确（图 5-35）。

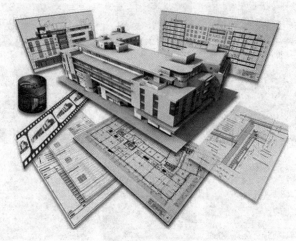

图 5-35　可视化

2. 协调（Coordination）

BIM 将专业内多成员、多专业、多系统间原本各自独立的设计成果（包括中间结果与过程),置于统一、直观的三维协同设计环境中,避免因误解或沟通不及时造成不必要的设计错误,提高设计质量和效率(图 5-36)。

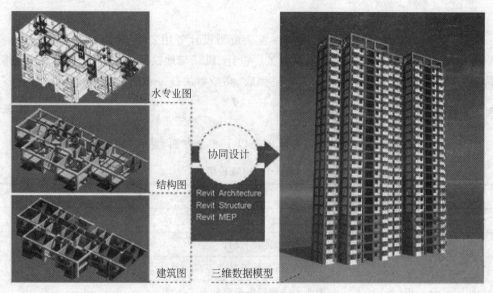

图 5-36　协同设计

3. 模拟(Simulation)

BIM 将原本需要在真实场景中实现的建造过程与结果,在数字虚拟世界中预先实现,可以最大限度减少未来真实世界的失误(图 5-37)。

图 5-37　虚拟建造

4. 分析（Analysis）

BIM 能在方案设计阶段完成包括能耗、结构、机电等在内的数字化分析，借助其 CAE 功能，有利于业主对项目方案的最终确定和修改（图 5-38）。

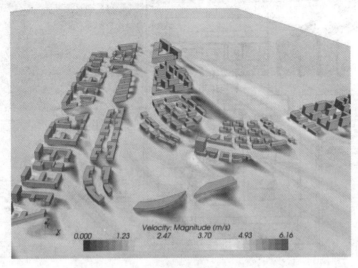

图 5-38　绿色分析

5. 优化（Optimization）

有了前面的三大特征，使得设计优化成为可能，进一步保障真实世界的完美。这点对目前越来越多的复杂造型建筑设计尤其重要（图 5-39）。

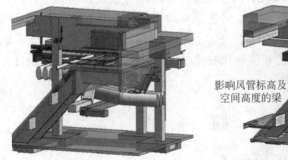
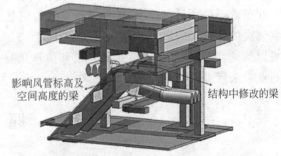

影响风管标高及空间高度的梁　　　结构中修改的梁

图 5-39　设计优化

6. 出图（Documentation）

基于 BIM 成果的工程施工图及统计表将最大限度保障工程设计企业最终产品的准确、高质量、富于创新。同时，其强大的三维表达能力也能最大限度地确保设计交底的完整性（图 5-40）。

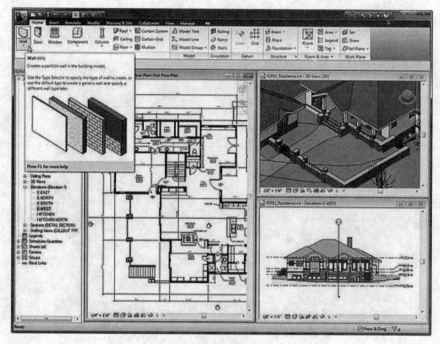

图 5-40　施工出图

5.4　本章小结

　　项目的设计对于任何一个工程来说都是非常重要的,其好坏将直接影响到项目的最终结果。在现阶段的项目设计中,如何进行有效的信息交流和协同设计是每一个设计师需要面临和解决的问题。BIM 的出现,在某种意义上决定了未来项目设计的方向和模式。同时我们可以预见,随着项目管理模式的变化和信息化技术的发展,基于 BIM 的项目设计将给土木行业带来巨大的变革。

习　　题

1. 请阐述在现阶段的项目设计中存在的问题。
2. 请阐述 BIM 在项目设计阶段的作用。
3. 请举例说明 BIM 在设计阶段的应用价值。

第 6 章

BIM 在施工阶段的应用

设计阶段创建的 BIM 模型是施工阶段进行基于 BIM 技术的施工管理的基础。经过第 5 章的介绍可知：创建的 BIM 模型中已有了拟建建筑的所有基本属性信息，如建筑的几何模型信息、功能要求、构件性能等。但要实现施工可视化，还需要创建针对具体施工项目的技术、经济、管理等方面的附加属性信息，如建造过程、施工进度、成本变化、资源供应等。所以，完整地定义并添加附加属性信息于 BIM 模型中，是实现基于 BIM 技术施工进度管理的前提。本章将结合不同类型工程实例介绍，展现 BIM 在施工阶段的应用。

6.1　施工阶段概述

工程施工是指工程建设实施阶段的生产活动，是各类建筑物的建造过程，也可以说是把设计图纸上的各种线条，在指定地点变成实物的过程。

现阶段的工程项目一般具有规模大、工期长、复杂性高的特点，而传统的工程项目施工中，主要利用业主方提供的勘察设计成果、二维图纸和相关文字说明，加上一些先入为主的经验，来进行施工建造。这些二维图纸及文字说明，本身就可能存在对业主需求的曲解和遗漏，导致工程分解时也会出现曲解和遗漏，加上施工单位自己对图纸及文字说明的理解，无法完整反映业主的真实需求和目标，结果出现提交工程成果无法让业主满意的情况。

在施工实践中，工程项目通常需要众多主体共同参与完成，各分包商和供应商在信息沟通时，一般采用二维图纸、文字、表格图表等进行沟通，使得在沟通中难于及时发现众多合作主体在进度计划中存在的冲突，导致施工作业与资源供应之间的不协调、施工作业面相互冲突等现象，影响工程项目的圆满实现。

在施工阶段里，将投入大量的人力、物力、财力来完成施工。施工过程中，对施工质量的控制，施工成本的控制，施工进度的控制，非常重要。一旦出现分部分项工程完工后再需要更改的，将会产生严重的损失。

通过以上简单的描述，在现阶段的施工过程中存在以下问题：项目信息丢失严重，施工进度计划存在潜在冲突，工程进度跟踪分析困难，施工质量管控困难，沟通交流不畅等，这些问题都导致施工企业管理的粗放型，施工企业生产力不高，施工成本过高等现状。

通过对 BIM 技术在前期规划和设计阶段应用方向的了解，建筑信息模型必然逐渐向工程建设专业化、施工技术集成化以及交流沟通信息化等方向发展。BIM 正在改变着当前工程建造的模式，推动工程建造模式向以数字建造为指导的新模式转变。BIM 技术的以数字建造为指导的工程建设模式具有以下特点(图 6-1)。

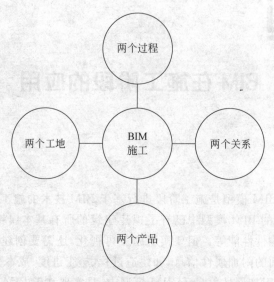

图 6-1　BIM 数字建造过程特点

1. 两个过程

在 BIM 技术支持下,工程建造活动包括两个过程:一个是物质建造过程,一个是管理数字化、产品数字化的建造过程。

2. 两个工地

与工程建造活动数字化过程和物质化过程相对应,同时存在着数字化工地和实体工地两个工地。

3. 两个关系

以数字建造为指导的建造模式,越来越凸显建造过程的两个关系,即先试与后造的关系,后台支持与前台操作的关系。

4. 两个产品

基于 BIM 的建造过程,工程交付应该有两个产品,不仅仅交付物质的产品,同时还交付一个虚拟的数字产品。

BIM 技术作为一种全新的工程信息化协同管理方式,它颠覆了传统的施工管理模式,最大限度地节约资源(节能、节地、节水、节材),保护环境和减少污染等。同时已经成为施工企业提升自身核心竞争力的手段,本章将以案例的方式介绍 BIM 在不同类型工程建设中的应用。

6.2　BIM 在不同类型项目中的应用

6.2.1　工业与房屋建筑

BIM 技术在刚刚引入到中国的时候,主要还是在一些大型国企及特级企业施工中应用,并且还只是集中在 BIM 技术中的某单项功能,并没有普遍将 BIM 数据和管理应用到整施工管理过程中。但是，随着 BIM 技术的不断成熟，越来越多的工业与房屋建筑项目在施工阶段采用了 BIM 技术，解决了传统施工管理手段存在的问题与弊端，且可以使建筑工程在整个进程中减少风险、提高效率。

6.2.1.1　BIM 应用方向

现阶段，BIM 在工业与房屋建筑施工阶段主要应用包括以下五个方面，如图 6-2 所示。

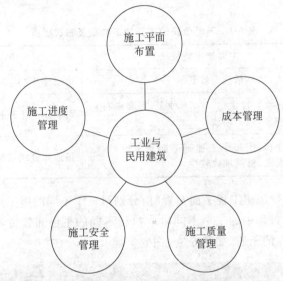

图 6-2　BIM 在工业与房屋建筑施工阶段主要应用点

1. BIM 在建筑施工平面布置的应用

施工平面布置是房建工程项目施工的前提，较好的施工平面布置图能从源头减少质量安全隐患，利于工程项目后期的施工管理，一定程度降低成本、提高项目效益。据统计，房建工程施工利润仅占建筑成本的 10%～15%，若能够对施工平面布置设计出一个最佳的方案，这将直接提高工程的利润率，降低成本，实现多方利益的最大化。

1）传统的施工平面布置

从过往的实践情况来看，传统的施工平面布置通常是由相关人员在投标时借助自身经验和推断而设计出来的，它是工作人员在编制时，在初步了解整个工程的基本情况和周边建设环境的基础上绘制而成。而在实际执行时，工程的平面布置往往是由施工单位的现场技术人员进行布置的，他们通常不会以前面投标文件中的设计方案为蓝本，而是在实际执行过程中加入自身经验进行改变。

出于施工平面布置制作过程的随意性，这种方案大多是依照设计人员的主观经验和想法，缺乏科学性，且很难在设计时跳出自身思维局限性来发现其可能存在的缺陷。同时，工程建设并不是一个一成不变的静态过程，它随时会随着现场情况变化或者突发状况而随之调整。因此如果依葫芦画瓢地按照静态平面布置图进行建设的话，便会导致工程与实际状况相悖，导致工程不得不停滞甚至重新设计，浪费大量的建设材料和人工成本，加大工程的工作量，提高成本，使收益率降低。这样不合理的平面布置方案甚至会导致安全隐患，带来更大的损失。因此,传统的施工平面布置方法已经逐渐被市场淘汰。

2)BIM应用于施工平面布置

为了对工程施工进行科学的管理,将房建工程按不同的性质和组成部分,分为地基与基础工程、主体结构工程以及装饰装修工程三个分类和组成部分进行分析。分别对这三个不同施工过程进行单独的施工平面布置设计,使工程的平面布置设计更加灵活,可变动性加强,以此达到对整个施工过程的动态掌控。不同施工阶段的主要施工特征,以及相应的平面布置要点如图表6-1所示。

表6-1   不同阶段的主要施工特征及布置要点

施工阶段	主要施工特征	场地布置要点
地基与基础	土方量大,地基承载力较低	可供使用的土地相对较少
主体结构	施工工艺重复性大,工序、工种多,需要的材料机具种类多,施工期较长	可利用的土地相对较充裕
装饰装修	工种工序多,但每个工种施工期相对较短,施工场地混乱,材料堆放较少	场地布置较宽裕,外围材料堆放较少

采用BIM技术进行房建工程平面布置时,分别对三个不同的施工过程进行平面布置方案设计,由此来对施工过程中的三个不同阶段执行不同的平面布置方案,借助BIM来分析各个设计之间可能存在的矛盾,如图6-3~图6-5所示。

图6-3   BIM在地基与基础施工场地布置应用

2. BIM在建筑成本管理的应用

建筑施工企业成本管理是指建筑企业生产经营过程中各项成本核算、分析、决策和控制等一系列科学管理行为的总称。项目成本管理中的关键工作是确定工程量、价格数据与消耗量指标等工作,成本的核算、分析、决策和控制都离不开工程量与价格的确定。

1)传统技术下的成本管理

成本管理的实质是对人、材、机的管理,在计划经济体制下,由于工程量较小、劳动力充足,采用对人、材、机统一的计费标准形式,从一定程度上发挥了该形式的优越性。但是随着改革开放的不断深入,市场经济的不断发展,现场的施工项目越来越复杂,成本管理工作已不是人、材、机费用的简单叠加,特别是面对建设周期较长、工程量较大的项目经常发生量和

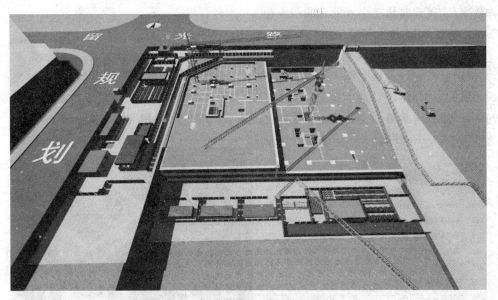

图 6-4　BIM 在主体施工场地布置应用

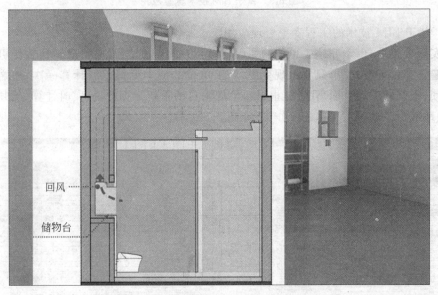

回风

储物台

图 6-5　BIM 在装饰装修施工场地布置应用

价的变更和调整,以致实际成本和目标成本相偏离,最终导致建筑施工企业很难控制成本。

而在出现计算机技术以后,特别是相关造价软件如广联达、神机妙算等的诞生,从一定程度上减少了造价工程师的工作量,但是仍然存在着价量分离、准确率不高、工作效率较低的情况,特别是在工期吃紧的情况下,对大型项目中成本数据的随时调用存在挑战。

2) BIM 技术下施工阶段全过程的成本管理

成本控制一直贯穿于建筑施工阶段的全过程,从编制投标文件到签订合同,再到施工阶段工程建造中工程计量、变更协商,一直到最后的竣工结算和决算过程都离不开成本的控制,在该过程中运用 BIM 信息技术能全面提升建筑企业成本管理水平和核心竞争力,提高工作效率，实现建筑施工企业的利润最大化。

（1）基于 BIM 技术算量应用

BIM 技术建立的三维模型数据库的特性在于对建筑中对应的数据直接读取、汇总与统计，并根据已有的计量规则而产生数据表，如图 6-6 所示。因此，在此基础上统计的数据是准确无误的。同时，BIM 技术能通过计算机技术构建模型数据库，以集成建筑施工企业所有的信息，服务建筑施工企业建造建筑的全过程，达到“一模多用”的目的。

嵌板材料明细

编号	类别	规格	简图	单位	长度	宽度	厚度	数量
JD02	6+1.52PVB+6Low-E+12A+6	钢化夹胶中空玻璃		块	1164	3864	12	18
JD02	EPDM胶条	6*10		条	3900	10	7	36
JD02	EPDM胶条	6*10		条	3900	12	6	36
JD02	尼龙玻璃纤维断热条	3*10		条	3900	14	5	18
JD02	硅酮密封胶&泡沫棒	2*10		条	3900	10	24	36
JD02	硅酮密封胶&泡沫棒	2*10		条	1164	10	15	9
JD02	硅酮密封胶&泡沫棒	2*10		条	3900	10	15	36
JD02	铝合金装饰竖框	1*100		根	3900	321	100	18
JD20	铝合金压块	1*80		根	3900	80	16	18

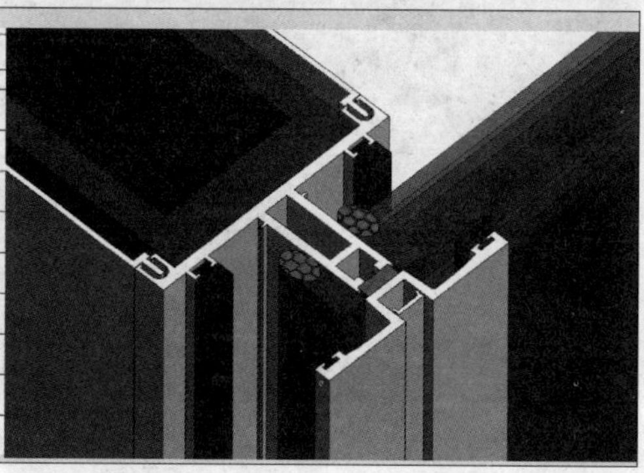

图 6-6　基于 BIM 技术算量应用

（2）基于 BIM 技术的工程变更管理应用

在实际项目中，由于非施工单位的原因经常出现量与价的调整而最终导致变更的情况相当普遍。在传统方式下，只要出现变更，施工单位的成本就得重新计算一次，随之而来的便是繁琐、重复的劳动。而 BIM 能根据造价规则自动重新计算造价，实时计算，无须重复统计，极大地减少了造价工程师的工作量，如图 6-7 所示。

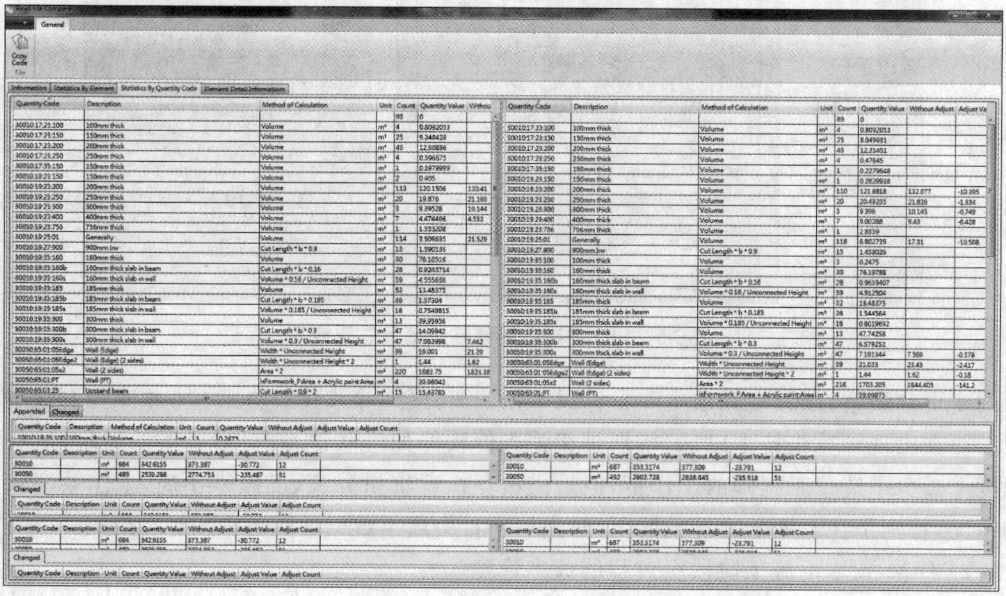

图 6-7　工程变更自动算量

（3）基于 BIM 技术的进度款管理应用

针对房建行业特点，施工单位在项目上所投资金往往根据工程进度分段收回，当达到某里程碑事件时，施工单位便要求业主按照合同支付进度款，而项目的成本通常是随施工进度而存在变化的。在传统模式下，索要进度款时需要将各类变更所形成的成本与预计投入重新计算，情况十分繁琐，而 BIM 能将 4D、5D 技术应用到工程进度款的支付当中，对建筑施工企业的成本控制具有预估的作用，如图 6-8 所示。项目开始前，建筑施工企业可通过 4D技术模拟施工进度，为资金的流转做好更充足的准备，在项目开始后，可以随时根据工程的进度计算成本。这种成本和进度相结合的模式为向业主方索要进度款提供了科学依据。

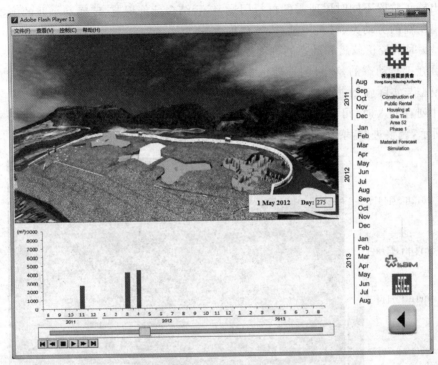

图 6-8　工程进度款评估

3. BIM 在建筑施工进度管理的应用

1）传统进度控制存在的问题

（1）因设计的原因带来的进度管理障碍

在进行施工以前，设计本身就存在缺陷。通常一个建筑项目，将所有专业的图纸加起来有近百张，有时面对大型项目则达到上千万张，建筑信息含量无疑是巨大的，所以设计者和审图者难免会出现错误。其次，由于各个专业都是独立完成设计的，所以将不同专业的二维图纸中的成果展现在空间上时必然会出现碰撞交叉。因此，如果上述问题没有在设计阶段被发现，那么势必会对已安排好的工程进度产生影响。

（2）因不合理的进度计划造成的进度管理问题

现场施工环境是复杂多变的，建筑工程产品本身就是一次性的，每个项目都有不同的特点，这就要求项目计划编制人员具有很好的进度管理经验。但是由于施工项目进度的变化和个人的主观性，难免会出现进度计划不合理的地方，这将导致未来的施工不能顺利进行。

2）基于 BIM 技术的施工进度管理应用

建筑施工企业项目进度管理是在建筑建造过程中各阶段和项目完成的期限内所进行的管理，其内容是进行工程项目的作业分配、进度控制、偏离校正，在 BIM 的应用下具体工作如下。

（1）科学的作业分配

BIM 模型的应用能为作业分配提供科学依据。工程进度中安排最为重要的依据是工程量，而工程量的计算一般情况下是采用手工汇编的方式完成的，该方式不仅不精确，而且繁琐复杂，但在 BIM 软件平台下，该工作将变得更加简单。通过 BIM 软件统计的数据，可准确算出施工阶段不同时段所需的材料用量，然后结合计价规范、定额和企业的施工水平就可计算出所需的劳动力、材料用量、机械台班数。

（2）实时的校正偏离和动态的进度控制

项目施工是动态的，项目的管理也是动态的，在进度控制过程中，可以通过 4D 可视化的进度模型与实际施工进度进行比较，直观地了解各项工作的执行情况。当现场施工情况与进度计划有出入时，可以通过 4D BIM 模型将进度计划与施工现场情况进行对比，如图 6-9 所示，调整进度，增强建筑施工企业的进度控制能力。

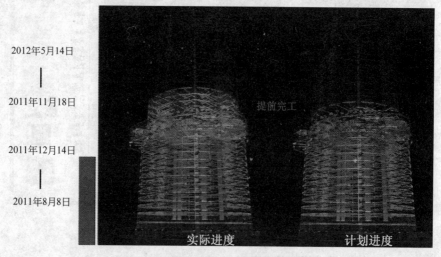

图 6-9　进度计划比较分析

4. BIM 在建筑施工质量管理中的应用

1）传统模式下工程项目质量管理存在的问题

建筑工程质量历来为人们所关注，建筑质量的好坏不仅影响建筑产品的功能，而且还直接关系着人身安全。随着科学的进步、建筑材料的不断创新与建造工具的不断升级，施工过程中质量通病问题等都得到了有效的解决和应对，但仍然有许多常见的问题没有得到解决。工程质量管理出现的问题主要表现在：施工人员专业素质不达标，不按设计图纸、强规施工，不能准确预知施工完成后的质量效果等。

2）基于 BIM 的质量管理应用

（1）建筑物料和成品的质量控制

就建筑物料质量管理而言，BIM 模型存储了大量的建筑构件、设备信息。通过 BIM 平台,各部门工作人员可以根据模型快速查到材料及构配件的规模、材质、尺寸等信息,因此,有质量问题的材料可以通过模型立马找到,然后进行更换。此外,BIM 技术还可以同物联网等技术相结合,对施工现场作业成品进行质量的追踪、记录、分析,监控施工产品质量。

（2）有关质量技术管理

BIM 技术不仅是三维建模的技术,而且是一个很好的交流平台,在该平台上能通过 BIM 平台动态地模拟施工技术流程,对新材料、新工艺、新工法做详细的介绍,此外还可讨论关键技术问题,验证施工技术的可行性,最后还可结合 BIM 中 Navisworks 等仿真软件加以呈现,如图 6-10 所示。保证施工技术在技术交底的过程中不出现偏差,避免计划做法与实际做法不一致的情形。

图 6-10　Navisworks 模拟施工交底

5. BIM 在建筑施工安全管理中的应用

安全管理是任何一个企业或组织的命脉,建筑施工企业也不例外,安全管理应该遵循"安全第一,预防为主"的原则。在建筑施工安全管理中,关键措施是采用各种安全措施保障施工的薄弱环节和关键部位的安全,以不出现安全事故为目的。传统的安全管理,往往只能根据施工经验和编写安全措施来减少安全事故,很少结合项目的实际情况,而在 BIM 的作用下,这种情况将有所改善。

1）基于 BIM 的施工场地安排与现场材料堆放安全分析

在施工现场,由于各作业队、工种繁多,施工作业面交错,施工流程、时间交叉,物料堆放混乱,物料交错是常有的事情,这不仅会造成工作效率低下,而且还有可能发生安全隐患。BIM 技术则能对现场起到很好的指导作用,根据虚拟模拟技术,可以对材料的堆放提前做好安排,合理规划好取材、用材、舍材的路径与地点,保证施工现场堆放整齐,提高施工效率,如图 6-11 所示。

2）规避施工现场的危险源

BIM 可视化性能对工地上潜在的危险源进行分析。通过仿真模拟,将 BIM 模型划分不

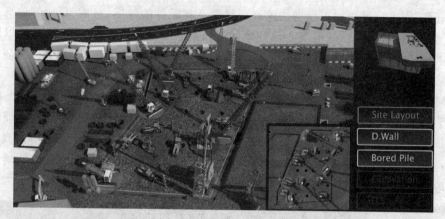

图 6-11 施工场地安排与现场材料堆放安全分析

同区域,并以此制定各种应急措施,如制定或划定施工人员的出入口、建筑设备运送路线、消防车辆停车路线、恶劣天气的预防措施等。

6.2.1.2 案例分析

1. 某大型城市综合体项目

某大型城市综合体项目总投资约 61 亿元,占地 8.5 万 m^2,总建筑面积约 60 万 m^2,由甲级写字楼、办公楼、酒店、购物中心、地下农贸市场以及 4000 个停车位、2500 个自行车停放位组成。甲级写字楼共 40 层,层高 4.2m,形象高度 229m;酒店共 32 层,高 179m。项目整体规划汲取世界级大都会 CBD 建筑理念,涵盖目前世界上最先进商业、商务业态,如图 6-12 所示。

图 6-12 某大型城市综合体项目效果图

1) 项目 BIM 应用内容

由于此项目在设计阶段并未采用 BIM 技术,所以在施工前对设计图纸进行模型搭建,形成基础 BIM 模型,如图 6-13～图 6-15 所示。通过 BIM 模型的搭建发现原 CAD 图纸中存在很多设计问题,尤其是机电与土建模型整合的过程中发现很多碰撞点,通过 BIM 模型快速及时与设计院沟通,在施工前将这些问题解决掉,减少了很多不必要的经济损失。

图 6-13　土建模型

图 6-14　地下室机电管线综合模型

(1) 施工场地平面布置分析

利用可视化模型,对施工场地平面布置进行分析,主要包括(图 6-16):①塔吊布置分析,主要根据塔吊的工作幅度、起升高度、起重量和起重力矩等性能参数方面进行综合考虑分析,确定塔吊平面布置位置和楼与楼之间的塔吊距离等,避免起重范围重叠区域发生碰撞。②材料堆场、仓库、加工场的布置,料构件堆场主要考虑钢筋、模板等周转材料等,加工

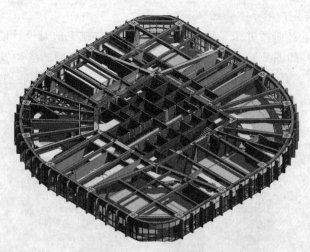

图 6-15　塔楼机电管线综合模型

场的布置主要有钢筋加工场、木工加工场等的布置。对不同的施工区域,应分别布置齐全,不能布置齐全的应考虑运输、使用的方便,尽量减少二次搬运的次数,即使二次搬运也要短距离搬运。钢筋半成品堆放区、模板、钢管堆放区必须布置在塔吊覆盖范围内。材料构配件采用标准化和专业化加工,减少现场加工场地,材料堆放尽量靠近使用地点,注意运输和卸料的方便。

图 6-16　施工场地平面布置分析

（2）复杂节点分析

基于 BIM 模型对施工过程中的复杂节点进行施工可行性分析,提高施工质量与施工可行性,对现场施工具有指导意义,如图 6-17～图 6-20 所示。

（3）施工难点分析

此项目通往地下停车场有螺旋车道,施工难点在标高和净空控制以及模板设计安装。

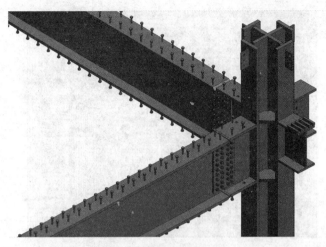

图 6-17　型钢柱梁链接节点

图 6-18　梁底支撑分析

图 6-19　模板支设分析

图 6-20　高支模分析

本工程施工图纸只给了坡道坡度和弧长以及变坡度位置标高,需要通过计算机辅助制图技术将坡道从起步到结束的内外圆弧展开分段并计算出每段上升高度,并在现场内、外圆筒墙绑好的钢筋上放线。通过 BIM 模型进行分析,如图 6-21 所示,严格控制模板安装和混凝土浇筑质量。

图 6-21　高螺旋车道分析

（4）机电深化分析

避难层原设计采暖管道经三维排管后发现,走廊层高安装完成后只有 1.5m,需改动采暖管道走向,增加工程量,解决净高问题,如图 6-22 所示。

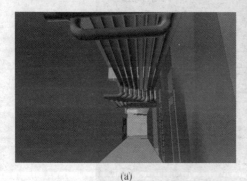

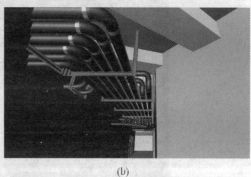

(a)　　　　　　　　　　　　　　　　(b)

图 6-22　机电深化分析

（a）避难层初期布管图；（b）优化后排管图

（5）工程量分析

结合该项目的施工特点和施工环境将地下室、塔楼及裙楼的工程量统计工作分为三个阶段。第一个阶段是基于设计图纸建立模型，运用 Revit 系列软件完成主要材料的工程量统计工作，为施工预算提供指导；第二个阶段是在工程施工期间，通过 BIM 模型结合施工进度计划，计算与统计各施工节点和时间节点内的主要材料和工程量，为材料的供应、资金的需用及人员的配备提供参考；第三个阶段是在项目的具体施工阶段，结合工程洽商和设计变更情况，及时对项目进行跟踪并对模型进行修改完善，最终完成工程量的统计工作，为工程决算提供依据。

2）项目应用价值分析

本项目进行过程中，通过 BIM 技术的应用，主要解决了施工管理过程中以下几个问题：

（1）用可视化模型来调整施工方案，解决方案针对性差、实用性差等问题，为施工的高效、安全实施提供了科学的依据及保障。

（2）通过复杂节点、机电深化、施工难点等分析，最大限度降低因设计失误造成的损失，并最大限度提高施工效率以及施工质量。

（3）该项目在工程实施阶段，通过对工程量的统计，并结合进度计划很好地实现了资源的准确配置，出现了极少的材料浪费和作业人员的闲置，合理安排了施工时间，充分利用了工作面，实现了工程的最优施工，节约了资金成本，提高了经济效益。

2. 某大型机场

某大型机场航站楼占地 24.8 万 m^2，由主楼和两个指廊构成。航站楼设计年吞吐 1750 万人次，采用 U 形设计，进深 120m，主楼陆侧面宽 360 多 m，空侧弧线部分长 650m，指廊部分长 200m，如图 6-23 所示。

图 6-23　某机场航站楼效果图

1）项目实施难点

该机场扩建项目技术含量高，施工难度大，工期紧，项目实施难度极大，主要体现在以下几方面：

（1）项目涉及的专业众多，总承包商下的分包商众多。各施工方信息量庞大，如何协同分包商互相传递信息的方式、速度、通用性成为施工阶段亟须解决的难题。

（2）目建设周期较长，航站楼竣工后还要进行机电设备、机场特殊设备试运行、维护等工作,项目整体进度控制、成本控制存在很大困难。

2)项目 BIM 应用内容

(1) BIM 施工模拟

在机场航站楼建设中,存在着多个施工单位和专业工种同步施工的情况。在每一道工序开工之前,用 BIM 先期进行一遍施工模拟,如图 6-24 所示,让施工方、监理方,甚至非工程行业出身的业主、领导都能对工程项目施工期间的各种问题和情况了如指掌。通过 BIM 技术结合施工方案进行施工模拟和现场监测。例如,通过结构构件、机电设备安装工艺模拟,确保大型结构构件、机电设备设施安装准确到位,如图 6-25 所示,能够有效减少建筑质量问题、安全问题,减少返工和整改。

图 6-24 机场航站楼施工模拟

图 6-25 结构构件安装工艺模拟

(2) 成本管控

通过 BIM 技术建立的施工阶段模型,能够实现项目成本的精细分析,准确计算出每个工序、每个工区、每个时间节点的工程量,再按照企业定额进行分析,可以及时计算出各个阶段每个构件的中标单价和施工成本的对应关系,实现了项目成本的精细化管理。例如,通过三维模型,可以直接将施工材料工程量统计,生成各类明细表,如图 6-26 所示。同时可以及时统计分析施工进度,实现了成本的动态管理,避免了以前施工企业在项目完成后,无法知道项目盈利和亏损的原因和部位。

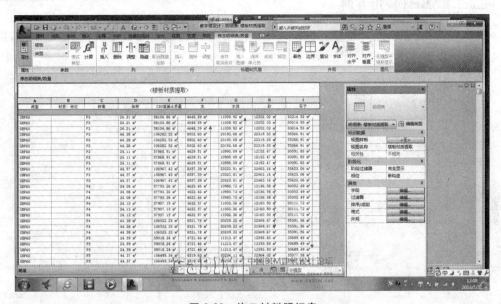

图 6-26　施工材料明细表

3)项目应用价值分析

BIM 在机场航站楼项目建设与管理中的应用前景越来越广阔,其具备的优势也是有目共睹的。采用 BIM 进行设计及施工管理的建设项目从各个方面都已经超越了传统的二维设计,尤其是针对航站楼这类大型复杂项目,BIM 的优势就更为明显。在今后的机场航站楼建设中,必然会有越来越多的项目采用 BIM 进行设计、施工及运维管理。

6.2.2　轨道交通

城市轨道交通建设工程项目由工程基本设施和运营设备系统两大部分构成。

(1)工程基本土建设施包括线路、轨道、路基、桥梁、隧道、车站、主变电所、控制中心及车辆基地。

(2)运营设备系统包括车辆、供电、通风、空调、通信、信号、给排水、消防、防灾与报警、自动售检票、自动扶梯等及其控制管理设施。

轨道交通建设无疑是巨大的综合性复杂系统工程,工程规模和时空跨度大,项目结构复杂,主要体现在如下几个方面:

(1)项目参与方众多,实行分阶段、分专业承包,管理协调难度大。

(2)建设周期长,工期要求紧,工程变更频繁,对造价和工期影响大。

(3)工程质量要求高,施工和供货质量控制困难。

(4)工程实施风险大等。

在轨道交通方面,通过 BIM 模型的可视化工作平台,以及包含几何模型信息、功能要求、构件性能等信息的基础模型,根据轨道交通项目的特点创建针对具体施工项目的技术、经济、管理等方面的附加属性信息,如建造过程、施工进度、成本变化、资源供应等。完整定义并添加附加属性信息于 BIM 模型中,形成 BIM 施工管理模型。

6.2.2.1 BIM 应用方向

现阶段,BIM 在轨道交通施工阶段应用的主要方向与房建项目相似,但是根据项目特点主要包括以下 6 个方面,如图 6-27 所示。

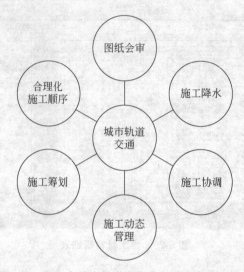

图 6-27 BIM 在城市轨道交通施工阶段主要应用点

1. BIM 在图纸会审中的应用

城市轨道交通项目涉及 30 多个专业,其图纸会审相较于普通工程项目更加繁琐,也更有意义。传统图纸会审工作,由于 2D 图纸形象性差,存在查找图纸中的错误困难,并且在查找到不同专业的图纸之间存在矛盾后,各专业间沟通困难等问题。这样的图纸会审,往往达不到工程建设程序中期望的效果,对工程项目的目标控制造成不利影响。

基于 BIM 技术的施工图纸会审,通过可视化的工作平台,以实际构件的三维模型取代 2D CAD 图纸中的二维线条、文字说明等表达方式。图纸问题在 BIM 模型中直观地反映出来(如碰撞问题),从而较容易地找到设计中存在的失误或错误。

2. BIM 在施工降水中应用

基坑降水方案制定的优劣将会对工程造成较大的影响,利用 Revit 软件平台良好的兼容性,将 BIM 模型导入第三方有限元软件 MODFLOW(模块化三维有限差分地下水流动模型)进行分析,如图 6-28 所示,模拟降水对周边环境的影响,快速通过模型制作出降水施工解决方案,降低施工风险。

3. BIM 在合理化搭接施工顺序中应用

城市交通轨道的施工方法及施工工艺较为复杂,因此,合理化的搭建施工顺序,是项目实施的前提,例如,在围护结构施工阶段,通过 BIM 模型在狭小场地内对钻孔灌注桩施工和

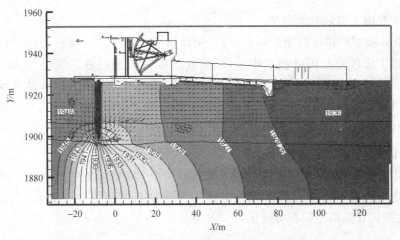

图 6-28　渗流分析

高压旋喷桩施工进行搭接模拟,如图 6-29 所示。在基坑开挖阶段,通过 BIM 模拟,提前预知钢支撑安装不利环境(如避让降压井位置等),加快了钢支撑安装速度,如图 6-30 所示。此外将开挖与支撑安装时间进行了合理的搭接,节约了工期。

图 6-29　合理化搭接施工顺序

图 6-30　钢支撑安装模拟

4. BIM 在施工筹划中的应用

利用 BIM 模型中包含的建筑所有材料、构件属性信息等基本属性,根据轨道交通项目的特点,将施工信息加入 BIM 模型当中,形成基于 BIM 模型的施工筹划,包括施工方案设计、施工进度编制、施工布置方案设计等。通过 BIM 模型计算出各种材料的消耗量、各种构件工程量,可快速统计出各分部分项工程或各工作包的工程量,为工程施工项目的管理、分包以及资源配置提供了极大的方便。

5. BIM 在施工动态管理中的应用

基于 BIM 技术的 4D 施工动态管理系统包括三个方面:施工进度动态管理、施工场地动态管理、施工资源动态管理。此过程应用与房建项目应用方法一致,只是其中涉及的 BIM 信息根据项目类型不同有所变化。

6. BIM 在施工协调中的应用

城市轨道交通项目工程量巨大,施工技术难度高,涉及众多专业,工程计划组织协调工作繁重,各专业之间容易形成"信息孤岛",产生施工冲突。将基于 BIM 技术的施工可视化应用于城市轨道交通工程中,最大限度地提高了各专业间沟通和协调的效率。

基于 BIM 技术的城市轨道交通项目施工过程的协调管理主要是指碰撞检测和施工空间冲突检查。

1)城市地下空间碰撞检测

城市轨道交通项目主要是在城市地下进行施工,建设环境和外部条件十分复杂。车站和隧道沿线建筑物、管线众多,甚至要多次穿越或近距离穿过既有地铁线路、桥梁、护城河及历史古迹等。而城市轨道交通地下隧道和车站施工将进行大量的土方开挖,会使周围土压力发生变化和土体移位,这势必会打乱甚至破坏城市地下空间规划。

将基于 BIM 技术的施工可视化应用于城市轨道交通工程,结合三维地质信息模型,通过 4D 建造过程的模拟,将建造过程对地下环境的影响情况在模拟中直观地展示出来,这样可以在施工前采取相应的保护措施,避免施工造成破坏。例如,城市地下埋置有各种管网,如给排水、供热、电力、燃气及通信管线等,通过 4D 虚拟建造,检查施工过程与这些管线的冲突情况,如果施工会对管线造成破坏,则在施工前对管线采取保护措施或者进行管线的迁移等,如图 6-31 所示。

2)施工碰撞检测

工程建设过程中碰撞问题涉及多专业之间的协调,其内容复杂、种类较多,基于 BIM 技术的施工可视化最大限度地提高了各专业间沟通和协调的效率。碰撞检测要遵循一定的优先级顺序,即先进行土建碰撞检测,然后是设备内部各专业碰撞检测,最后是建筑、结构与给排水、暖通、电气等专业碰撞检测,如图 6-32 所示。

3)施工空间冲突检查

城市轨道交通项目建设往往会穿越城市繁华地区,商业、交通繁忙,地面建筑物众多,故其施工的工作面十分狭窄,空间冲突常常是造成工期延误的主要原因之一。每一工序在进行时都需要足够的活动空间,如机械臂长旋转半径,以及人员活动半径。若两者在空间上发生冲突就会影响正常施工,造成工期延误、财产损失甚至人员伤害。因此在项目开工前根据施工方案进行动态施工模拟找出可能存在的问题,以便设计最优的机械行进路线,以及人员

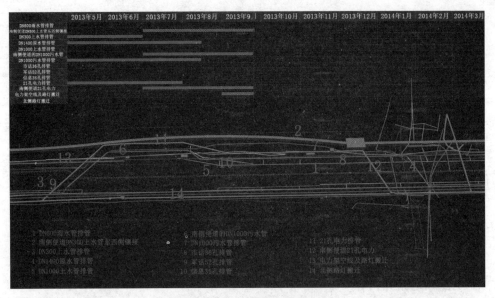

图 6-31　模拟管线搬迁顺序

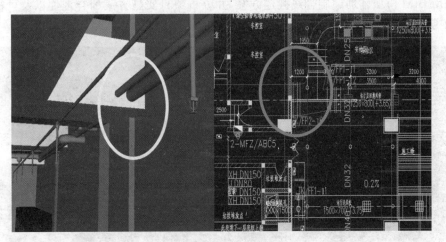

图 6-32　管线碰撞检测

活动范围,从而减少伤害及可能造成的损失。

6.2.2.2　案例分析

1. 某城市轨道交通二号线

某城市轨道交通二号线是贯通中心组团的东西向主干线,是联系中心组团与西江组团的市域线,对支持和引导城市空间结构拓展,缓解城区交通压力起到重要作用。

一期工程全长 32.4km,其中高架段 6.4km,占全线的 20%;地下段 25.3km,占全线的 78%;过渡段 0.7km,占全线的 2%。全线设车站 17 座,地下 14 座,高架 3 座,其中换乘站 7 座。平均站间距 2.01km,最大站间距 4.05km,最小站间距 0.99km,如图 6-33 所示。

1) 项目实施难点

该轨道交通二号线,换乘站形式多样,车站及区间埋深受限制较大,土建施工组织难度

图 6-33　城市轨道交通二号线卫星平面图

高,体现在以下几方面:

(1) 工法多、工程量大、工期紧、空间狭长及管线复杂等。

(2) 工程周边环境复杂,制约因素多。

(3) 参与方众多,各施工方信息量庞大,信息高效协调沟通难。

(4) 地铁与商业的合理规划、施工协调困难。

2) 项目 BIM 应用内容

(1) 管线搬迁

利用 BIM 模型辅助编制管线搬迁方案,并分析项目实施方案的合理性以及可行性,如图 6-44 所示。

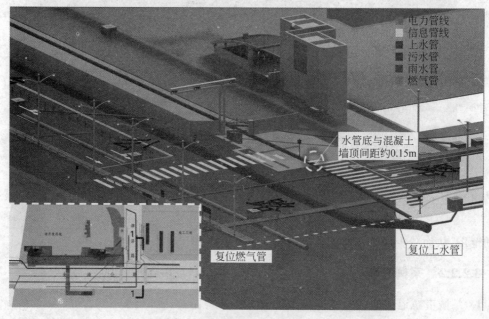

图 6-34　管线搬迁方案分析

(2) 施工图审查

通过可视化 BIM 模型进行模型审查,整合建筑结构施工图成果,如图 6-35 所示。在 BIM 模型中核查图纸问题,排除大量建筑与结构不对应的设计问题(平面与剖面不对应、尺寸标准不一致、建筑结构冲突、开洞位置不一致等),如图 6-36 所示。

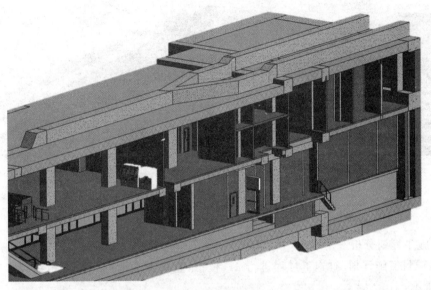

图 6-35　土建模型整合

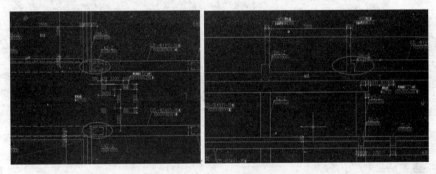

图 6-36　图纸设计问题审查

（3）施工管线综合优化

BIM 模型中直接进行管线综合优化调控，在施工之前进行管线虚拟排布，分析管线施工的可行性，如图 6-37～图 6-38 所示。

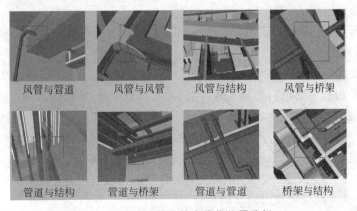

图 6-37　施工管线综合优化位置分析

(a)　　　　　　　　　　　　　　(b)

图 6-38　施工管线综合优化

(a) 调整前；(b) 调整后

（4）施工筹划分析

根据项目实施计划，对施工过程进行 4D 模拟，直观准确地进行施工组织技术交底，如图 6-39 所示。

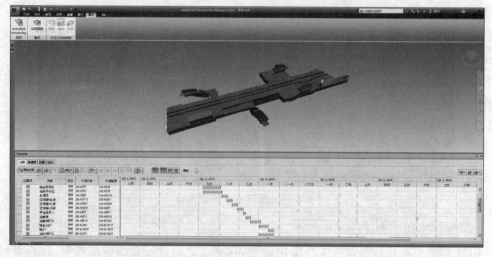

图 6-39　施工模拟

（5）施工协调应用

通过移动设备将 BIM 模型与施工现场进行对比，与各分包单位进行协调沟通及时发现施工中的问题，如图 6-40 所示。

（6）管片管理应用

在管片生产过程中要进行隐蔽工程检测、外观质量检测、钢模快速检查、管片检漏、水平拼装检查、整环防迷流检查，将各个环节的检测数据录入到系统中，并明确相关负责人。数据录入完毕后进行二维码的打印，将打印好的二维码按编号贴至对应的生产好的管片，当管片到达施工现场后，施工人员对管片进行扫描即可获得所有信息，并且在施工过程中继续录入相关信息，如图 6-41 所示。以此保证了预制管片的精细化管理，更重要的是当管片出现质量问题时，可迅速准确地找出问题的根源。

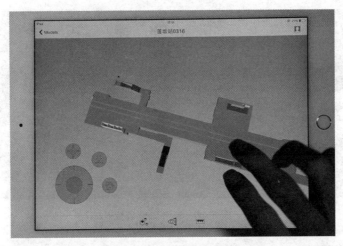

图 6-40　移动的 BIM 模型浏览

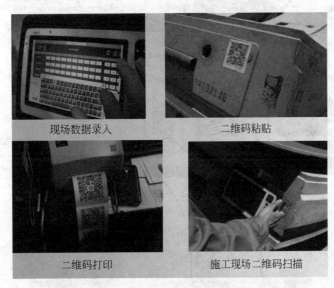

图 6-41　管片质量管理

（7）复杂工序模拟

通过 BIM 模型对复杂区域进行动态模拟，提前分析安装过程中会出现的问题，避免后期施工出现返工、误工现象，同时也节约成本和施工工期，如图 6-42 所示。

（8）BIM 算量应用

利用 Revit 软件中明细表功能，对车站构件进行精确统计，为施工预算、施工成本管理、施工进度款等提供可靠依据，如图 6-43 所示。

（9）支吊架预制与安装

为配合支吊架安装，通过 BIM 管综模型验证支吊架安装的可行性。由于管综模型精准，单位直接在模型上加工，导出支吊架深化图纸进行制作，如图 6-44 所示。

3）项目应用价值分析

应用 BIM 技术对城市轨道交通工程构建"可视化"的数字信息模型，对工程施工进行管

图 6-42 复杂工序模拟

图 6-43 BIM 算量

图 6-44 支吊架预制与安装

理，能够有效地实现建立资源计划、控制施工进度、节约成本、降低污染和提高效率。

6.2.3 道路桥梁

国内的道路桥梁工程具有投资大、周期长、施工管理复杂等特点，但是其信息化管理程度却相当低。同时道路桥梁施工现场的空间范围相对较小且土方工程量较大,分项工程相互交替、联系紧密,施工质量较容易受到施工材料、施工机械、地形地貌、地质水文、道桥交通、施工技术及施工管理等因素影响。

目前在大型道路桥梁工程项目的管理中,大部分的信息管理都是采用传统的文字、表格、图片等形式。这种形式比较冗长复杂,而且不够直观,如果没有一定的专业知识,短时间内是无法理解的,也不能对工程进度及管理工作有一个实时的掌握,造成各个参建方信息交流共享障碍,既降低了工程管理的效率,又增加了人员和资金的投入。

在道路桥梁方面,基于 BIM 基础模型,根据道路桥梁项目的特点添加施工属性信息,实现在道路桥梁建造过程中对施工方案和进度优化以及施工过程资源动态管理等。

6.2.3.1　BIM 应用方向

现阶段,BIM 在道路桥梁施工阶段的应用与轨道交通项目相似,但是根据项目特点主要包括以下 6 个方面,如图 6-45 所示。

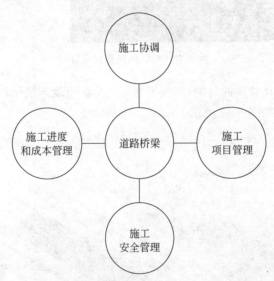

图 6-45　BIM 在道路桥梁施工阶段主要应用点

1. BIM 在道路桥梁施工中的多角度协同应用

道路桥梁施工的项目管理涉及参与方非常多,有建设单位、施工单位、设计单位、监理单位、材料供应单位等,各方之间的协调沟通一直以来效率比较低下,严重影响道路桥梁项目的建设进度、质量和费用。BIM 技术可以利用统一的项目管理平台,如图 6-46 所示方便各方及时输入项目相关信息,同时各方也可以在自己的权限范围以内及时调用相关数据,达到生产协同、数据协同的目的,实现了建设信息的有效集成,实现了对海量数据的获取、归纳和分析,以便进行项目管理决策。

2. BIM 在道路桥梁施工项目管理中的应用

道路桥梁施工项目管理的过程是一个动态的过程,其中涉及的结构构件非常多,工序也非常复杂。在桥梁施工中引入 BIM 技术可以通过建立施工各阶段的控制模型,也就是过程

图 6-46　BIM 协同管理平台

模型,达到对施工精细化管理的目的,该模型能够更形象直观地展示出在某个时期桥梁应该完成哪些部位的施工,如图 6-47 所示。

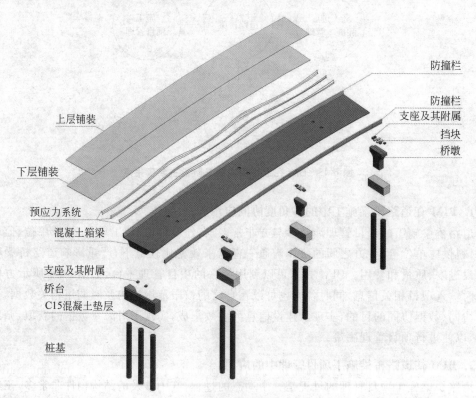

图 6-47　三维桥梁结构示意图

3. BIM 在道路桥梁施工进度和成本管理中的应用

基于 BIM 模拟出桥区的地形、地质模型,为施工场地的选址提供参考,同时也为施工钻机的选型提供帮助,为下阶段的工作打下基础。与此同时,基于 BIM 技术还可以复核施工图纸上的相关问题,模拟优化施工工序。采用交互模式,实现施工过程的模拟和展示,如图 6-48 所示。可以将施工中实际测得的高程、坐标、方位角等信息跟模型中的相关信息进行对比,以确保测量数据准确无误,可以在桥梁施工的各个阶段、各个部位任意读取相应的混凝土方量和钢筋质量,为现场限额领料提供精确的数据,很好地控制现场的材料使用成本。总之,BIM 技术可以更好地实现道路桥梁施工的全过程管理,能够制定更合理的进度目标和成本目标,能够更好地实现进度目标和成本目标。

图 6-48　桥梁施工模拟

4. BIM 在道路桥梁施工安全管理中的应用

对安全隐患较大的一些重难点工程可以利用三维模型提前进行模拟仿真,比如某桥墩施工过程中对模板进行吊装,模板会自由摆动,高空作业时摆动幅度更大,模板摆动区域为危险区域,利用 BIM 技术对模板摆动区域进行仿真模拟,确定危险区域范围,在模板吊装时对作业人员进行安全指导,保证人员处在安全区域,如图 6-49 所示。

图 6-49　吊装模拟

6.2.3.2 案例分析

1. 某高速公路项目

某高速公路项目总里程 43.183km,桥隧比 89.7%,总造价 65.627 亿元,是目前国内已建和在建高速公路中,最复杂的高速公路项目之一,主要规模如表 6-2 所示。

表 6-2　高速公路主要规模表

序号	项目	单位	工可阶段
1	路线里程	km	43.011
2	路基土石方	m³	2081114
3	路基防护	m³	112364
4	特大桥	m/座	5626/5
5	大桥	m/座	10360/29
6	中、小桥	m/座	90/1
7	特长隧道	m/座	11541/2
8	长隧道	m/座	3740/2
9	中隧道	m/座	3592/5
10	短隧道	m/座	519/2
11	互通立体交叉	处	2
12	桥隧比例	%	82.14

1) 项目实施难点

项目地处山地,施工区内山高谷深,地形陡峻,河谷深切,横剖面呈"V"型。海拔高程 1200~2000m,相对高差 500~700m。与其他高速公路相比,有以下难点:

(1) 项目地势复杂、不良地质多,施工难度大。

(2) 桥隧比例高,复杂施工点多。

(3) 征地拆迁管理难度大,重复工作量较大。

(4) 多部门协调困难。

2) 项目 BIM 应用内容

(1) BIM 基础数据整合

通过对卫星图像、航拍图片对地形、地物信息进行采集,最后将这些不同精度、不同类型的数据进行整合,形成 BIM 基础模型,如图 6-50 所示。

(2) 协同管理应用

将施工模型导入 5D 协同管理平台,在平台中进行 BIM 信息管理与浏览,如图 6-51 所示。同时将项目相关文档导入,在系统中实现工程施工信息可视化管理,如图 6-52 所示。

图 6-50　整合基础模型

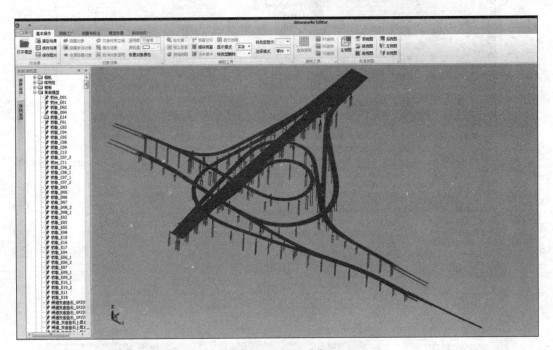

图 6-51　项目浏览

5D 协同管理平台同 BIM 模型的结合，真正实现了工程信息化管理、精细化管理，对本项目的一些重点、难点施工指导起了很大的作用，如图 6-53～图 6-55 所示。

（3）进度管理应用

将 Project 等项目管理软件的施工计划数据导入，并与三维 BIM 模型进行关联，实现施工计划的三维动态模拟，如图 6-56 所示。

（4）箱梁预制拼装

将钢箱梁按照预制加工要求进行分段处理，然后在项目中拼接成钢箱梁整体，进入 5D 平台中进行拼装模拟，指导现场箱梁预制拼装，如图 6-57 所示。

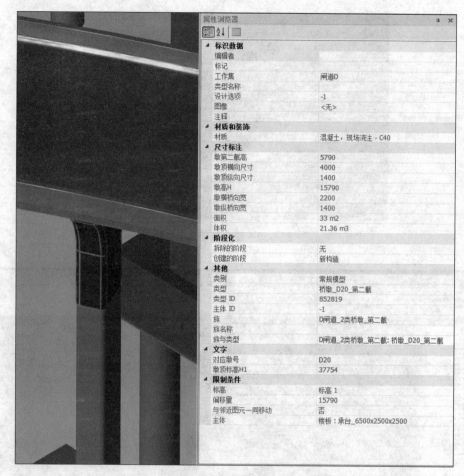

图 6-52　信息查询

图 6-53　变更管理

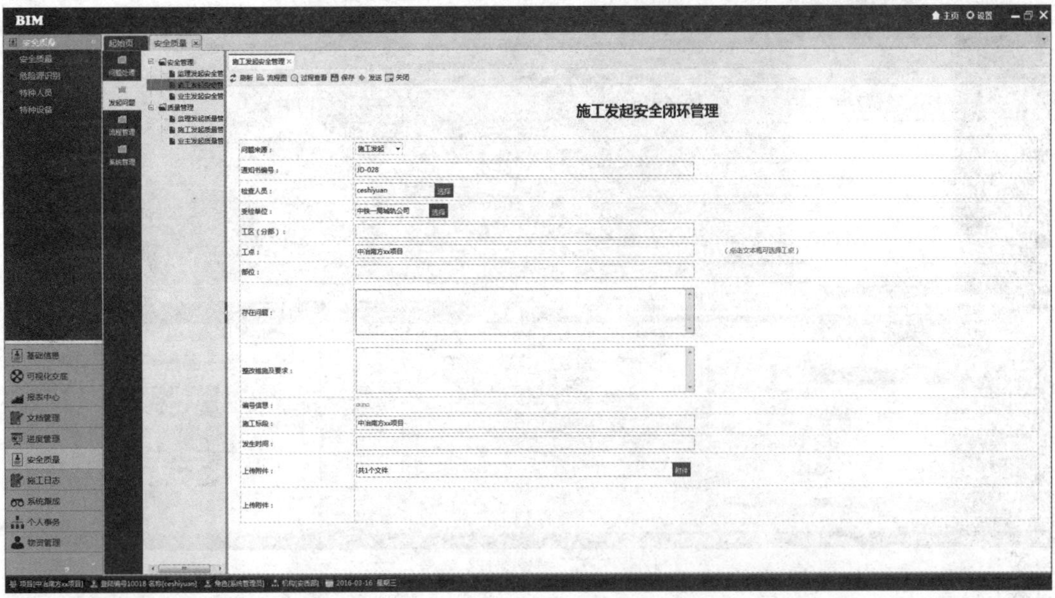

图 6-54　安全管理

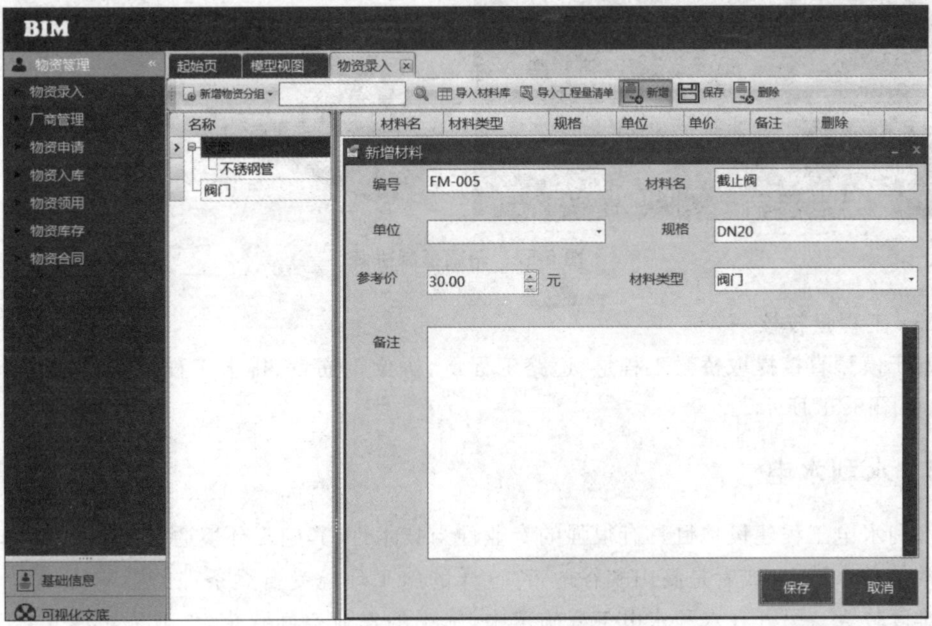

图 6-55　物资管理

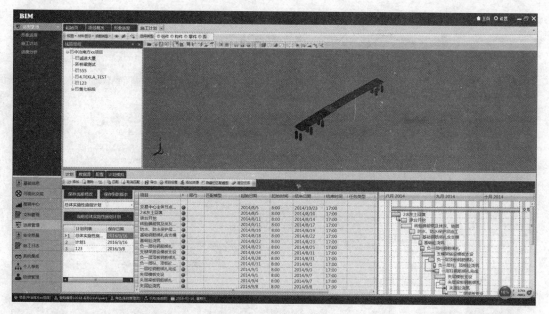

图 6-56　进度管理

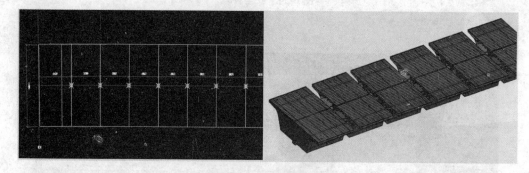

图 6-57　箱梁预制拼装

（5）工程量校核

基于模型直接提取桥梁工程量、道路工程量、桥梁钢筋量、排水工程量及交通设施工程量等，如图 6-58 所示。

6.2.4　水利水电

水利水电工程建设项目具有很强的专业性与技术性，其施工环境通常比较恶劣，施工地点通常是在水域上，或者是高山峡谷地带，这样的施工环境受自然条件的影响比较大，因此施工难度较大。另外在水利水电工程施工中，施工的作业空间狭窄，作业人员密集，工程工期紧，工程技术复杂，这些环境和工作性质导致在水利水电工程施工中必然存在不少安全隐患。

施工阶段，项目管理者无法全面、直观、动态地掌握工程施工过程中的施工进度与结构安全状态，以致无法及时作出有效的调整与控制措施，导致工程施工进度的延误和结构安全问题时有发生。

D匝道钢筋明细表					
构件部位	桥墩类型	规格	材质	总重/kg	备注
墩身	花瓶分联高低墩（适用于D04、D07）	Φ12	HRB400	1953.1	
		Φ16	HRB400	89.1	
		Φ32	HRB400	5129.4	
		小计：		7171.6	
	花瓶分联墩（适用于D17）	Φ12	HRB400	3075.4	
		Φ32	HRB400	8360	
		小计：		11435.4	
	独柱中间墩（适用于D8、D18）	Φ12	HRB400	1903.9	
		Φ28	HRB400	3616.9	
		小计：		5520.8	
	花瓶分联墩（适用于D9、D13）	Φ12	HRB400	3551.2	
		Φ32	HRB400	9451.3	
		小计：		13002.5	
	花瓶中间墩（适用于D11）	Φ12	HRB400	2693.5	
		Φ32	HRB400	10346	
		小计：		13039.5	
	花瓶中间墩（适用于D02、D03、D05、D06、D10、D12、D14、D16、D19、D20）	Φ12	HRB400	2815.8	
		Φ32	HRB400	7991.1	
		小计：		10806.9	
	独柱分联墩（适用于D21）	Φ12	HRB400	2078	
		Φ28	HRB400	4345.1	
		小计：		6423.1	
承台	适用于D02、D07、D09、D17、D21	Φ12	HRB400	497.9	
		Φ16	HRB400	976	
		Φ32	HRB400	1030.2	
		小计：		2504.1	
	适用于D08、D18	Φ12	HRB400	60.4	
		Φ16	HRB400	691.9	
		小计：		752.3	
桩基	适用于D匝道	Φ10	HPB300	248.5	螺旋筋
		Φ12	HRB400	16.2	
		Φ20	HRB400	81.7	
		Φ25	HRB400	1876.6	
		Φ50*1.2	Q235B	75.3	预埋钢管（声测管）
		小计：		2298.3	
总计				72954.5	

图 6-58　桥梁钢筋量

因此，借鉴建筑行业的 BIM 应用，实现在水利水电建造过程中数字化信息施工，施工方案和进度优化，以及施工过程资源动态管理等。

6.2.4.1　BIM 应用方向

现阶段，BIM 在道路桥梁施工阶段的应用与前面所讲的房屋建筑、道路桥梁、轨道交通非常相似，基本上包括施工进度管理、施工安全管理、施工成本管理等，这里就不做过多赘述。

6.2.4.2　案例分析

1. 某水电站项目

某水电站项目采用堤坝式开发，是澜沧江上游古水至苗尾河段水电梯级开发方案的第五级水电站，电站上游与托巴水电站衔接，下游与大华桥水电站衔接。水电站控制流域面积 9.19km×104km，多年平均流量 901m³/s。水库正常蓄水位 1619m，相应库容 14.18 亿 m³。校核洪水位 1621.71m，总库容 15.00 亿 m³，电站装机容量 1900MW，年发电量 86.29 亿 kWh。拦河大坝为混凝土重力坝，最大坝高 202m，属Ⅰ等大(1)型工程，工程总投资估算额为 173 亿元，如图 6-59 所示。

1）BIM 应用内容

（1）施工导流

导流建筑物如围堰、导流隧洞及闸阀设施等及相关布置由导截流专业按照规定进行三维建模，由 AutoCAD Civil 3D 帮助建立准确的导流施工方案，利用 AutoCAD Civil 3D 数据进行可视化施工布置设计，可实现数据关联与信息管理，如图 6-60 所示。

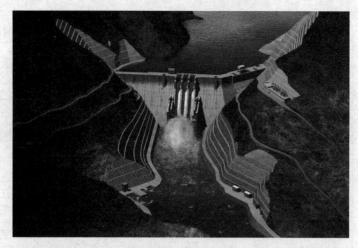

图 6-59　水电站模型

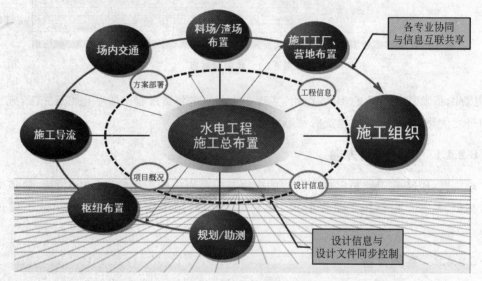

图 6-60　水电工程施工总布置

（2）场内交通分析

在 AutoCAD Civil 3D 强大的地形处理能力以及道路、边坡等设计功能的支撑下，通过装配模型可快速动态生成道路挖填曲面，可准确计算道路工程量，通过管理平台可进行概念化直观表达，如图 6-61 所示。

（3）渣场与料场布置

在 AutoCAD Civil 3D 中，以数字地面模型为参照，可快速实现渣场、料场三维设计，并准确计算工程量，且通过信息管理平台实现直观表达及智能信息管理，如图 6-62 所示。

（4）施工工厂布置

施工工厂模型包含场地模型和工厂三维模型，Autodesk Inventor 帮助参数化定义造型复杂施工机械设备，联合 AutoCAD Civil 3D 可实现准确的施工设施部署，管理系统则帮助三维布置与信息表达，如图 6-63 所示。

图 6-61　场内交通模型

图 6-62　信息管理

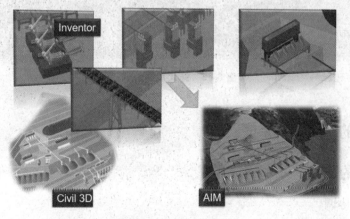

图 6-63　施工工厂布置

（5）营地布置

施工营地布置主要包含营地场地模型和营地建筑模型，其中营地建筑模型可通过 AutoCAD Civil 3D 进行三维规划，然后导入管理系统进行三维信息化和可视化建模，可快速实现施工生产区、生活区等的布置，如图 6-64 所示。

图 6-64　营地布置

（6）施工总布置面貌

在进行施工总布置三维一体信息化设计中，通过 BIM 模型的信息化集成，可实现工程整体模型的全面信息化和可视化，而且通过管理系统的漫游功能可从坝体到整个施工区，快速全面了解项目建设的整体和细部面貌，便于施工管理，如图 6-65 所示。

图 6-65　施工总布置面貌

6.3　BIM 的应用及价值

6.3.1　BIM 的应用

1. 多专业协调

通过 BIM 技术，协调各专业之间的配合；预见可能存在的局部的、隐性的、难以预见的问题,减少返工,节约施工成本。

2. 现场布置优化

BIM 技术的出现给平面布置工作提供了一个很好的方式,建立三维的现场场地平面布置,并通过参照工程进度计划,可以形象直观地模拟各个阶段的现场情况,灵活合理、高效地进行现场平面布置。

3. 施工进度模拟

通过将 BIM 与施工进度计划相链接,将空间信息与时间信息整合在一个可视的 4D(3D＋Time)模型中,可以直观、精确地反映整个建筑的施工过程。

4. 进度优化

BIM 技术对施工进度可实现精确计划、跟踪和控制,动态地分配各种施工资源和场地,实时跟踪工程项目的进度,并通过比较计划进度与实际进度,及时分析偏差对工期的影响程度以及产生的原因,采取有效措施,实现对项目进度的控制,保证项目能按时竣工。

5. 现场质量管理

将 BIM 模型与施工作业结果进行比对验证,可以有效地、及时地避免错误的发生。

6. 安全文明管理

在项目中利用 BIM 建立三维模型让各分包管理人员提前对施工面的危险源进行判断,在危险源附近快速进行防护设施模型的布置,比较直观提前排查安全死角。

7. 资源计划及成本管理

通过 5D 模型,计算、模拟和优化对应于项目各施工阶段的劳务、材料、设备等的需用量,从而建立劳动力计划、材料需求计划和机械计划等。

8. 供应链管理

BIM 模型包含建筑物整个施工、运营过程中需要的所有建筑构件、设备的详细信息,以及项目参与各方在信息共享方面的内在优势,在设计阶段就可以提前开展采购工作,结合 GIS、RFID 等技术有效地实现采购过程的良好供应链管理。基于 BIM 的建筑供应链信息流模型具有信息共享方面的优势,能有效解决建筑供应链参与各方的不同数据接口间的信息交换问题,电子商务与 BIM 的结合有利于实现建筑产业化。

9. 竣工模型交付

在项目完成后的移交环节,物业管理部门需要得到的不只是常规的设计图纸、竣工图纸,还需要能正确反映真实的设备状态、材料安装使用情况等与运营维护相关的文档和资料。

6.3.2　BIM 的价值

BIM 技术在我国施工阶段的应用,从原来只是简单地做些碰撞检查,到现在基于 4D、5D、6D 的项目管理,BIM 技术在施工阶段的应用越来越广,越来越深。BIM 技术在施工阶段的应用价值主要体现在以下三个层面:

(1) 最低层级为工具级应用。利用算量软件建立三维算量模型,可以快速计算,极大改善工程项目高估冒算、少算漏算等现象,提升预算人员的工作效率。

(2) 其次为项目级应用。BIM 模型为 6D 关联数据库,在项目全过程中利用 BIM 模型信息,通过随时随地获取数据为人、材、机计划制定、限额领料等提供决策支持,通过碰撞检查避免返工,钢筋木工的施工翻样等,实现工程项目的精细化管理,项目利润将提高 10% 以上。

(3) 最高层次为 BIM 的企业级应用。一方面,可以将企业所有的工程项目 BIM 模型集成在一个服务器中,成为工程海量数据的承载平台,实现企业总部对所有项目的跟踪、监控与实时分析,还可以通过对历史项目的基础数据分析建立企业定额库,为未来项目投标与管理提供支持;另一方面,BIM 可以与 ERP 结合,ERP 将直接从 BIM 数据系统中直接获取数据,避免了现场人员海量数据的录入,使 ERP 中的数据能够流转起来,有效提升企业管理水平。

由以上三层可以看出,BIM 技术在施工阶段的价值具有非常广泛的意义,企业将这三层的价值内容完全发挥出来的时候,也是 BIM 技术价值最大化的时候。

6.4　本章小结

本章介绍了 BIM 技术在工业建筑、公共大型建筑、轨道交通、桥梁建设、水电站建设的应用点:碰撞检查、多专业协调、深化设计、施工进度模拟、可视化设计、施工模拟、场地布置、成本控制等。在施工过程中,应用 BIM 技术,可让项目管理人员充分掌握项目建造过程中每个关键节点,可预测每个月、每一周所需的资金、材料、劳动力情况,提前发现问题并进行优化,保证项目的顺利实施。

习　题

1. 基于 BIM 技术数字建造模式有什么特点?
2. 施工阶段 BIM 技术的价值体现在哪里?
3. BIM 技术在施工阶段的应用有哪些?在哪些领域还能延伸?

第 7 章

BIM 在运维阶段的应用

前几章介绍了 BIM 在前期规划阶段、设计阶段、施工阶段中的应用,可以了解到 BIM 技术在不同实施阶段中信息传递、信息沟通、协调管理等应用具有很大的实际价值与意义。那么在设计建造过程中积累的信息模型,仅仅在施工结束后应用就会戛然而止吗?

项目的全生命周期通常分为四个阶段:规划设计阶段、建设阶段、运营维护阶段和废除阶段。在建筑的整个生命周期中,运维阶段占到整个全生命周期的绝大部分。从成本的角度来看,第一阶段占项目全生命周期总成本的 0.7%,第二阶段占总成本的 16.3%,第四阶段建筑的拆除占 0.5%,而运维阶段的成本占到了总成本的 82.5%。由此可见,项目在运维阶段的成本是整个项目全生命周期成本管理的重中之重。然而,我国目前的管理模式使得运维成本增加,运维管控范围受限,比如,设计、施工到运维阶段的信息不对称性造成的运维效率低下、管理风险大等一系列问题。

运维阶段信息的集成和传递缺少管理,是导致运维阶段管理难度和成本增加的主要原因。BIM 作为建筑的信息库,包含了设计、施工信息,充分整合了项目全生命周期包含的信息,解决了信息不对称、难以管理的弊端。因此,运用 BIM 技术与运营维护管理系统相结合,对建筑的空间、设备资产进行科学管理,对可能发生的灾害进行预防等,大大提高了运维效率并降低运营维护成本。

综上所述,BIM 不会在施工结束后就停止应用,而是将模型运用到运维阶段发挥更大的价值。在具体的实现技术上,通常将 BIM 模型、运维系统与 RFID、移动终端等结合起来应用,并且联合物联网技术、云计算技术等,最终实现诸如设备运行管理、能源管理、安保系统、租户管理等应用。

7.1 运维阶段概述

运维管理是在传统的房屋管理基础上演变而来的新兴行业。近年来,城市化建设的快速发展,特别是随着人们生活水平和工作环境的不断提高,建筑实体功能多样化的不断发展,使得运维管理成为一门科学,发展成为整合人员、设施以及技术等关键资源的系统管理工程。

关于建筑运维管理,目前还没有完整的定义,本书仅从运行和维护两个方面对运维管理做简单定义,建筑运维管理是对建筑内的硬件设施和系统进行操作管理,主要针对人员工作、生活空间、设施,进行规划、整合和维护管理。

7.1.1 运维管理存在的问题

某大型地下商场的空调通风系统在使用几年后出现故障,维修管理人员想要更换配件,在查找配件的型号和生产厂家时,发现文档资料已经遗失,影响了维修速度,致使商场一天的时间都处于燥热的状态,这到底是哪里出了问题呢?

某学校地下水管爆裂,大量自来水外流,后勤管理人员一天后才发现问题,造成了大量水资源浪费,同时致使学生一天没有自来水使用,这又是哪里出现了问题呢?

类似上面的例子其实很多,其主要原因就在于运维管理过程中出现了问题,对设备的信息档案或者位置不能快速准确地提供参考信息。这也是传统意义上的运维管理普遍存在的问题,主要有如下三点。

1. 运维管理成本高

在项目建成之后,为使其能够正常的运转,运维管理是不可避免的。以往对项目进行运维管理时,项目的信息都是采用人工方式录入,然后再根据这些信息制成表格,这样就能够依据这些信息对项目进行管理。这种管理存在的问题是:即使能够对相应的数据进行检索,也无法快速发现问题,而且还要求管理人员必须具备相应的职业素养,否则就可能丢失数据,使管理的难度增加,无法有效进行管理,增加管理成本。

在运维管理中设备维护的成本相对较高,在购买到相关的设备之后,后期要对其进行维护,而一些设备可能被淘汰掉,故还需要及时进行更新,不能再使用的设备要及时报废。因此,在对设备进行管理的过程中,设备的管理成本首先就是设备的购买成本,然后是后期的维护成本,最后是设备的管理场地等成本。目前的物业运维管理技术落后,维修人员只是简单地记录设备运行情况,往往只能在设备发生故障后进行设备维修,不能进行提前预警工作,不仅影响到设备的实际使用寿命和业主的使用,还需要大量的人员按时来进行设备的巡视和操作,势必造成物业运维管理成本过高。

2. 运维管理信息难以集成共享

虽然很多企业在经营和维护中选用电子文档,但有些电子文档由于来源不同,因而不论是存储格式,还是存储方式都会有所不同,这使得不同的电子文档存在兼容问题,难收集,也无法共享。由于档案难收集,一旦设备出现问题,设备参数等信息难以快速找到,给设备的维修带来了麻烦,也不能够满足现代运维管理的需要。

在对运维的信息进行管理时,所采用的方法仍是以往的技术,这使得运维管理信息存在一定的缺陷,主要有:

1) 信息无法实现共享

运维管理处于建设工程项目管理的最后阶段,项目交付后,建设单位无法有效地获得建筑设计的全过程信息,采用传统的纸质或简单数据的移交工作,信息流失问题严重。而电子转档过程中,又存在数据形式不统一、兼容性差的问题。因此,运维管理作为最后一个环节,存在严重的信息孤岛问题。

此外,由于移交后仅由业主或使用者单方维护,设计和施工单位不再配合信息共享,致使全生命周期的信息流通变为空想。任何单一阶段,当前信息集成效果不佳,在已经传递的信息中,存在大量的冲突信息,信息有效性存疑。无法和其他参与方的沟通,使得这种信息有效性无从查验,加大了其信息管理的难度。

2)新数据管理困难

传统运维管理的信息多为文档储存,或为简单的录入输出的人机交互模式,致使运营过程信息建立多次重复,错误率随着信息建立过程的增加而增加。同时,由于文档数据数量大、易丢失破损,致使运维管理的信息处理效率低下,信息处理质量不高等。

3. 不能实现三维动态模型

当前的运维管理系统应用比例不高,应用水平整体较为落后,无法有效地及时地供应需要的信息,无法建立完善的设计建造过程信息数据库,更无法实现 3D 空间管理效果。这些使得运维管理的服务工作无法有效开展,设备运行维护基本被动,只能靠损坏后的反馈,存在安全隐患,并且无法 3D 配置,空间管理利用率低下。

7.1.2　BIM 在运维管理中的应用优势

目前运维管理存在着管理成本较高、信息无法共享、不能实现三维动态模型管理等缺点,导致运维管理系统中的数据是分散且不兼容的,数据无法集成共享,在平时的工作中,需要花费大量的时间精力对数据进行手动输入,这是一种费力且低效的过程。BIM 技术可以做到集成和兼容,在运维管理中使用 BIM 技术,实现各类数据的有效集成。同时还能实现系统管理动态三维浏览,和以往传统的运行维护管理技术相比,BIM 具有下列两个主要优点。

1. 在进行信息集成的基础上共享信息数据

运用 BIM 技术不仅能够将建筑设计以及施工阶段的各种相关信息,比如施工时间、质量情况、成本控制和施工进度等数据信息全部整合到系统中,还可以与运维阶段的维修保养信息数据结合,实现数据集成与共享。

2. 运维管理中可实现可视化管理

BIM 三维可视化的功能是 BIM 最重要的特征,具有如下优势:

1)提高火灾预警水平

当发生火灾,通过 BIM 模型快速分析规划出疏散路线,在乘客梯的疏散过程中,避免火灾发生时出现无序状态,利用各种传感器引导人员向正确方向由步梯疏散。

2)工程上应急处理

如在跑水应急处理中应用,在一个项目中,由于市政自来水管道破裂,从管道、电缆盘和没有地下水的多层地下漏水。如果有 BIM 技术,管理人员就可以直观地通过浸水的平面和三维模型,有针对性地制定抢救措施,把损失降到最低。如果没有 BIM 技术,就需要动用大量人力去逐一查找,不但浪费时间与大量的人力,最终还会损失严重。

3)建筑构件定位

在对建筑进行预防性维护或是设施设备发生故障而进行维修时,对建筑构件定位非常关键。在运维管理中,这些建筑构件为不影响整体美观进行隐蔽设计,现场的维修人员常凭借图纸和工作经验来判断构件的具体位置,新员工或在紧急状况下难以快速定位构件。通过三维 BIM 模型,工作人员在可视化的状态下不但可以查看构件的基本信息,还可以了解维修历史信息。维修人员可以从信息数据库中获得所需指导信息,提高工作效率,同时还可将物业维修信息及时反馈到后台中央系统中形成新的数据信息。

7.1.3　BIM 运维管理范畴

BIM 运维管理的范畴主要包括以下五个方面：空间管理、资产管理、建筑设备管理、维护管理、公共安全管理，如图 7-1 所示。

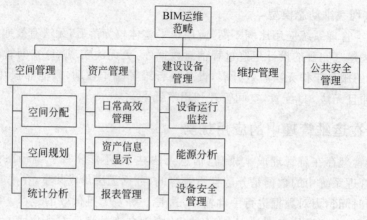

图 7-1　BIM 运维范畴

1. 空间管理

空间管理主要是满足组织在空间方面的各种分析及管理需求，更好地响应组织内各部门对于空间分配的请求，计算空间相关成本，执行成本分摊等，增强企业各部门控制非经营性成本的意识，提高企业收益。比如大型商业地产对空间的有效管理和租售是实现其建筑商业价值的表现，在 BIM 中可以实现房屋面积的统计、位置的查询、属性的查询、属性的修改等。

1) 空间分配

创建空间分配基准，根据部门功能，确定空间场所类型和面积，使用客观的空间分配方法，消除员工对所分配空间场所的疑虑，同时快速地为新员工分配可用空间。通过 BIM 可视化信息数据实现房屋面积的统计、位置的查询、属性的查询、属性的修改。

2) 空间规划

将数据库和 BIM 模型整合在一起的智能系统跟踪空间的使用情况，提供收集和组织空间信息的灵活方法，根据实际需要、成本分摊比率、配套设施和座位容量等参考信息，使用预定空间，进一步优化空间使用效率，并基于人数、功能用途及后勤服务预测空间占用成本，生成报表、制定空间发展规划。

3) 统计分析

开发如成本分摊—比例表、成本详细分析、人均标准占用面积、组织占用报表、组别标准分析等报表，方便获取准确的面积和使用情况信息，满足内外部报表需求。

2. 资产管理

资产管理是运用信息化技术增强资产监管力度，降低资产的闲置浪费，减少和避免资产流失，使业主在资产管理上更加全面规范，从整体上提高业主资产管理水平。通过将 BIM

模型相关属性信息和运维管理系统进行整合,实现资产信息共享,可以进行高效的资产管理,如在运维系统 BIM 模型上点击某个设备,系统会从数据库读取相关属性信息。

1) 日常高效管理

日常管理中,设备相关信息的调取非常费时费力,如要查找某个设备工程图纸,需要在文件中一级一级查找,而在系统中只需要点击某个设备模型便可调取相关图纸信息。

2) 资产信息直观显示

传统资产管理通过表单形式显示,利用 BIM 模型可以显示得更加直观,有效地反映设备的运行状态。

3) 报表管理

可以对单条或一批资产的情况进行查询,查询条件包括资产卡片、保管情况、有效资产信息、部门资产统计、退出资产、转移资产、历史资产、名称规格、起始及结束日期、单位或部门等。

3. 建筑设备管理

设备管理主要由设备运行监控、能源分析、设备安全管理等功能组成。

1) 设备运行监控

在运维 BIM 模型中集成设备运维信息,实现设备定位和设备信息查询、修改、统计和分析,如生产厂商、生产日期、设备型号、维护日志、运行状态。由于是基于 BIM 模型进行操作,使得运行监控变得直观、方便和高效。模型和信息的联动管理,改变了传统的表单式管理。

2) 能源分析

有效进行能源管理是提高建筑使用价值的一个重要因素,建筑能源管理包括水、采光、空调等方面。实时监测以自动方式采集的各种能耗运行参数,并自动保存到相应数据库,通过能源管理系统对能源消耗情况自动分析统计,如果出现异常情况,快速给出警示,分析异常原因,达到节约能源目的。由于各种运行参数与 BIM 模型联动,可以在模型中显示出能源消耗情况,用不同的颜色区分,直观高效。

3) 设备安全管理

利用二维码、RFID 技术,可以迅速对设备进行检修,维修信息可以及时传至运维系统,系统负责报警及事件的传送、报警记录存档,报警信息可通过不同方式传送至用户。

4. 维护管理

建立设施设备基本信息库与台账,定义设施设备保养周期等属性信息,建立设施设备维护计划。对设施设备运行状态进行巡检管理并生成运行记录、故障记录等信息,根据生成的保养计划自动提示到期需保养的设施设备。对出现故障的设备从维修申请到派工、维修、完工验收等实现过程化管理。

5. 公共安全管理

基于 BIM 与物联网结合,城市各市政单位如自来水公司、燃气公司、电力公司等对管理对象进行物联网感知设备设置和编码。这些信息将通过网络在运维平台进行存储管理,并在系统中利用 BIM 模型设备进行定位。当系统通过物联网检测到出现异常情况时,系统维护人员和各相关部门通过平台提供的客户端查询各设备的异常状态信息,根据编码快速找到设备位置,协同对工程出现的异常状态做出及时、科学的决策。

7.2　BIM 运维现状

目前国外运维管理系统相对较为成熟,国外运维管理系统软件主要有 IBM Tririga＋Maximo、Archibus。Tririga 是 IBM 公司 2011 年收购的软件,基于 Web 开发与 IBM Maximo 资产管理软件结合为用户提供投资项目管理、空间管理、资产组合规划、能源管理等全面的设施和房地产管理解决方案。Archibus 是全球知名的设施管理系统软件,可以管理所有不动产及设施,Archibus 包含"不动产及租赁管理""工作场所管理""设备资产管理""大厦运维管理""可持续管理"等主要模块。它可以集中资产信息、控制支出和执行规范、优化设施使用、有效执行流程。目前国外的设施管理软件也已开始对 BIM 模型提供支持,并尝试向云平台服务模式转化,如图 7-2 所示。

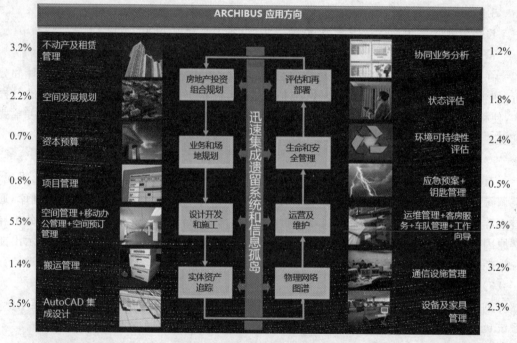

图 7-2　Archibus 应用方向

国内目前还没有成体系的运维管理系统,基本偏重于资产管理、设备台账管理。设计和施工阶段推行 BIM 后,国内一些公司也开始尝试利用 BIM 模型进行运维管理的局部应用软件开发。例如,鸿业针对市政基础设施运维和软件园区运维进行了 BIM 设施运维软件的开发探索。一些 GIS 软件厂商也在自己的 GIS 图形平台上提供了对 BIM 模型的数据转化支持,在 GIS 平台上实现设施的可视化管理。例如,蓝色星球基于 GIS 和 BIM 技术应用,探索资产与设施运维管理的研究。

本节主要以 Archibus 软件为例,简单介绍国外 BIM 运维应用内容,下一节主要以案例为基础介绍国内 DIM 运维的应用情况,Archibus 的系统功能与实施如下:

1. 空间管理

空间管理包括优化空间分配、分析空间利用率、分摊空间费用、解决传统空间管理弊端等，如表 7-1 所示。

表 7-1　空间管理弊端与解决方案

传统运维管理问题	解 决 方 案
1. 空间利用状况模糊不清 2. 空间分配不合理 3. 部门空间成本无法统计	1. 与 CAD、BIM 结合，图形化展示空间使用状况，如图 7-3 所示 2. 合理调整空间分配，提高空间使用效率，如图 7-4 所示 3. 空间费用分摊自动化到部门，实现精细管理

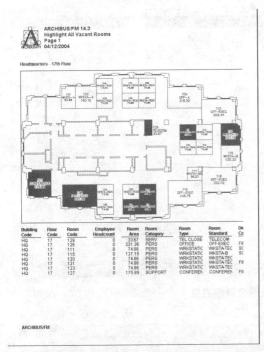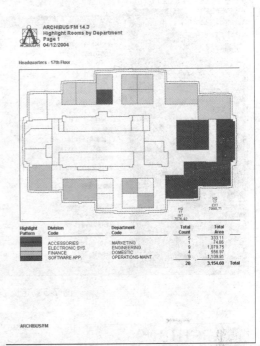

图 7-3　Archibus 与 CAD、BIM 结合

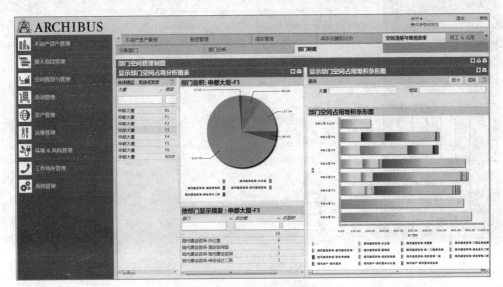

图 7-4　空间管理分析指标

　　空间管理分析指标主要包括：空间空置率、空间效率-人均空间、每平方米空间运营成本、办公室与会议室之比、封闭和开放办公室之比、共享空间与专用空间之比、远程办公成本与房地产成本之比、空间成本占支出或收入的百分比等。同时可以自定义房间类型与空间显示表达，可以直观地看到数据的采集与显示，如图7-5～图7-9所示。

图 7-5　定义房间类别和类型

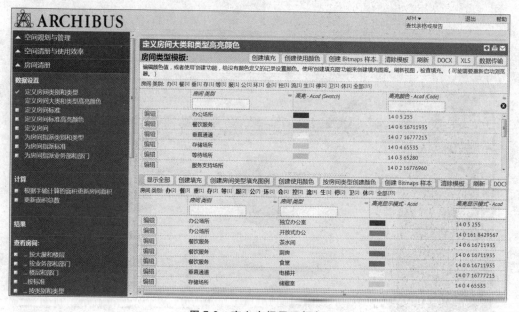

图 7-6　定义空间显示颜色

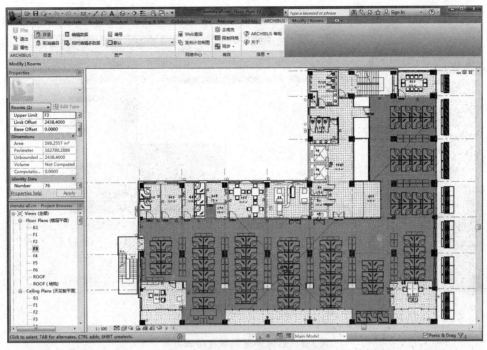

图 7-7 从 BIM 模型采集空间数据

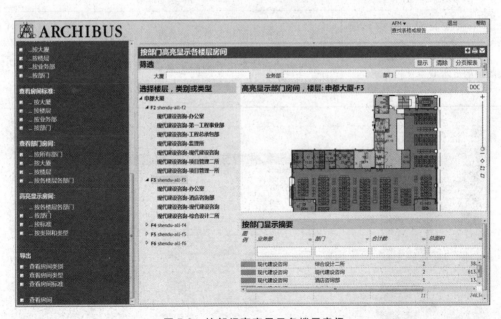

图 7-8 按部门高亮显示各楼层房间

2. 租赁管理

根据业务发展合理配置不动产和办公空间,包括自有资产、租赁资产、地理信息定位等,解决传统租赁管理弊端,如表 7-2 所示。

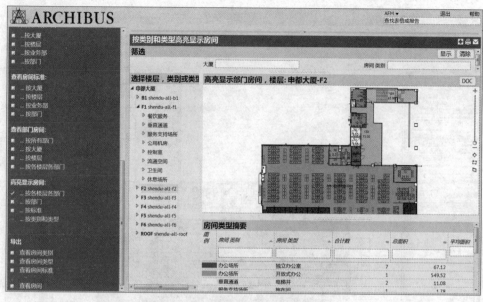

图 7-9　按类别和类型高亮显示房间

表 7-2　租赁管理弊端与解决方案

传统运维管理问题	解　决　方　案
1. 对未来空间需求缺少长远预测 2. 对自建、购买、租赁等不同类型物业的成本缺少比较分析 3. 出租的物业跟踪管理困难	1. 通过准确的空间和人员占用数据进行空间需求分析 2. 提供对自有、租赁物业的成本分析，帮助进行不动产投资决策 3. 通过自动化管理流程跟踪租赁资产，直观表达空置租赁空间，自动提醒租约到期住户，如图 7-10～图 7-13 所示

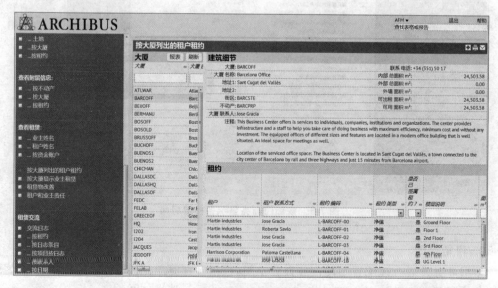

图 7-10　租约管理

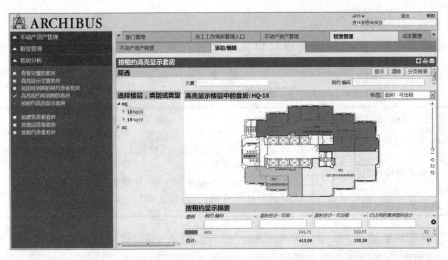

图 7-11　按租约高亮显示套房

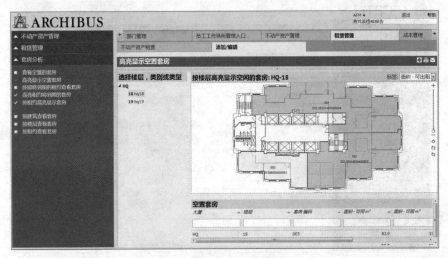

图 7-12　高亮显示空置房间

图 7-13　租约到期报警

3. 建筑维护管理

通过应需维护、定期维护流程对建筑运维进行规范化,解决传统建筑维护问题,如表 7-3 所示。

表 7-3　建筑维护管理弊端与解决方案

传统运维管理问题	解决方案
1. 维修响应不及时,员工/租户满意率低 2. 经常遗漏定期检修,设备运行状况恶化 3. 维护成本无法准确归集	1. 通过 SLA(服务级别协议)规范定义不同的维护响应级别 2. 通过邮件分派提醒工单 3. 预定义定期维护程序和步骤,在维修日自动产生工单 4. 精确统计备件消耗、维修工时,充分掌控维护成本

根据服务等级协议(Service-Level Agreement,SLA)来定义应需维护的响应方式、审核流程,不同类型的服务请求具有不同的响应级别,如图 7-14～图 7-16 所示。

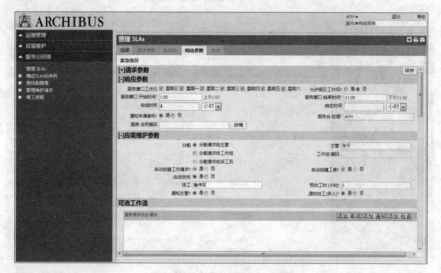

图 7-14　SLA 管理界面

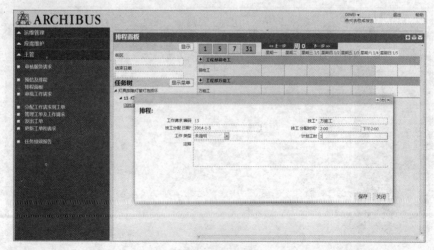

图 7-15　任务排程

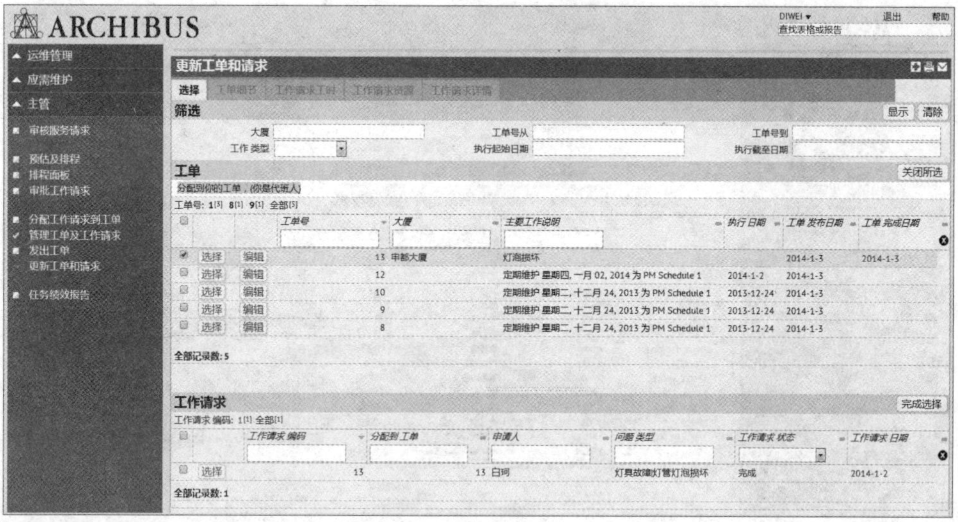

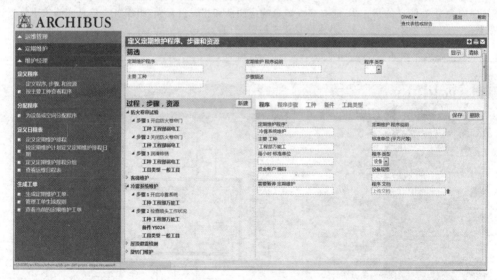

图 7-16　工单管理

定期维护是基于时间或计量的日常维护工作，建立和管理一个全面的预防性维护程序。可以定义检查、校正、清洗、润滑、配件更换等任务，然后在必要的时间间隔安排这些工作，以防止故障、保持设备正常操作。通过自动化的预防性维护，可以最大限度地防止错过关键维护、避免事故。确保高效及时地执行工单，合理调度资源，如图 7-17 和图 7-18 所示。

图 7-17　制订维护计划

4. 环境与风险管理

在发生灾难和紧急情况时确保业务连续性，加快设施功能恢复，解决传统环境与风险管理问题，如表 7 4 所示。

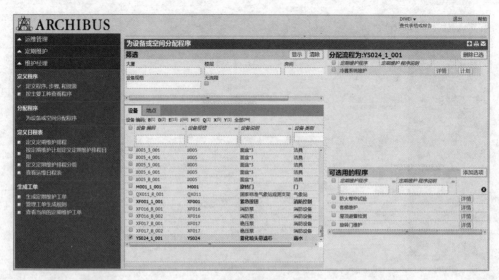

图 7-18　定期维护排程

表 7-4　环境与风险管理弊端与解决方案

传统运维管理问题	解 决 方 案
1. 缺少可视化工具 2. 缺少应急处置信息的集中管理	1. 与 BIM 或 CAD 结合，可以快速准确访问人员位置、设备位置、有害物质分布、安全出口分布等数据，帮助现场决策，如图 7-19 和图 7-20 所示 2. 建立多级紧急响应团队和相关负责人，组织各类信息实施灾难恢复计划，迅速恢复正常运营 3. 协助加快保险理赔和谈判更有利的保险条款

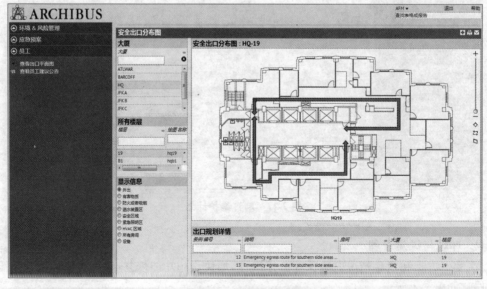

图 7-19　安全出口分布

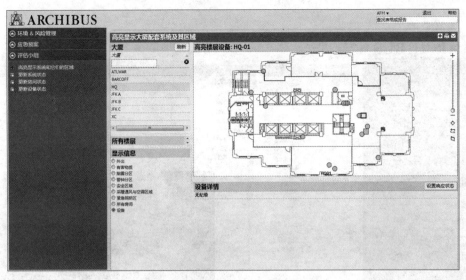

图 7-20　高亮显示系统和设备位置

5. 资产管理

监控固定资产成本和分配,计算折旧,规划人员和资产的搬迁,解决传统资产管理问题,如表 7-5 所示。

表 7-5　资产管理弊端与解决方案

传统运维管理问题	解 决 方 案
1. 手工操作或用简单的 Excel 管理固定资产,操作繁琐不直观,不能准确反映资产状态 2. 外包租用与固定资产分散管理 3. 财务与行政交叉管理,数据重复录入	1. 与 BIM 模型互动,可视化定位家具和设备,用条码、二维码建立资产标签以便盘点,如图 7-21～图 7-24 所示 2. 定义保修、保险、外包服务合同,与每个固定资产建立关联 3. 通过数据集成与财务软件对接,简化固定资产折旧

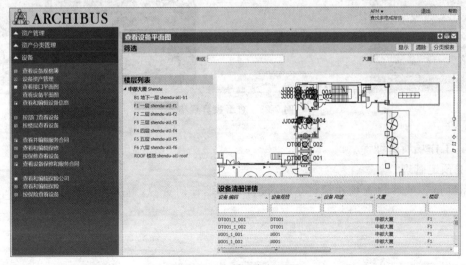

图 7-21　查看设备平面图

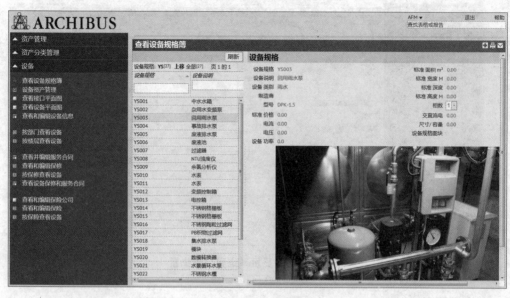

图 7-22　查看设备规格

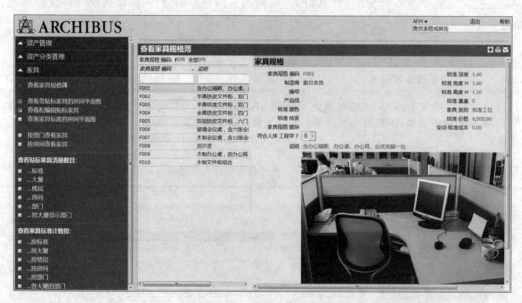

图 7-23　查看家具规格

6. 工作场所管理

1）预定管理

帮助员工或客户查找并预订空间、设备或其他任何资源，解决预定管理问题，如表 7-6 所示。

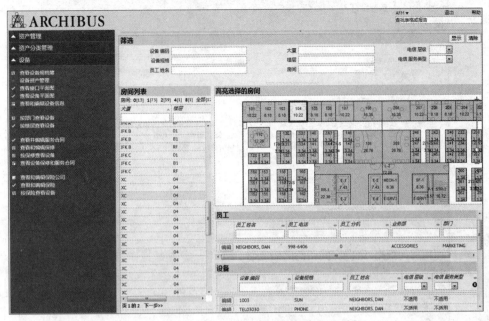

图 7-24　查看家具设备位置和分配

表 7-6　预定管理弊端与解决方案

传统运维管理问题	解 决 方 案
1. 会议室、公用设备等经常发生冲突 2. 空间和其他资源没有统一管理	1. 定义可预定的房间、房间的划分、布置类型及相关资源和供应商,实现一站式管理 2. 在预定空间的同时,可以预定关联的其他资源和服务,使会议和活动安排有条不紊,如图 7-25 所示

2) 服务台管理

为公共服务请求提供一站式自助服务门户,降低行政成本,解决服务台管理问题,如表 7-7 所示。

表 7-7　服务台管理弊端与解决方案

传统运维管理问题	解 决 方 案
1. 服务请求得不到及时处理,无法跟踪进展 2. 无法准确区分不同类型服务的紧急程度	1. 自助服务环境通过简单表单、智能工作流和自动通知简化服务请求,降低管理开销 2. 根据服务级别协议(SLA)控制资源投入,提高执行效率和客户满意度 3. 提供多种报表分析预算和成本

3) 共享办公空间管理

有效安排多人共享一个工位,减少空间成本支出,解决共享办公空间管理问题,如表 7-8 所示。

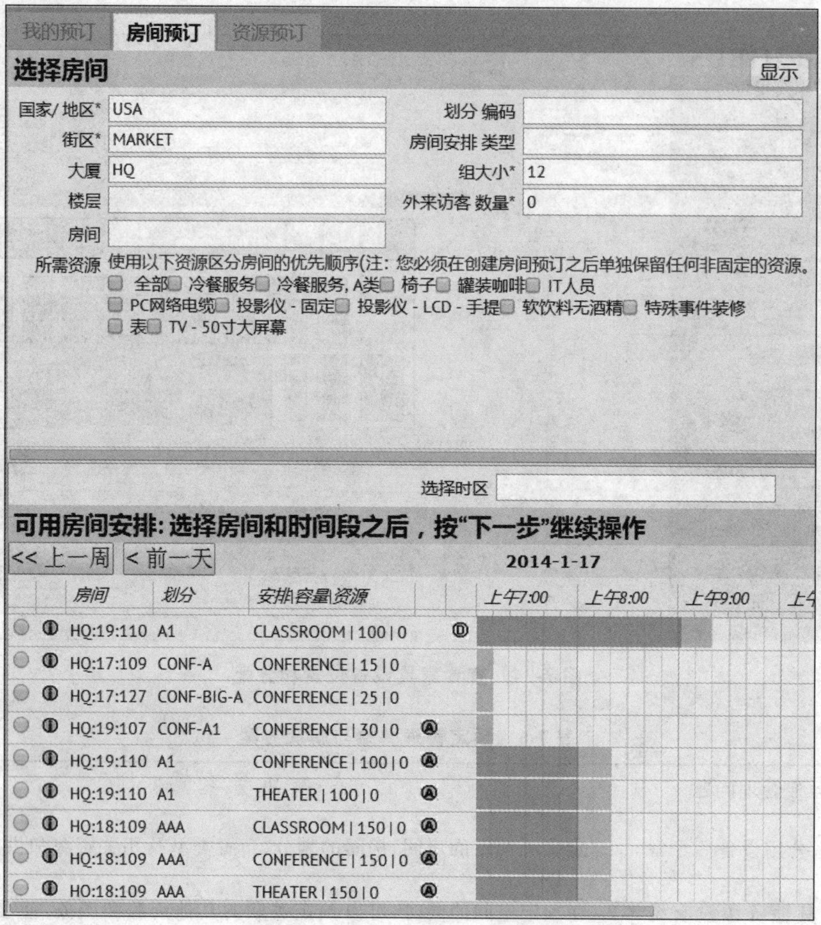

图 7-25　预定管理

表 7-8　共享办公空间管理弊端与解决方案

传统运维管理问题	解　决　方　案
1. 外勤人员的工位长期置置,空间利用率低下,成本高昂 2. 共享工位缺乏有效安排,经常发生冲突	1. 为外勤人员或访客提供共享的办公空间,通过预定安排使用,按部门分摊成本 2. 在线查询可供使用的房间和工位,提供丰富的管理报表反映资源使用状况,以便及时调整

7.3　BIM 在不同类型项目中的运维应用

7.3.1　房建项目

传统的运维管理大量依靠各种表格和表单进行管理,无法直观高效地对所管理对象进行查询和检索,数据、属性、图纸等各种信息相互割裂,造成管理效率低,管理难度增加。随着 BIM 技术在建筑设计、施工阶段的应用普及,设计和施工阶段的 BIM 模型和属性数据可以在运维阶段深化应用,使运维管理从二维图表管理升级到基于 BIM 模型的三维管理,所有数据得到充分整合,实现了模型和属性数据一体化管理。

工业与房屋建筑项目在运维阶段主要利用 BIM 技术进行三维查询、空间管理分析等功能,如图 7-26 所示。下面通过几个案例来阐述一下 BIM 在工业与房建项目运维管理阶段的应用。

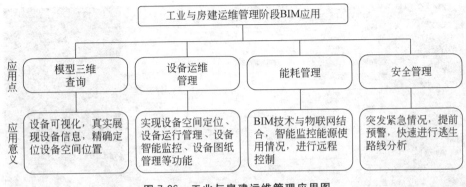

图 7-26　工业与房建运维管理应用图

1. 某医院机电设备运维管理系统

该医院为清华大学与北京市共同管理的大型综合性公立医院,坐落于北京市,占地面积 94800m^2,总建筑面积 22.5 万 m^2,总规划床位 1500 床。该医院主楼机电设备复杂,房建设备众多,需要管理的图纸数量庞大,应用 BIM 的系统很好地解决了如上管理难题,主要功能如下。

1) 模型浏览

在 BIM 模型中要查找自己需要的模型,如果采取漫游的方式将是非常困难的。为了便于用户方便快速地查找模型及相关信息,要求运维管理系统在开发时具备分系统浏览功能,通常开发人员会开发模型浏览目录树,给用户提供针对性的 BIM 模型浏览功能,同时开发根据字段的搜索功能,比如分系统的 BIM 模型浏览、分楼层 BIM 浏览和具体设备模型搜索,如图 7-27 所示。

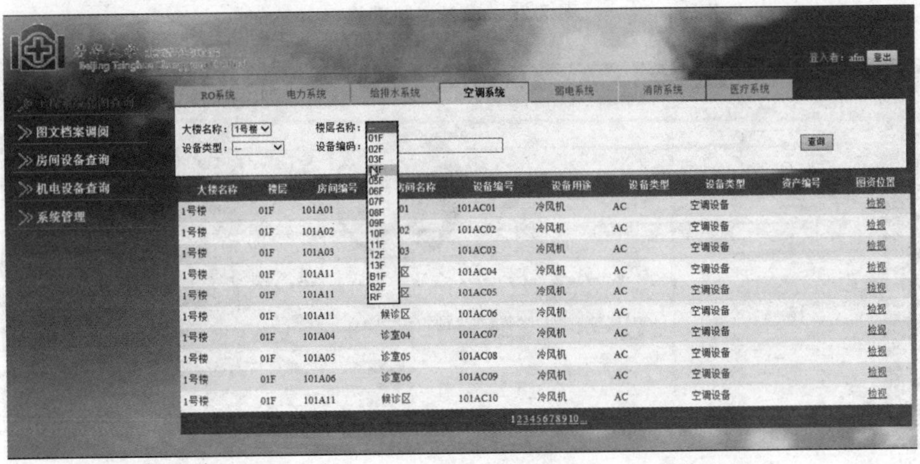

图 7-27　模型分析系统浏览

2）设备运维管理

在运维系统中，通过ID号把与模型相关的信息进行整合，存储在系统数据库中，开发出设备信息查询、工程系统套图查询、图文档案调阅、设备保修流程，以及计划性维护等各种功能，用户可以从繁琐的信息查询、重复低效的常规工作中解放，实现便捷的运维管理，如图7-28～图7-32所示。

图7-28　房建设备信息查询

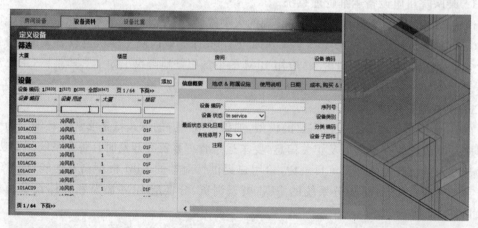

图7-29　设备资料查询

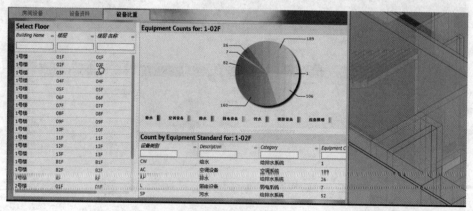

图7-30　设备比重查询

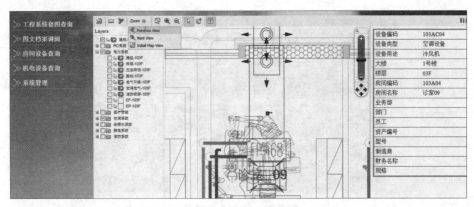

图 7-31　工程系统套图查询

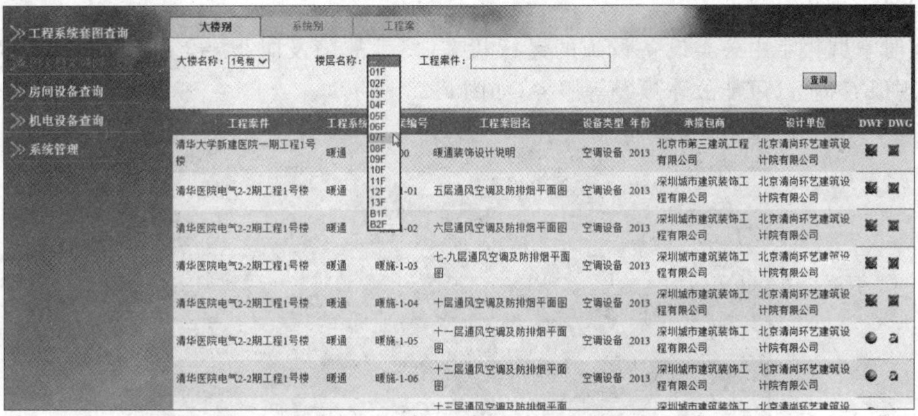

图 7-32　图文档案调阅

2. 某写字楼基于 BIM 智能楼宇管理系统

该项目前期设计、施工均采用 BIM 技术,后期运维阶段利用施工阶段 BIM 模型和设备信息结合物联网、视频设备等进行能耗管理、设备监控、电梯监控和消防安全等运维管理。

1)能耗管理

利用物联网技术,采集温湿度、能耗等各类环境数据,结合 BIM 实时展示,并能根据阈值进行及时报警,如图 7-33 和图 7-34 所示。

图 7-33　房间温度监控

图 7-34　楼层温度监控

2）设备监控

实时掌握楼宇中各类设备设施的运行状态，发生故障及时报警，统计设备运行负荷曲线，实现保养提醒、可能故障预警等服务，如图 7-35 所示。

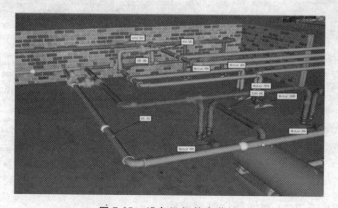

图 7-35　设备运行状态监控

3）电梯监控

BIM 模型与电梯控制系统对接，可以在运维管理系统中持续、实时地三维显示每部电梯的运行位置，直观地查询电梯的运行参数、历史维护记录，方便管理者进行电梯维护，如图 7-36 和图 7-37 所示。

图 7-36　电梯运行状态监控

图 7-37　电梯运行参数查询

4）消防安全

在 BIM 楼宇信息系统中显示烟感报警、喷淋消防、人工消防设备、防火闸门等位置及运行状态，如图 7-38 所示。

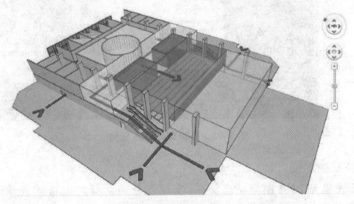

图 7-38　安全通道图

5）视频监控

在 BIM 模型中可以显示视频监控设备的安装位置，而且可以远程遥控视频设备的控制视角，如图 7-39 所示。

图 7-39　视频监控图

3. 某校园数字管理系统

学校有大量的实验设备和办公设备等固定资产,利用 BIM 技术实现设备信息快速查询、设备位置三维空间精确定位、实验设备维护管理等功能。

1) 资产设备信息查询

在 BIM 模型中实时查询资产设备的属性、图片信息、设备使用说明等资料,如图 7-40 所示。

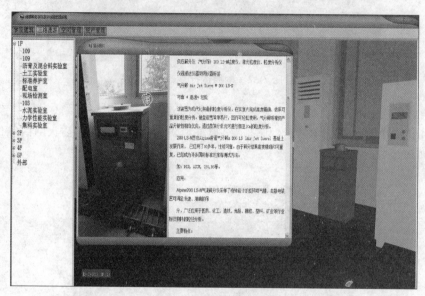

图 7-40　实验设备信息查询

2) 资产设备精确定位

通过把资产表单与 BIM 模型动态关联,实现在查询某资产设备的属性信息时,可以在三维空间定位设备的位置,如图 7-41 所示。

图 7-41　资产设备定位查询

3）楼层空间管理

在楼层空间管理功能中可以查看每层楼房间的分布情况,统计房间的使用面积,如图 7-42 所示。

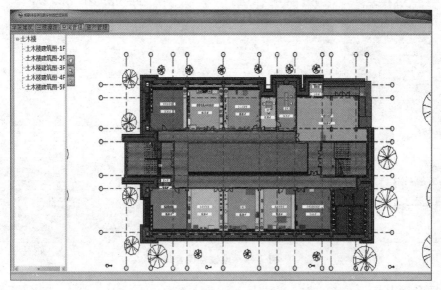

图 7-42　楼层空间查询

7.3.2　地铁项目

由于地铁站点空间较小,地铁机电设备在地铁站中分布密度大,在设备维护过程中具有高密度、高集成、复杂多元化的特点。利用 BIM 技术融合设备属性信息、设备空间位置和维护信息,能提高设备运营维护的直观性、便利性和高效率。下面通过几个例子来阐述 BIM 在地铁车站项目运维管理中的应用,如图 7-43 所示。

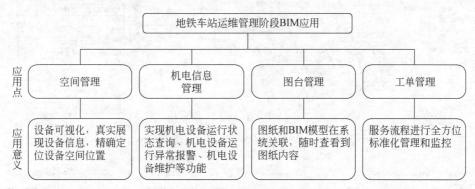

图 7-43　地铁车站运维管理应用图

1. 某市地铁运维管理

1）空间管理

传统的系统和设备管理是通过二维图纸和文档进行管理,利用 BIM 模型把各系统和设备平面位置变成三维模型位置,并在模型上赋予属性信息,直观形象且方便查找。如消防报警时,在 BIM 模型上快速定位所在位置,并查看周边的疏散通道和重要设备,管线设备出现故障可以在系统快速查找定位,如图 7-44 所示。

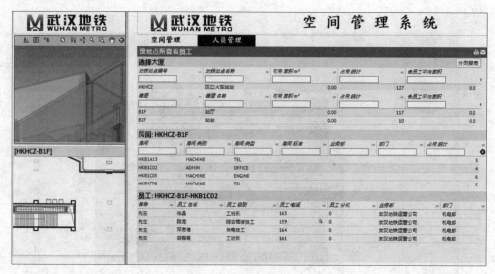

图 7-44　地铁空间管理

2) 图台管理

在站台设备管理过程中,各专业的图纸数量多,将图纸和 BIM 模型在系统关联后,不仅可以及时更新最新版的图纸信息,也能使管理人员随时随地查看到图纸内容,极大提高图纸管理效率,如图 7-45 和图 7-46 所示。

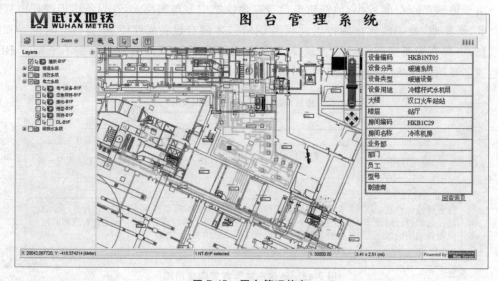

图 7-45　图台管理信息

3) 事件管理

事件管理为机电设备管理人员提供了日常的管理功能,这些功能包括:机电设备运行状态查询、机电设备运行异常报警、机电设备维护。在系统中机电设备出现了运行异常情况,系统可以自动对异常设备进行定位,便于维护人员查找。为构件添加相应的维护计划,

楼层名称	房间编号	房间名称	设备编号	设备用途	设备类型	类型说明	图资位置
站厅	HKB1C27	小系统机房	HKB1DL01	发电机	DL	电气设备	检视
站厅	HKB1C26	环控电控室	HKB1DL02	配电箱	DL	电气设备	检视
站厅	HKB1D01	储物室	HKB1FH01	消火栓箱	FH	消防水	检视
站厅	HKB1D13	走道	HKB1FH02	消火栓箱	FH	消防水	检视
站厅	HKB1D13	走道	HKB1FH03	消火栓箱	FH	消防水	检视
站厅	HKB1A18	走道	HKB1FH04	消火栓箱	FH	消防水	检视
站厅	HKB1A18	走道	HKB1FH05	消火栓箱	FH	消防水	检视
站厅	HKB1B02	非付费区	HKB1FH06	消火栓箱	FH	消防水	检视
站厅	HKB1B02	非付费区	HKB1FH07	消火栓箱	FH	消防水	检视
站厅	HKB1B02	非付费区	HKB1FH08	消火栓箱	FH	消防水	检视
站厅	HKB1B02	非付费区	HKB1FH09	消火栓箱	FH	消防水	检视
站厅	HKB1B02	非付费区	HKB1FH10	消火栓箱	FH	消防水	检视
站厅	HKB1B02	非付费区	HKB1FH11	消火栓箱	FH	消防水	检视
站厅	HKB1B02	非付费区	HKB1FH12	消火栓箱	FH	消防水	检视
站厅	HKB1B02	非付费区	HKB1FH13	消火栓箱	FH	消防水	检视

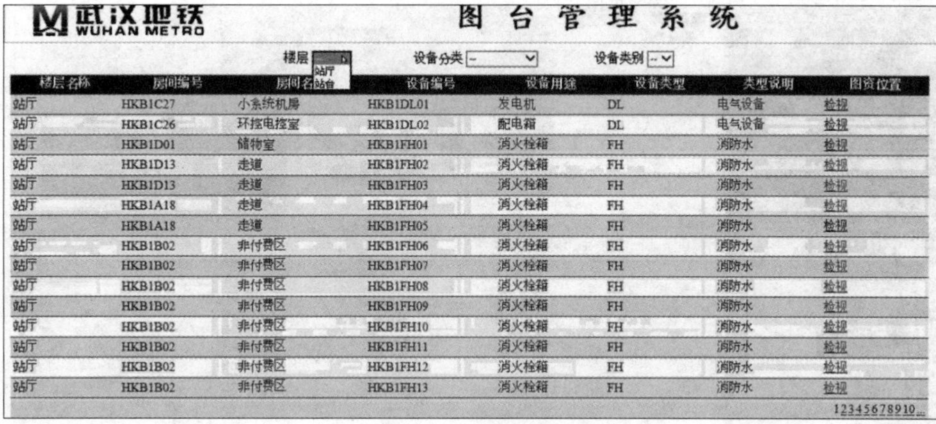

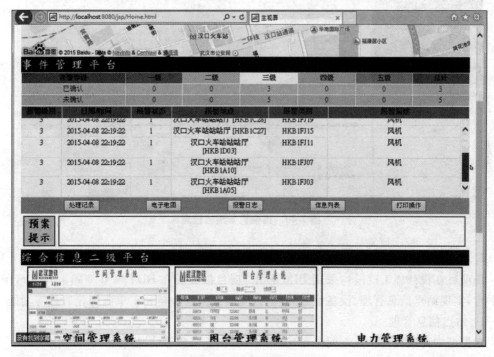

图 7-46　图台管理列表

系统会按照计划定期提醒物业人员对构件进行日常的维护工作，并可查询备品库中该构件的备品数量，提醒采购人员制订采购计划。维修完成后，辅助录入维修日志，并记录此次使用备品的数量，备品库中对应的备品减少情况，如图 7-47 和图 7-48 所示。

图 7-47　机电设备状态信息

4）统计分析

系统中存储和管理着海量的运维信息，为了更好地利用信息，系统开发了设备智能搜索、设备统计分析等功能，可以让运维人员快速获取有用的信息，查找到各个系统和各个构件当前的运行状况，为项目管理提供数据支持，如图 7-49 所示。

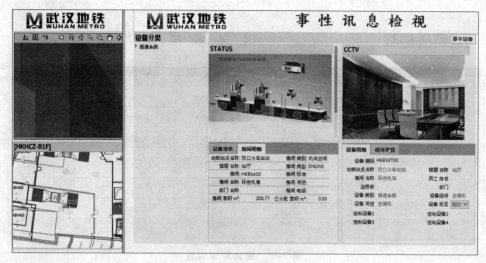

图 7-48　机电设备巡检信息

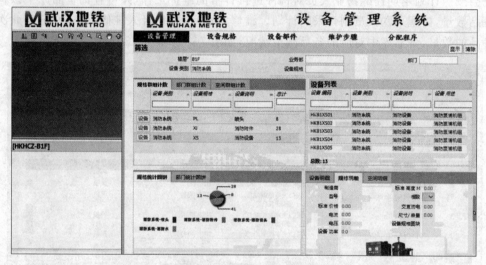

图 7-49　机电设备巡检信息

2. 某地铁 BIM 运维管理平台

该项目在设计施工阶段均采用 BIM 技术,项目移交后在 BIM 模型基础上开发运维管理平台,实现站点信息管理、设备设施管理、设备故障统计分析和工单流程化管理等功能。

1) 站点信息管理

在模型中可以查询站点空间分布、交通组织、设备信息等情况,如图 7-50 所示。

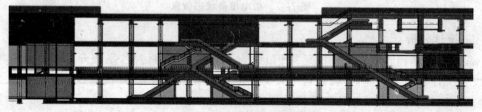

图 7-50　站点三维模型

2）设备设施管理

设备三维模型与设备属性进行联动,实现设备信息可视化查询,如图 7-51 所示。

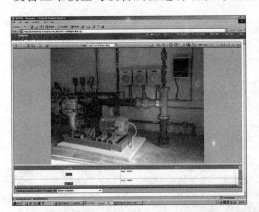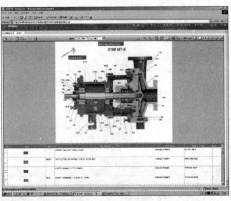

图 7-51　设备设施管理

3）设备故障统计分析

可以统计各种故障产生次数,分析故障产生原因,进行针对性维护。对故障维护智能派单,随时跟踪故障处理进度,如图 7-52 所示。

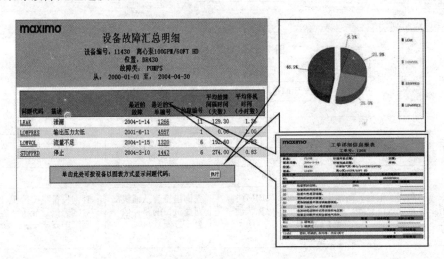

图 7-52　设备故障查询

4）工单流程化管理

对服务流程进行全方位标准化管理和监控,对维护人员进行实时派单返单、超时提醒、跟踪定位、监督管控、业绩考核,提高工作效率,如图 7-53 所示。

7.3.3　机场项目

机场航站楼在运维阶段可充分共享施工阶段建立的 BIM 模型,实时查询和监控多维运维管理信息,支持航站楼日常运维中的物业管理、机电管理、流程管理、库存管理以及报修与维护等工作,有效提高了管理水平和效率,为相关决策提供了有力支持。下面通过例子来阐述 BIM 在机场航站楼运维阶段的应用,如图 7-54 所示。

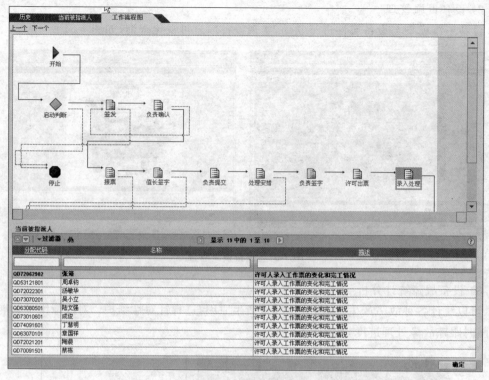

图 7-53　工单流程管理图

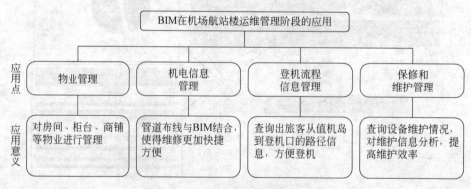

图 7-54　机场航站楼运维管理应用图

1. 某机场航站楼 4D 管理系统

某机场航站楼机电设备安装的 4D 管理系统是清华大学与昆明新机场建设指挥部等参与单位共同研发,以 BIM 数据库为基础,实现基于 GIS 和 Web 的航站楼运维管理及多维信息查询,具体包括物业信息管理、机电信息管理、流程信息管理、库存信息管理、报修与维护管理、系统管理。

1）航站楼物业信息管理

在系统中可以很方便地对房间、柜台、商铺等的分配和物业数据进行维护,而且可以根据用户的不同需求进行各种数据的统计和分析,使用户能够直观地了解机场的整体布局是否合理,房间的使用和分配是否满足旅客的需求,为机场的整体运营提供更好的支持,如

图 7-55 所示。

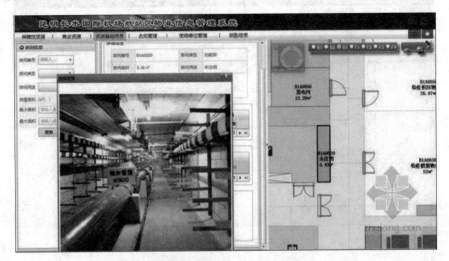

图 7-55　航站楼物业信息管理图

　　2）航站楼机电信息管理应用

　　机电信息管理系统把各个专业的管道布线都非常直观地在图中显示出来，并且将各专业的上下级逻辑关系都清楚地展现出来，这样维修工人就能快速、方便地查看到整个机电的逻辑关系和管道布线，及时做出正确的判断，避免给机场的正常运营带来不便，如图 7-56 所示。

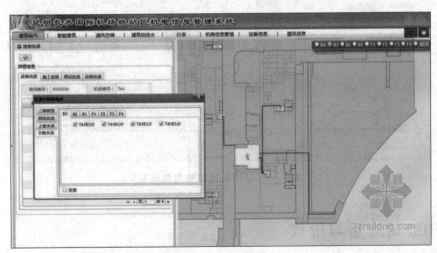

图 7-56　机电信息管理图

　　3）航站楼流程信息管理应用

　　在系统中输入旅客所在位置和登机口编号，就能查询出这位旅客从值机岛到登机口的路径信息，以及值机岛与登机口的距离信息和人的正常步伐可能需要的时间信息，这样旅客就能根据这些信息判断出自己的登机时间是否充足等，如图 7-57 所示。

　　4）航站楼报修与维护信息管理应用

　　在系统中可以很容易地查看最近 3 个月时间内报修的总体数量；查看最近 3 个月维修

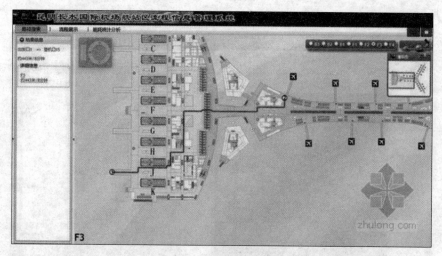

图 7-57 流程信息管理图

组维修人员接单数量的比较；最近 3 个月内，报修单整体的完成情况，无须维修、正在维修中的各自百分比等，如图 7-58 所示。

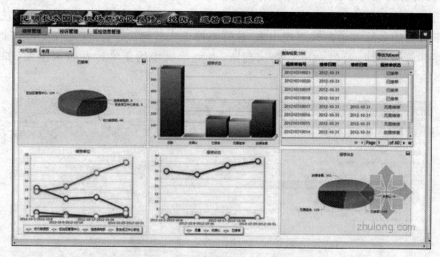

图 7-58 报修与维护信息管理图

7.4 BIM 的应用与价值

7.4.1 BIM 的应用

1. 维护管理

降低建筑物的维护成本可以最大限度地提高建筑物的使用价值，随着使用时间的延长，维护成本会不断增加，运维就显得更加重要。在建筑物使用寿命期间，建筑物结构设施（如墙、楼板、屋顶等）和设备设施（如设备、管道等）都需要不断得到维护。

BIM 模型结合运营维护管理系统可以充分发挥构件空间定位和数据整合的优势，使得维护人员更加直观、方便地进行运维管理。如可以快速进行模型定位,找出需要维护的设备,分配专人专项维护工作;通过物联网感知设备运行状态,在系统中进行实时监控。对一些重要设备还可以跟踪维护工作的历史记录,以便对设备的适用状态提前作出判断。

2. 资产管理

传统的资产管理系统是二维表单式的管理,资产信息需要在运营初期依赖大量的人工操作来录入,而且很容易出现数据录入错误。BIM 技术的应用,使得设计和施工阶段的BIM 模型及信息可以应用到后期的运维管理,大大减少了系统初始化在数据准备方面的时间及人力投入,同时避免了录入的错误。此外由于传统的资产管理系统本身无法准确定位资产位置,通过 BIM 模型结合二维码、RFID 的资产标签芯片还可以使资产设备在建筑物中的定位及相关参数信息一目了然,快速查询。

3. 空间管理

空间管理是业主为节省空间成本、有效利用空间、为最终用户提供良好工作生活环境而对建筑空间所做的管理。BIM 不仅可以用于有效管理建筑设施及资产等资源,也可以帮助管理团队记录空间的使用情况,处理最终用户要求空间变更的请求,分析现有空间的使用情况,合理分配建筑物空间,确保空间资源的最大利用率。

4. 灾害应急模拟

结合 BIM 模型的可视化,可以清楚了解紧急疏散现场环境,可以在灾害发生前,模拟灾害发生的过程,分析灾害发生的原因,制定避免灾害发生的措施,为疏散方案的制定打下坚实的基础。当灾害发生后,BIM 模型可以提供救援人员的完整信息,通过一定技术追踪检测流动人员和流动设备动态信息,有效提高突发状况应对措施。此外楼宇自动化系统能及时获取建筑物及设备的状态信息,通过 BIM 和楼宇自动化系统的结合,使得 BIM 模型能清晰地呈现出建筑物内部紧急状况的位置,甚至到紧急状况点最合适的路线,救援人员可以由此做出正确的现场处置,提高应急行动的成效。

BIM 在不同项目运维管理中主要应用点总结如表 7-9 所示。

表 7-9　BIM 应用总结

BIM 应用项目类型	主要应用点
1. 工业建筑与民用建筑项目 2. 地铁项目 3. 机场项目	1. 模型三维查询、设备运维管理、图纸管理、能耗管理和安全管理等应用 2. 在线查询可供使用的房间和工位,提供丰富的管理报表反映资源使用状况,以便及时调整 3. 机场物业管理、机电信息管理、登记流程管理和保修管理等功能

7.4.2　BIM 的价值

1. 信息整合

在一个建筑工程施工过程中,设计单位和施工单位会产生大量工程信息,包括图纸、设备设施及构件材料、属性、价格和生产商等关键信息。这些信息可以纳入 BIM 模型之中,为后期运维提供数据支持。当项目竣工后,可以将此 BIM 模型转交给运维单位或者第三方,实现 BIM 模型的全生命周期应用,提供 BIM 模型的价值,提高建筑物价值。

2. 准确定位

传统的运维管理是基于图表形式,可以根据图表查询设施设备的信息(例如生产厂商、价格、型号等),但想知道设备具体的位置是很困难的。BIM模型中所有设施设备都有准确的定位,在系统中不但可以查找设备的属性信息,还可以根据属性信息查找其具体的位置,使维护人员能够清楚知道设备的情况。

3. 运维智能化

单一的BIM运维在克服传统二维系统弊端的同时,也有不足:无法实时提取设备的运行数据,需要手工输入到运维系统,BIM模型无法与实际设备实时对应。运用物联网技术则可以实现设备实时远程监控,实现设施、设备的统一管理,并可实时传递设备设施的状态信息。通过物联网的RFID技术,可实现人员、设备空间定位,当发生火灾时,BIM可快速准确定位火灾位置。

7.5　本章小结

本章主要介绍了BIM在房建和地铁运维中的应用,使传统的运维不但有属性信息,还有模型信息,进一步提高了管理的效率。在运维管理过程中使用BIM技术,可以实现运维管理信息共享和充分利用,还可以精确掌握设施的实时运行状态,对于提高管理信息化水平、降低成本、提高效率、提升企业的竞争力具有深远的影响。

习题

1. BIM运维应用点有哪些?
2. BIM如何提高运维的效率?
3. BIM在运维中核心价值是什么?

第 8 章

BIM 与二次开发

从前面的章节我们已经知道了 BIM 在项目的全生命周期中有着广泛的应用点和巨大的应用价值,其表达形式更加直观、易读,无论建设方、设计方还是施工方都能很快地全面掌握项目信息,从而降低了项目参与各方,尤其是非专业人士对项目信息的理解难度,减少了项目变更,提升不同专业间和不同参与方之间对项目的协同能力。

因此,国内外各大软件厂商都加紧了开发步伐,不断推出各种版本、各种类型的 BIM 软件。但是,一方面我们不难发现,在主流的 BIM 软件中,国外厂商如 Autodesk 的产品已经占据了相当大的比例,而此类软件的本地化程度相对较差,导致在使用的过程中需要根据国内的标准规范进行必要的调整,这也势必降低了软件的便利性,就如同天正系列软件一样,我们就需要在软件本身功能的基础上进行二次开发使其更加贴合实际。另一方面,对于工程类软件而言,很难做面面俱到,因为标准的不统一,不同的参与方对于同一软件的功能需求也是不一样的,而从软件厂商的角度而言,为了最大限度地适应行业,其软件主要提供的一般都是通用性功能,这也就需要软件的使用方根据自身的需求,在通用版本的软件上进行特定功能的二次开发。

某大型设计院的小王和小李,接到一项 BIM 设计任务,时间紧任务重,小王天天加班在做 BIM 设计,但是他发现一个星期之后小李已经把设计任务完成了,而他仅仅完成任务的50%,还要继续日夜加班奋斗。难道是小王的工作效率低,拖拉了设计任务?

其实并不是小王的效率低,而是小李应用了提高设计效率的插件,大大提高了 BIM 设计效率,节省了大部分时间,这也是我们这章主要介绍的 BIM 与二次开发。

8.1　二次开发概述

二次开发,简单地说就是在现有的软件上进行定制修改、功能扩展,然后达到自己想要的功能,一般来说都不会改变原有系统的内核。就目前而言,一些大公司如 Autodesk 开发了一个大型的软件系统平台,根据不同客户的需要,在该平台上进行第二次有针对性地开发或者针对某一类软件开发相应功能的插件以提高使用效率。本书以 Revit 开发为例进行简单概述,其他 BIM 软件开发其本质上的开发思路很相似,只是在开发手段和开发路径上有所不同。

8.1.1 Revit 二次开发技术

Revit 是为 BIM 技术而设计的一系列软件,为建筑、结构、设备(水、暖、电)等不同专业提供 BIM 解决方案。在 Revit 模型的任一视图操作的同时,Revit 将收集与项目相关的信息,并在项目的其他表现形式中同步该信息,由 Revit 的参数化修改引擎自动协调在模型视图、平面、剖面、图纸和明细表等视图进行的修改。

基于 Revit 平台的二次开发产品在国外已经有很多,但是在国内对 Revit 的二次开发还处于初步阶段,不过现在也有越来越多的开发人员和公司在研究 Revit 的二次开发。现阶段,围绕 Revit 进行二次开发的方式有很多种,比较常见的有以下几种。

1. 数据转换接口开发

目前,针对数据转换接口开发的学校、公司等开发团队数量在不断上升,上海同济大学选用 Object ARX 技术编写了关于高层钢结构 BIM 软件的二次开发,从而实现了 BIM 与高层钢结构工程各个阶段的数据接口,填补了国内设计软件与 BIM 软件数据交互的空白,并且之后在上海中心项目中得以应用。东经天元公司开发的 R-Star CAD 实现了 Revit 和 PKPM 之间的数据交换,在一定程度上标志着国内 Revit 二次开发的成长。中国建筑科学研究院与同济大学一起研发了基于 ASIM 的信息转换平台,可以将 Revit 模型导入到 PKPM 中进行结构分析。北京盈建科软件有限责任公司开发了盈建科建筑结构设计软件系统(YJK),并在全国得以广泛应用,该软件提供了与 PKPM、Midas、Auto CAD、Etabs 以及 Revit 等软件之间的数据接口。

目前,有许多软件都实现了与 Revit 之间的数据接口,基于 Revit 的二次开发,实现了 Revit 和 STAAD、Midas Gen 等软件的数据交换,R-star CAD 和 P-Trans 软件实现了 Revit 与 PKPM 之间的数据交换,CSIX Revit 软件实现了 Revit 与 Etabs、SAP2000 之间的接口,YJK-Revit 软件实现了 Revit 与盈建科之间的交换接口,各个数据交换接口的介绍如表 8-1 所示。

表 8-1 数据交换接口介绍

软件/类别	交换模型	传递方向	梁柱偏心	材质属性	荷载传递
YJC	物理 & 分析模型	双向传递	支持	模糊匹配	不支持
Etabs	分析模型	双向传递	不支持	一对一匹配	点、线、面荷载
SAP2000	分析模型	双向传递	不支持	不支持混凝土构件	点、线荷载
Midas Gen	分析模型	单向传递	不支持	一对一匹配	点、线、面荷载
STAAD	分析模型	双向传递	不支持	一对一匹配	点、线荷载

2. 应用型插件开发

目前针对 Revit 软件国内外已有多家企业推出了相关插件,比较常见的有上海比程开发的快速建模插件 isBIM 模术帅、快速算量 isBIM QS 插件、族立方高效族库管理软件;速博结构及钢筋插件、橄榄山快模插件、比目云算量插件、鸿业管道插件、品茗翻模算量插件、柏慕 BIM 标准化应用系统、理正建筑软件、毕马搜索、Fuzor、呆猫幕墙插件等,其主要功能一般集中在提供符合国内规范标准的快速建模模块或者增强可视化表达,进而提高建模速度。相关插件详细的介绍已经在第 3 章进行了说明,此处不再赘述。

3. 基于 Revit 软件核心的平台开发

针对 BIM 技术的核心,已经有相当部分的国内外开发人员和公司对基于 BIM 技术的建筑信息平台进行了研究,此类平台的主要功能一般在于为不同的项目参与方提供基于 Revit 的数据共享基础。第 7 章 BIM 在运维中应用所介绍的运维软件,很多都是基于 Revit 或者包含 Revit 二次开发出来的,例如 Archibus 软件就可以和 Revit 进行结合,提取、管理、编辑数据形成运维管理平台。也有基于 Revit 二次开发结合其他开发技术制作的协同管理平台,例如 isBIM 的云立方、BIMgo 协同平台。目前很多企业都有定制化开发管理平台,根据一个项目或者企业需求,基于 BIM 技术定制化开发管理平台,如图 8-1 所示。

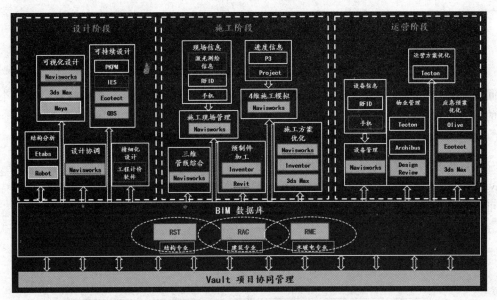

图 8-1　上海中心 BIM 管理平台

8.1.2　Revit API 概述

Revit API,指的是 Revit Application Programming Interface,有多种称呼,比如 Revit 应用程序编程接口、Revit 应用程序接口、Revit 应用程序开发等。Revit 系列的建筑、结构、设备三个产品都有对应的 API,这些 API 也都非常相似,所以它们被集成为一个总的 API 包,统称为 Revit API。Revit API 包括一些基本主题,如图 8-2 所示。

1. 插件集成(Add-in Integration)

如果想在 Revit 中调用插件,就需要对插件进行注册,这就需要用到后缀名.addin 的文件(XML 格式)来实现,Revit 会在启动时自动搜索目录中的.addin 文件进行加载。

2. Revit 应用类和文档类(Application and Document)

Revit 应用类和文档类主要包括 Application、UI Application 和 Document、UI Document 这几类,一个 Revit 应用对象对应一个独立的 Revit 会话,用户可以通过这个对象

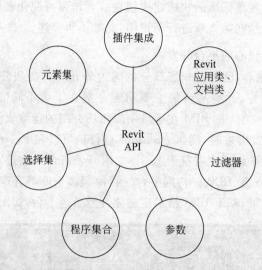

图 8-2　Revit API 基本主题

访问 Revit 文档、选项以及其他应用范围的数据和设置,而一个 Revit 文档对象对应一个独立的 Revit 工程文件,Revit 可以同时打开多个工程,每个工程也可以同时有多个视图。

3. 元素集(Elements Essentials)

元素集顾名思义,就是 Revit 元素的集合,主要包括各类元素的机制、类别和特征等。Revit API 的元素集包括了多种元素,不同类型的墙、楼地板、屋顶和洞口以及它们的特性都可以用 API 表示出来,它们之间的关系如图 8-3 所示。

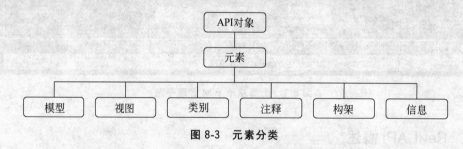

图 8-3　元素分类

可以对这些元素进行移动、旋转、删除、镜像、阵列等编辑操作。以选中构件为例,Revit API 中提供了一个 Selection 类,这个类可以实现选择构件、获取选择构件、设置选中构件。实现选中构件关键代码如下:

```
在 Revit 2014 里可以设置 Selection .Elements
这里的 Elements 返回的是一个 SelElementSet :
SelElementSet  set=SelElementSet.Create();  //创建一个 SelElementSet
set.Add(Element )                    //SelElementSet 中添加要选中的 Element
Selection .Elements=set               //把 set 赋值给 Selection .Elements
这个就可以是刚才添加的构件选中
在 Revit 2015 及以后用 Selection.SetElementIds( ICollection<ElementId>elementIds).
```

同时 Revit API 还包括了对 Revit 族的创建和修改,了解族和族实例之间的关系和特性,以及对一些族实例的应用载入,也可以直接使用 Revit 的一些概念设计和创建轴网、标高、设计选项、尺寸标注、标签、注释符号等。

对于 Revit 草图,API 对应的 2D/3D 草图涵盖了草图平面、模型线、通用窗体等。同时也可以根据视图方式的不同调用不同的视野,也可以根据构件的质地、颜色和属性不同使用不同的材料。以设置模型线颜色为例,以设置线样式的方式来实现。

下面是实现模型线颜色关键代码:

```
Category tCat=doc.Settings.Categories.get_Item(BuiltInCategory.OST_Lines);
Reference r=uidoc.Selection.PickObject(ObjectType.Element);
Element elem=doc.GetElement(r);
Transaction trans=new Transaction(doc,"Trans");
trans.Start();
if (!tCat.SubCategories.Contains("MyLine"))
{
  Category nCat=doc.Settings.Categories.NewSubcategory(tCat,"MyLine");
  nCat.LineColor=new Color(255, 0, 0);
}
doc.Regenerate();
FilteredElementCollector temc=new FilteredElementCollector(doc);
temc.OfClass(typeof(GraphicsStyle));
GraphicsStyle mgs=temc.First(m=> (m as GraphicsStyle).GraphicsStyleCategory.
Name=="MyLine") as GraphicsStyle;
Parameter tp=elem.LookupParameter("线样式");
tp.Set(mgs.Id);
trans.Commit();
```

4. 过滤器(Filtering)

过滤器就是从文件中过滤出所需要的元素。Revit API 中提供了一个过滤元素类,通过这个类可以方便地获取到想要获取的元素(Element),创建 FilteredElementCollector 类之后就可以创建过滤条件。

下面是实现过滤门的关键代码:

```
FilteredElementCollector doorFilter=new FilteredElementCollector(doc);//创建过
滤集合
ElementCategoryFilter doorCategory= new ElementCategoryFilter(BuiltInCategory.
OST_Doors);                          //创建类别过滤条件
doorFilter.WherePasses(doorCategory);//这个返回的是门类别下的所有 Element,包括了
文件中的门实例(对应 type 为 FamilyInstance)和用来创建门实例的类型(type 对应
FamilySymbol)
ElementClassFilter  doorType=new ElementClassFilter (typeof(FamilyInstance));
                                 //创建一个 type 过滤器
doorFilter .WherePasses(doorType);     //过滤掉其中的门类型(FamilySymbol)
```

经过上面的两次过滤 doorFilter 就可以实现门的过滤。

5．选择集（Selection）

选择集就是使用文档中选中的元素的集合，通过 API 调用可以实现集合处理。

6．参数（Parameters）

大多数的元素信息都是被当作参数进行存储的。Revit API 的参数类型有三种，包括内建参数（Built In Parameter）、共享参数（Shared Parameter）、项目参数（Parameter Bindings）。内建参数是使用效率最高的，共享参数和项目参数是用户自定义参数，其中共享参数实际上只是对一些参数的定义，比如参数的名字、类型、分组等，把这些参数绑定到类别（Category）后，对应的元素才会出现新的参数。从某种意义上来说，绑定之后的共享参数实际上变成了项目参数，但是通过 API 无法创建项目参数，只能实现参数的绑定。无论是共享参数还是项目参数，都可以通过参数名来获取。

下面是实现选一个载入族，删掉其中的一个参数的关键代码：

```
private void EditFamilyParm();          //选择一个族实例
Reference re=uidoc.Selection.PickObject(ObjectType.Element);
Element elem=doc.GetElement(re);      //返回 FamilySymbol 的 id
ElementId id=elem.GetTypeId();
FamilySymbol symbol=doc.GetElement(id) as FamilySymbol;//返回编辑族的 Document
Autodesk.Revit.DB.Document fadoc=doc.EditFamily(symbol.Family);
                                      //得到 FamilyManager ,关于族参数的操作都在里面
FamilyManager manager=fadoc.FamilyManager;
IList<FamilyParameter>faparms=manager.GetParameters();
MessageBox.Show(faparms.First().Definition.Name);
Transaction trans=new Transaction(fadoc, "Remove Parameter");
trans.Start();
manager.RemoveParameter(faparms.First());
trans.Commit();
fadoc.LoadFamily(doc,new Opt());
}//这是重新载入族文件时的选项
public class Opt: IFamilyLoadOptions
{
  public bool OnFamilyFound(bool familyInUse, out bool overwriteParameterValues)
  {
    overwriteParameterValues=true;
    return true;
  }
  public bool OnSharedFamilyFound (Family sharedFamily, bool familyInUse, out
  FamilySource source, out bool overwriteParameterValues)
  {
    throw new NotImplementedException();
  }
}
```

7．程序集合（Collection）

程序集合主要是指一些使用程序的集合类型，包括数组、映射、集合设置以及相关迭代

器等。

综上所述,使用 Revit API 可以访问模型的图形数据、参数数据,创建、修改、删除模型元素,创建插件来完成对 UI 的强化以及完成一些对重复工作的自动化,集成第三方应用来完成诸如连接到外部数据库、转换数据到分析应用等,执行一切种类的 BIM 分析,自动创建项目文档等。

8.1.3　Revit 开发流程

Revit API 包括 Revit 提供的一系列命名空间以及类库,用户可以在 Revit 平台上进行插件开发,从而来自定义或者扩充 Revit 相应的功能和应用。发展至今,Revit API 发生了根本的变化,从最开始的只能访问文档中的对象到可以进行用户交互选择、族的创建、对象的过滤等,通过不断地丰富,API 数量在不断地增加,涵盖的功能也越来越强大。通过插件的形式,用户可以自定义程序代码,不仅可以完成在 Revit 平台上原有的大部分功能,还可以体验一些通过交互界面无法完成的工作,结合交互操作和程序控制的特点,自动检测错误,获取工程数据来分析或者生成报告,完成一些数据量大、规律性强的建模工作,显著提高用户的建模效率,提供工程所需的解决方案。

应用 Revit API 进行程序的二次开发,需要具备以下条件:

(1) 初步熟悉 Revit 系列产品的工作方法和流程;

(2) 至少熟悉一种 .NET 环境下的编程语言,如 C++ ,C♯ ,VB. NET 等;

(3) 需要安装 Visual Studio 2012 或更高版本(具有 Microsoft. NET Framework 4. 0 环境),最好安装 Revit SDK 开发工具包。

在 .NET 开发环境下,对 Revit 程序进行二次开发,需要遵循以下 Revit API 的应用流程,主要分为五步,如图 8-4 所示。

图 8-4　Revit 二次开发流程

(1) 新建项目,打开 Visual Studio 2012,创建一个 C♯ 类库文件,并对其命名,如 text. cs,还可以修改该文件的存放位置,方便寻找。

(2) 添加对 Revit API 接口装配文件,以及 System. Windows. Forms 命名空间的引用,并在程序中编写需要用到的与 System 有关的 using 指令。

(3) 为命令类添加控制命令的事务模式和更新模式,通常选用手动(Manual)模式。如果不想添加事务,可选择自动(Automatic)模式。

(4) 整个程序开发过程中最为关键的一步,新建类并编写程序代码,主要是定义类层次和对应模型生成函数的编写。

(5) 完成代码编写之后,就要进行编译,生成解决方案,编译成功之后,就生成了 .dll 文件,也可以进行程序调试,调试主要是在程序编写的代码中通过设置断点、增加临时变量和跟踪变量等方式,查看程序在运行过程中的执行情况。调试成功后,即可启动 Revit 程序,利用外部工具,打开生成的.dll 文件,查看运行结果是否满足要求。

以上就是 Revit 简单开发流程,本书不做过多详细的开发说明,只是给读者一个大概的开发流程指引。

8.2　BIM 开发案例介绍

下面结合案例分别从插件开发和平台开发两个方面向大家介绍一下基于 BIM 的二次开发过程,但是需要强调的是一方面由于二次开发一般都具有相对特定的目标,更多的情况下属于定制性的开发,所以流程或方法都不尽相同。另一方面,二次开发属于专业性比较强的工作,涉及的内容较广,一般要求开发人员在具备工程专业知识的情况下熟练掌握多门计算机语言。因此,本章的案例介绍更多的是起到抛砖引玉的作用,而非详尽介绍。

8.2.1　插件开发案例介绍

本节选取上海比程的 isBIM 模术师,进行插件开发介绍,从插件功能的角度出发展示 Revit 二次开发作用与价值,给读者带来一些思考,怎样才能使 BIM 更高效,更有价值。

1. isBIM 模术师简介

isBIM 模术师是基于 Revit 的二次开发插件,该插件扩展和增强了 Revit 的建模、修改等功能,可用于建筑、结构、水电暖通、装饰装修等专业中,极大地提高了用户创建模型的效率,同时提高了建模的精度和标准化。

同时 isBIM 模术师具有强大的数据接口,可以通过 Excel 文件批量导入项目属性信息、族参数信息等大量信息,为项目的运营、维护、管理提供极大的便利,真正实现了建筑模型的信息化,而非简单的几何模型。通过 isBIM 模术师生成的模型,经过简单的设定和修改可以直接用来进行工程量提取,实现建模与算量的无缝链接,模型亦可用于后期的运营、维护,实现 BIM 价值最大化,实现生态的 BIM 全生命链。

2. 开发功能介绍

1) 土建二次开发功能应用

isBIM 土建插件当前包含快速建模、通用工具、结构模块和构造柱及圈/过梁四个模块,可以帮助用户将大量的重复工作自动完成,可以简化复杂的操作过程,提供便利的帮助,大大提高建立三维模型的效率,如图 8-5 所示。

图 8-5　Revit 土建二次开发功能

(1) 快速建模

通过二次开发可以链接 CAD 图纸,读取图层图元快速创建轴网,快速生成桩、柱、梁、墙等构件,如图 8-6~图 8-9 所示。

下面是查询 CAD 图层的关键代码:

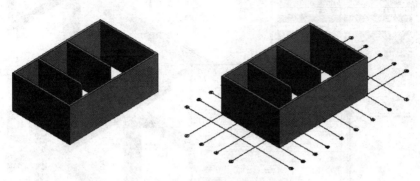

图 8-6　二维轴网转换为三维轴网

```
Reference r=uidoc.Selection.PickObject(ObjectType.PointOnElement);
Element elm=doc.GetElement(r);
GeometryObject geo=elm.GetGeometryObjectFromReference(r);
GraphicsStyle gs=doc.GetElement(geo.GraphicsStyleId) as GraphicsStyle;
TaskDialog.Show("info", gs.GraphicsStyleCategory.Name);
```

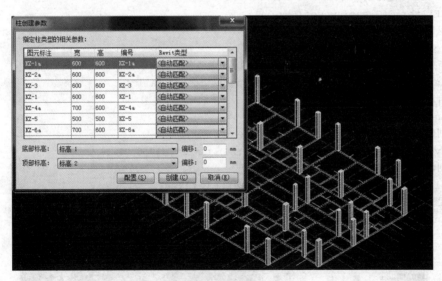

图 8-7　图纸创建柱

下面是创建梁的关键代码：

```
Transaction trans=new Transaction(doc,"CreateBeam");
trans.Start();
Line line=Line.CreateBound(new XYZ(),new XYZ(10,0,0));
FamilyInstance fins = doc. Create. NewFamilyInstance ( line, beamSymbol, lvl,
StructuralType.Beam);
trans.Commit();
```

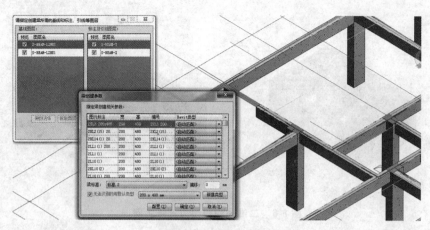

图 8-8　图纸创建梁

下面是创建墙体的关键代码：

```
//新建一个 Element 过滤器
FilteredElementCollector lvlFilter=new FilteredElementCollector(doc);
//用 class 过滤到 Document 中的标高(即 level)
lvlFilter.OfClass(typeof(Level));
//返回 Document 中的一个标高
Level lvl=lvlFilter.First() as Level;
//新建一个事务,Revit API 对 Document 的改变都必须要放在事务里
Transaction trans=new Transaction(doc, "Create Wall");
//启动事务
trans.Start();
//创建一个 Curve 作为墙的位置
Curve curve=Line.CreateBound(new XYZ(),new XYZ(10,0,0));
//创建墙
Wall wall=Wall.Create(doc, curve, lvl.Id, false);
//提交事务(只有事务提交了,改变才会起作用)
trans.Commit();
```

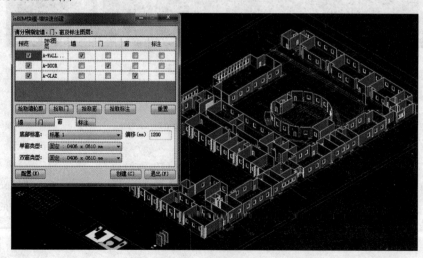

图 8-9　图纸创建墙体

在创建梁的基础上可以实现板的快速创建，以及降板处理，提高建模效率，如图 8-10 和图 8-11 所示。

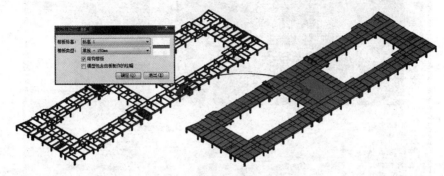

图 8-10　一键生成楼板

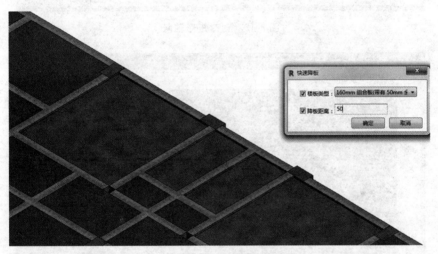

图 8-11　快速降板

（2）通用工具

基于 Revit 可以快速创建新的轴网、标高、轴网标注等，同时也可以进行 3D 局部剖切、视图关联、构件颜色、净空分析、明细表导出、属性添加、测量工具、批量操作等，如图 8-12～图 8-19 所示。

图 8-12　通用工具功能

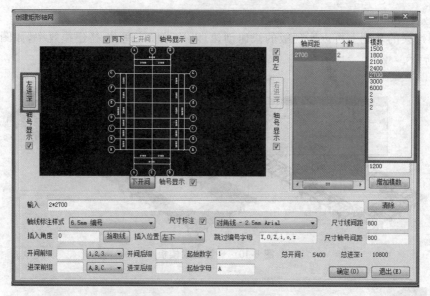

图 8-13 创建矩形轴网

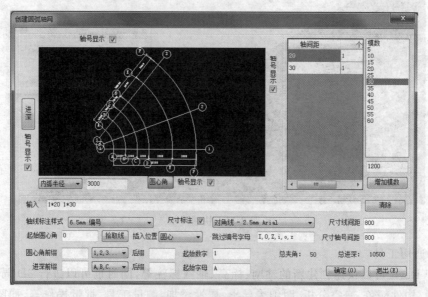

图 8-14 创建弧形轴网

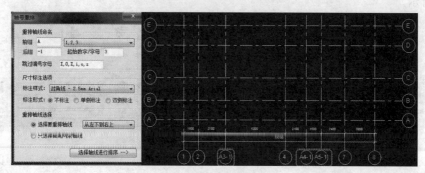

图 8-15 轴号重排

下面是实现局部 3D 视图的关键代码：

```
BoundingBoxXYZ box=elem.get_BoundingBox(null);
Transaction trans=new Transaction(doc, "剖面框");
trans.Start();
view.SetSectionBox(box);
trans.Commit();
```

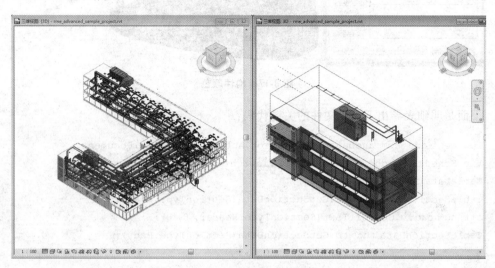

图 8-16　局部 3D 视图

下面是实现构件颜色的关键代码：

```
Document doc=commandData.Application.ActiveUIDocument.Document;
//过滤填充图案
FilteredElementCollector fillPatternFilter=new FilteredElementCollector(doc);
fillPatternFilter.OfClass(typeof(FillPatternElement));
//获取实体填充
FillPatternElement fp=fillPatternFilter.First
(m = > (mas FillPatternElement). GetFillPattern ( ). IsSolidFill) as
FillPatternElement;
Transaction trans=new Transaction(doc, "trans");
trans.Start();
View v=doc.ActiveView;
ElementId cateId=new ElementId((int)BuiltInCategory.OST_Walls);
OverrideGraphicSettings ogs=v.GetCategoryOverrides(cateId);
//设置 投影/表面 ->填充图案->填充图案
ogs.SetProjectionFillPatternId(fp.Id);
//设置 投影/表面 ->填充图案->颜色
ogs.SetProjectionFillColor(new Color(255, 0, 0));
//应用到视图
v.SetCategoryOverrides(cateId, ogs);
trans.Commit();
return Result.Succeeded;
```

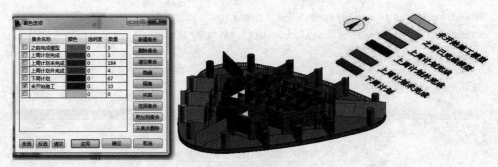

图 8-17 构件颜色

下面是明细表导出 Excel 文件的关键代码：

```
Document doc=commandData.Application.ActiveUIDocument.Document;
ViewSchedule v=doc.ActiveView as ViewSchedule;
TableData td=v.GetTableData();
TableSectionData tdb=td.GetSectionData(SectionType.Header);
string head=v.GetCellText(SectionType.Header, 0, 0);
TableSectionData tdd=td.GetSectionData(SectionType.Body);

int c=tdd.NumberOfColumns;
int r=tdd.NumberOfRows;

HSSFWorkbook work=new HSSFWorkbook();
ISheet sheet=work.CreateSheet("mysheet");
for (int i=0; i <r; i++)
{
    IRow row=sheet.CreateRow(i);
    for (int j=0; j <c; j++)
    {
        Autodesk.Revit.DB.CellType ctype=tdd.GetCellType(i, j);
        ICell cell=row.CreateCell(j);
        string str=v.GetCellText(SectionType.Body, i, j);
         cell.SetCellValue(str);
    }
}
using (FileStream fs=File.Create("d:\\excel.xls"))
{
    work.Write(fs);
    fs.Close();
}
```

家具明细表									
图像	isBIM	族	族与类型	合计	部件代码	制造商	保修期限	设计者	联系电话
		书柜1	书柜1:W1400*D393*H750mm	1	GJ-001	isBIM研发中心	2018-04-18	isBIM	4007162770
		办公桌2	办公桌2:办公桌2	1	GJ-003	isBIM研发中心	2018-04-18	isBIM	4007162770
		办公桌2	办公桌2:办公桌2	1	GJ-003	isBIM研发中心	2018-04-18	isBIM	4007162770
		办公桌2	办公桌2:办公桌2	1	GJ-003	isBIM研发中心	2018-04-18	isBIM	4007162770
		书柜1	书柜1:W1600*D393*H750mm	1	GJ-008		2018-04-18	isBIM	4007162770
		办公桌带抽屉1	办公桌带抽屉1:W1700*D533*H720	1	GJ-009	isBIM研发中心	2018-04-18	isBIM	4007162770
		单人沙发5	单人沙发5:W900*D900*H880	1	GJ-012	isBIM研发中心	2018-04-18	isBIM	4007162770

图 8-18　构件预览图

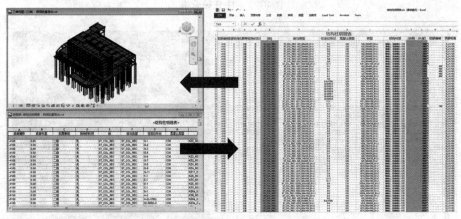

图 8-19　明细表导入导出

（3）结构模块

通过二次开发可以实现柱类型转换、柱分段、柱合并、标高分墙、梁分段、梁合并、自定义拆分、后浇带分割、墙平梁板底（顶）、梁平板底（顶）等功能，并且可以定义过梁、圈梁、构造柱布置规则，一键生成所有的过梁、圈梁、构造柱，如图 8-20～图 8-25 所示。

图 8-20　结构模块功能

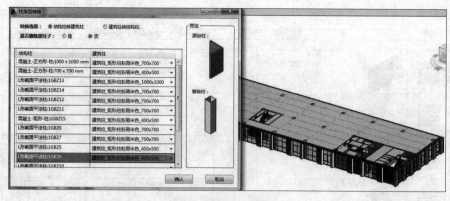

图 8-21　柱类型转换

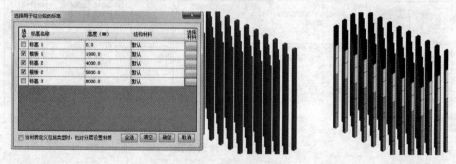

图 8-22　柱分段合并

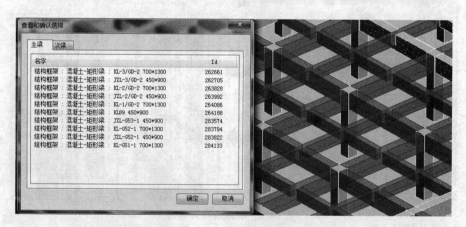

图 8-23　梁分段合并

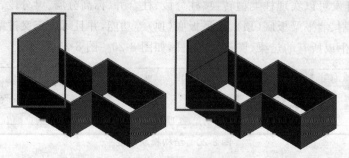

图 8-24　按标高分墙

Revit 2017 里 API 提供了直接分段的函数：

```
FamilyInstance.Split(double param);//它会返回新创建的FamilyInstance 的ID
param 是分割点在FamilyInstance 两个端点间的比例,它只能是 0~1 之间的一个数字,比如输入
0.5,就是从中间分段。
```

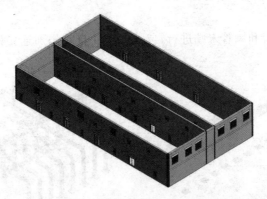

图 8-25　一键生成圈梁、过梁、构造柱

2) 机电二次开发功能应用

为了提高建立机电三维模型效率而开发的插件工具,包含创建管线连接、管线对齐、管线综合、支吊架和计算支吊架模块,如图 8-26 所示。同时也可以帮助用户简化复杂的操作过程,减少重复的工作,提供如"坡度生成"的特殊要求功能。

图 8-26　Revit 机电二次开发功能

可以根据链接的 CAD 文件,读取图层图元信息,快速创建喷淋系统。创建喷淋系统时可以在窗口中设定管道和喷淋的类型、标高等相关参数,如图 8-27 所示。

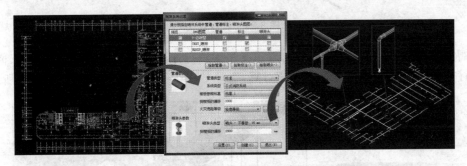

图 8-27　创建喷淋系统

下面是管道创建的关键代码：

```
Transaction tans=new Transaction(doc,"trans");
tans.Start();
FilteredElementCollector pipsystem=new FilteredElementCollector(doc);
pipsystem.OfClass(typeof(PipingSystemType));
PipingSystemType pipesystemtype=pipsystem.ToList().First() as PipingSystemType;
```

```
FilteredElementCollector pipetype=new FilteredElementCollector(doc);
pipetype.OfClass(typeof(PipeType));
PipeType type=pipetype.ToList().First() as PipeType;
Pipe tp=Pipe.Create(doc, pipesystemtype.Id, type.Id, Level.Create(doc, 5).Id,
new XYZ(), new XYZ(0, 50, 0));
tans.Commit();
```

可以将指定的风管和风管末端进行自动链接,并自动添加连接件,大大提高建模效率,如图 8-28 所示。

图 8-28　风口自动链接

可以将发生碰撞的管道自动避让,减少手动更改复杂操作,支持管道、风管、桥架的单边及多边避让,也可以进行批量避让操作,如图 8-29 所示。

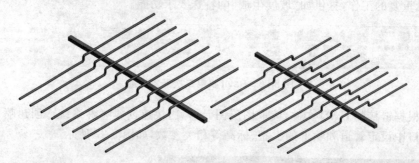

图 8-29　管线避让

智能放置修改支吊架,并且可以对管道支吊架进行计算,如管道载荷、抗弯、抗剪、横梁挠度等计算,包括单管支吊架、多管支吊架计算,查看支吊架信息等,如图 8-30 和图 8-31 所示。

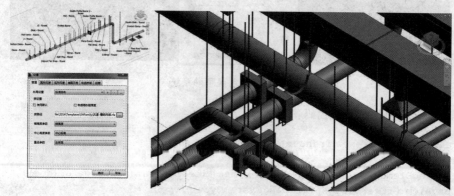

图 8-30　放置支吊架

抗弯验算(N/mm²)												
支架编号	支架横梁长度	管道荷载	n	M_x	r_x	W_{nx}	M_y	r_y	W_{ny}	亢弯强度	<	0.85f	计算型钢	选用型钢
1	1250	5488.067399	5	4459054.76	1.05	1E+05	1E+06	1.2	16300	161.6		183	16a#槽钢	16a#槽钢

抗剪验算(N/mm²)												
支架编号	支架横梁长度	管道荷载	n	V	S	I_x	$t_w=d$	亢剪强度	<	0.85f	计算型钢	选用型钢
1	1250	5488.067399	5	6634.30179	63900	9E+06	6.5	11.3		106.3	16a#槽钢	16a#槽钢

横梁挠度计算(mm)									
支架编号	支架横梁长度	管道荷载(单根)	n	E	I	f_{max}	<	L/200	计算型钢	选用型钢
1	1250	5488.067399	5	200000	9E+06	0.409		6.25	16a#槽钢	16a#槽钢

允许长细比						
支架编号	支架横梁长度	i_x			λ	<	120	计算型钢	选用型钢
1	1250	62.8			19.9		120	16a#槽钢	16a#槽钢

螺栓数量(个)					
支架编号	支架横梁长度	反收拉力或剪力	N1	数量	实际数量	计算锚栓型号
1	1250	6634.301787	###	3.10014102	4	M10

吊杆核算(单位为mm²)				
支架编号	支架横梁长度	N	f	A_n	计算吊杆型号 选用吊杆型号
1	1250	6634.301787	215	54.4539134	16a#槽钢 16a#槽钢

图 8-31　支吊架计算

3）装饰装修二次开发功能应用

根据装饰装修需求，Revit 二次开发具有以下功能：一键生房间、三维房名、墙面贴砖、墙体砌块、屋面排砖、抹灰面层、房间生楼板、吊顶地砖等，如图 8-32 所示。

图 8-32　Revit 装饰装修二次开发功能

Revit 二次开发还可以一键生成房间，自动搜索所有闭合区域，可以在任意视图下操作，快速生成所有房间，并且可以根据房间编号进行三维房间名的创建，如图 8-33 和图 8-34 所示。

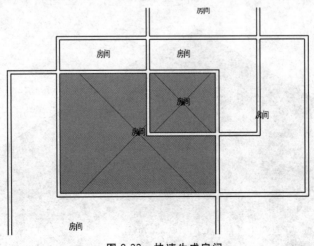

图 8-33　快速生成房间

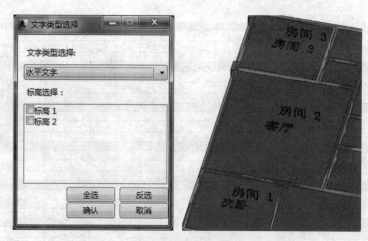

图 8-34　创建三维房间名

Revit 二次开发可以根据设计要求，设置砖的材质、类型、标高等信息，自动对墙面或屋顶进行瓷砖贴面生成，减少了常规瓷砖贴面繁琐的操作，同时也可以基于墙面创建抹灰装饰层，如图 8-35～图 8-37 所示。

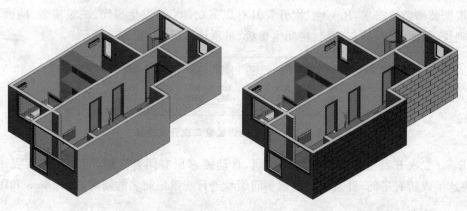

图 8-35　墙面排砖

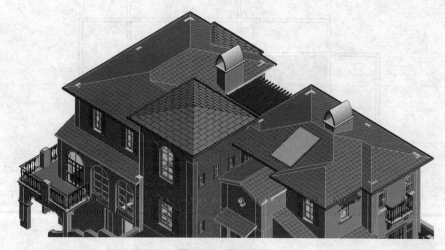

图 8-36　屋面排砖

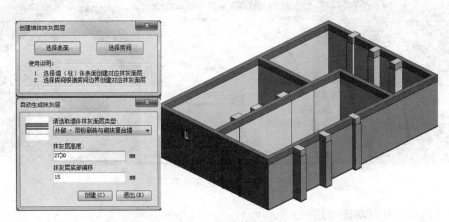

图 8-37 创建抹灰面层

可以根据设计要求,设置砌块类型、砌块材质等信息,智能将墙按砌块生成排列,减少了常规砌块墙体的繁杂操作,如图 8-38 所示。

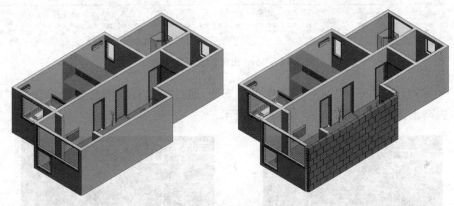

图 8-38 墙体砌块

可以根据设计要求设置地砖、吊顶材质、类型、尺寸等信息,简单快捷地为天花板生成吊顶,为楼板生成地砖,如图 8-39 和图 8-40 所示。

图 8-39 快速生成地砖

图 8-40　快速生成吊顶

4）出图二次开发功能应用

通过 BIM 出图需求，针对 Revit 二次开发可以实现轴线显隐、快速标注、立面标注、剖面标注、墙厚标注、标注连接/断开/合并、标注复位/避让、多重标高、标高更新、门窗标记、标记复位、做法标注、图纸编号等功能，如图 8-41 所示。

图 8-41　Revit 出图二次开发功能

对于出图标注，Revit 中的一些操作很是繁琐，通过二次开发实现快速标注、标注避让等功能，提高出图效率，如图 8-42～图 8-44 所示。

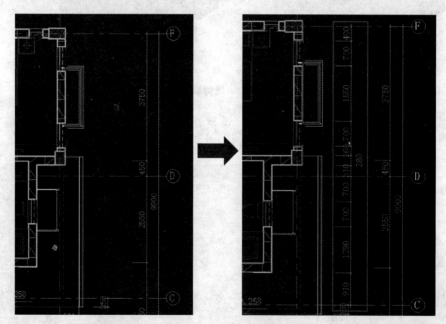

图 8-42　Revit 快速标注

根据设计要求对房间重新命名，或者是房间分类标记等，通过二次开发可以批量完成此项任务，如图 8-45 所示。

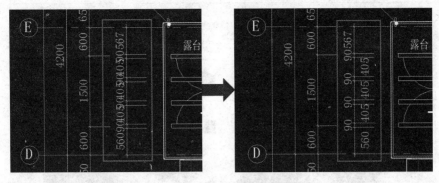

图 8-43　Revit 标注快速避让

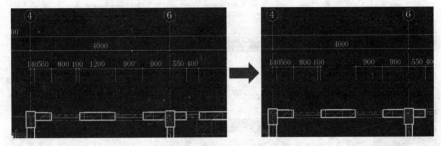

图 8-44　Revit 标注断开

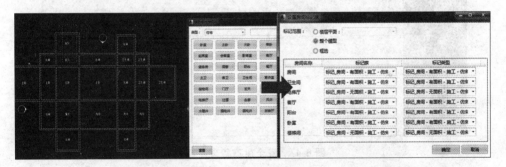

图 8-45　Revit 房间重命名

8.2.2　平台开发案例

平台开发主要的应用方向有设计协同平台、施工管理平台、运维管理平台等,包括云立方、BIMgo 等通用产品,也有很多企业开发满足自己需求的定制化管理平台,如图 8-46~图 8-48 所示。本节将以第 7 章中提到的某数字校园管理系统为例,进行软件开发的简单介绍。

1. 数字校园管理平台简介

"数字校园"发展历史可追溯到 20 世纪,国外数字化校园建设起源于 1990 年美国克莱蒙特大学教授 Kenneth Green 发起并主持的一项名为"信息化校园计划"的大型科研项目。近年来,随着信息化技术的发展,以三维虚拟技术为代表的数字校园开始出现,其结合了三维可视化技术与虚拟现实技术,再现实际地理环境的真实情况,并利用建筑信息化、虚拟化

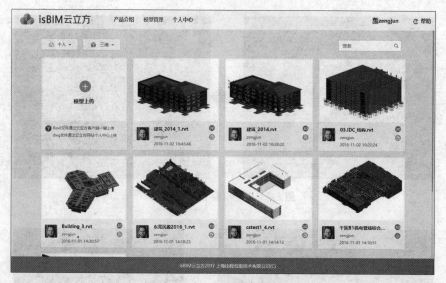

图 8-46 isBIM 云立方

图 8-47 安全生产管理平台

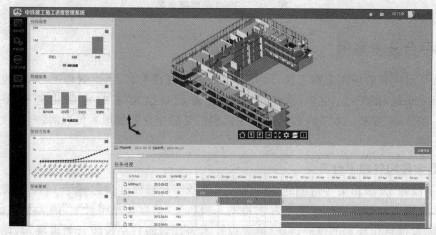

图 8-48 施工进度管理平台

和物联网等新技术来改变学校管理者、教职工、学生和校园资源相互交互的方式,将学校的教学、科研、管理与校园资源和应用系统进行整合,以提高应用交互的明确性、灵活性和响应速度,从而实现数字化服务和管理的校园模式。

2. 平台主要功能定位

1) 3D 展示系统

3D 展示系统是利用 BIM 与 GIS 平台集成的方法,同时结合云功能完成校区全景、局部、建筑内部的多角度全景展示,实现第一人称视角漫游、房间定位视角等展示功能,如图 8-49 所示。

图 8-49　3D 全景展示

2) 国有资产运维系统

国有资产运维系统主要利用 BIM 技术将现有国有资产设备数字化,并与现有国有资产管理平台进行数据交换,同时按照国有资产管理相关规定组建数据库放置于数字校园综合平台。相关人员可以根据实际需要调取相关数据,同时该数据与 BIM 模型进行有效关联,进而实现二维数据与三维资产模型的联动,即一方面可在管理平台中获取设备二维表格信息的同时,实现资产的实时定位,如图 8-50 所示。另一方面,通过浏览相关资产模型,也可同时获取与该资产有关的二维表格信息。

3) 教学管理平台

教学管理平台主要通过 BIM 的数据集成方式,将包括课表、教学设备信息、试验计划等在内的教学信息集成于校舍 BIM 模型中,师生可通过系统获取相关信息。例如,学生可通过平台在可视化条件下完成相关实验设备的认知,获取相关教学场地的基本信息。同时也将平台与现有教务管理平台进行对接,实现数据互换,进而实现教学管理的可视化和便捷化,提高管理效率,如图 8-51 所示。

3. 平台开发路线

校园管理平台主要采用 C/S 架构,总体思路是一方面完成校区场地、建筑、资产设备等 BIM 模型的创建,另一方面与现有国有资产管理平台、教务管理平台数据对接,完成建筑属性、设备属性信息的采集,并在 SQL server 数据库完成模型和相关数据的整合。其后,根据系统功能定位,利用 C♯语言对 Autodesk Navisworks 进行 API 二次开发,完成管理平台和客户端的开发,并与前期完成的 Spl Server 数据库建立关联。最后主要完成平台的测试和

图 8-50   资产定位查询

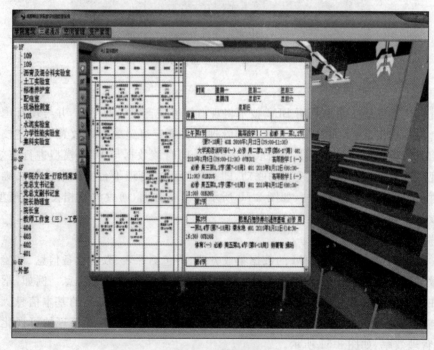

图 8-51   教学管理平台

封装工作,并最终完成服务器和客户端部署,主要开发路线如图 8-52 所示。

4. 开发工作内容

1) BIM 模型创建

校区建筑模型采用 Autodesk Revit 进行创建,考虑到管理平台初期的运行需求和服务器承载量问题,单体模型在创建过程中剔除了不必要的构件和相关参数,比如过于细小的管

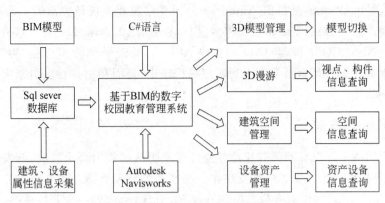

图 8-52　主要开发技术路线

线接头等,尽可能轻量化建模。同时,充分利用 Revit 族的功能,完成相关资产的建模工作,如实验设备、桌椅等,并且由于平台后期将与已有资产管理平台进行数据共享,因此在资产建模的过程中,添加了与现有资产管理平台相匹配的字段。

2) 数据库建立

项目数据库采用 Microsoft SQL Server 作为全面的数据库平台,利用数据库引擎为关系型数据和结构化数据提供更安全可靠的存储功能,同时通过使用集成的商业智能工具提供项目级的数据管理,最终实现构建和管理用于平台的高可用和高性能的数据应用程序。结合数字校园管理平台和 BIM 的开发需求,主要从以下四个方面完成数据库的建立。

(1) 数据问题

根据管理平台的要求,为了确保数据名称的唯一性,采用 BIM 模型构件的 ID 号作为数据命名的依据,同时根据 BIM 模型构件参数完成数据字段名的建立,并利用 SQL 语言建立关系唯一对应的基本表。

(2) 数据查询

管理平台需要实现相关设备设施的数据查询功能和构件定位功能,因此根据此要求,分别利用 SQL 创建了条件查询、排序查询、嵌套查询和计算查询四个功能。

(3) 数据更新

根据校园设备设施使用的特点,存在设备报废、新购、替换的问题,因此为了确保管理平台数据的实时性,需要将对应的 BIM 模型进行不定期更新,同时也就要求对数据库信息的更新。根据设备设施的更新状态,数据库主要建立了新建数据插入、已有数据删除、已有数据修改三个操作,这些操作都可在任何基本数据表中进行,但在视图上有所限制。其中,当视图是由单个基本表导出时,可进行插入和修改操作,但不能进行删除操作;当视图是从多个基本表中导出时,上述三种操作都不能进行。

(4) 数据控制

根据管理平台的访问特点,要求数据库管理平台是一个多用户系统,因此为了控制用户对数据的存取权利,保持数据的共享及完全性,利用 SQL 语言建立了数据控制功能。例如,为了确保数据的安全,防止非法使用和修改,对不同用户不同操作对象的权限进行了限定。

3) 客户端开发

通过对管理平台的需求进行分析,在调用 NavisWorks API 的基础上,通过 C♯ 完成客户端的开发。NavisWorks 是目前 Autodesk 公司在建筑业表现最突出的一款基于 BIM 的施工项目管理产品，其提供了包括模型聚合、模型查看、施工管理、数据库链接在内的主要功能，并提供了. NET，COM 和 NwCreate 三种 API。以管理平台的 3D 展示为例，主要通过将 Naviswork 提供的控件查看器嵌入到客户端程序中，进而利用其显示引擎实现管理平台中视点漫游的功能。

8.2.3　小案例开发思路

前面介绍的两个开发案例都对开发者或者开发团队的能力要求较高，开发周期相对较长，只是给读者提供一个开发方向以及现在一些产品的开发思路。本小节主要是以一个小的开发案例"基于 BIM 构件对齐检查插件开发"为引导，给读者一个开发思路，感兴趣的读者可以搜索相关资料，自行完成插件开发。

1. 开发需求

以 BIM 技术常用软件 Revit 为例，其特色功能"碰撞检查"不具备自动检查识别建筑、结构、机电图纸拼装组合模型中构件偏心错位问题的功能，BIM 模型中隐藏的此类问题仍然需要人工干预识别，工作繁琐、耗费时间，且容易漏查。

将施工图纸会审常见问题与 BIM 技术应用的优势相结合，并针对 BIM 技术使用中的上述弊端，利用目前广泛运用的 BIM 技术建模软件 Revit 提供的 API 函数，研发出能自动识别建筑、结构、机电各专业模型整合后构件不协调、错位的系统，达到快速、自动化检测的目的，使其可以显著提高图纸会审效率，从而有效避免工程返工现象。

2. 开发步骤

以墙体与梁轴线对齐功能模块开发举例：

（1）从上面筛选出的墙体中找到需要轴线对齐的墙体，排除需要边缘对齐的墙体。

（2）获得墙体的轴线坐标。

实现此功能关键代码如下：

```
LocationCurve lc=element2.Location as LocationCurve;
Curve curve=lc.Curve;
XYZ ptStart0=curve.GetEndPoint(0);    //轴线起点坐标
XYZ ptEnd0=curve.GetEndPoint(1);      //轴线终点坐标
```

（3）判断墙体方位，即平行于 X 轴还是平行于 Y 轴。

如果平行于 X 轴，设 K＝轴线的 Y 坐标；

如果平行于 Y 轴，设 K＝轴线的 X 坐标。

（4）获得墙体中部某点坐标。

由于墙体的起点和终点与画墙体的起始有关（同一面墙有可能起点和终点的坐标相反），需要分八种情况判断求得，关键代码如下：

```
ptStart0.X <ptEnd0.X && ptStart0.Y <ptEnd0.Y
ptStart0.X >ptEnd0.X && ptStart0.Y >ptEnd0.Y
ptStart0.X <ptEnd0.X && ptStart0.Y >ptEnd0.Y
ptStart0.X >ptEnd0.X && ptStart0.Y <ptEnd0.Y
```

```
ptStart0.X==ptEnd0.X && ptStart0.Y <ptEnd0.Y
ptStart0.X==ptEnd0.X && ptStart0.Y >ptEnd0.Y
ptStart0.X <ptEnd0.X && ptStart0.Y==ptEnd0.Y
ptStart0.X >ptEnd0.X && ptStart0.Y==ptEnd0.Y
```

（5）通过获得的墙体中部某点坐标在墙体底面虚拟一个矩形体。

关键代码如下：

```
Solid solid=GeometryCreationUtilities.CreateExtrusionGeometry(loops, vector,
0.0008);
```

（6）用获得的矩形体和 API 函数寻找墙体下部的梁。

关键代码如下：

```
FilteredElementCollector collector1=new FilteredElementCollector(document);
ElementIntersectsSolidFilter  solidFilter = new  ElementIntersectsSolidFilter
(solid);
collector1.WherePasses(solidFilter);
```

（7）获得梁的轴线坐标，同时判断其方位（同墙体）。

如果平行于 X 轴，设 K1＝轴线的 Y 坐标；

如果平行于 Y 轴，设 K1＝轴线的 X 坐标。

（8）判断墙体与梁是否轴线对齐。

如果 K＝K1，则对齐；否则，不对齐。

3. 开发结果

基于 BIM 构件的对齐检查插件开发结果如图 8-53～图 8-55 所示。

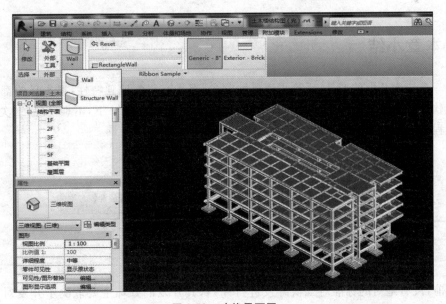

图 8-53 功能界面图

图 8-54　管道偏心检查

图 8-55　墙梁轴线偏移

8.3　本章小结

　　每一个二次开发的产品,无论采用哪种方式,都具有很强地独特性,根本目的都在于提供现有软件的使用便利性或增加现有软件的功能性。简单归纳一下,不难发现,二次开发的基本流程一般都如图 8-56 所示。

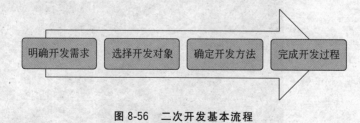

图 8-56　二次开发基本流程

　　目前,没有绝对的标准对二次开发进行评判,其开发的好坏主要取决于开发对象的选择、开发方式的选择、源代码的取得等。以增强浏览功能的二次开发为例,BIM 现有软件中可以选择的对象就有 Navisworks 等,但是相关软件开发代码的取得方式就有一定区别,也就直接决定了开发后客户端安装的软件环境。

可见,基于 BIM 的二次开发是一个相对比较系统的工作,对开发人员的专业知识要求既广又深,其涉及的内容也方方面面,因此结合本书的定位,本章只是对于二次开发进行了一次概括性的介绍,让读者对于二次开发有一个基本的认识。

习题

1. 基于 BIM 二次开发的作用与价值是什么?
2. Revit 二次开发流程一般是什么?
3. 比较常用的二次开发有哪些?

第9章

BIM 与建筑工业化

通过前面几章的学习,可以知道 BIM 在不同阶段的应用都发挥了巨大的作用,提高了设计、施工、运维的实施管理效率,降低成本。但是前文所述的全过程 BIM 应用环境仍然是传统的建造模式,虽然 BIM 改变了部分设计、施工、运维的过程,但是并没有改变建造过程的本质。

我国推行的建筑工业化改变了传统的建造模式,在这种集成化设计、工业化生产、装配化施工、一体化装修的现代化建造方式下,BIM 是否仍然会有价值? 或者说 BIM 可否与建筑工业化进行一次完美的融合? 答案是肯定的,通过本章的学习,我们可以了解到 BIM 与建筑工业化的完美结合,及其重大作用与价值。

9.1 建筑工业化概述

9.1.1 建筑工业化的概念

建筑工业化是随西方工业革命出现的概念,工业革命让造船、汽车生产效率大幅提升,随着欧洲兴起的新建筑运动,实行工厂预制、现场机械装配,逐步形成了建筑工业化最初的理论雏形。"二战"后,西方国家亟须解决大量的住房,而在劳动力严重缺乏的情况下,为推行建筑工业化提供了实践的基础,因其工作效率高而在欧美国家风靡一时。1974 年,联合国出版的《政府逐步实现建筑工业化的政策和措施指引》中定义了"建筑工业化":按照大工业生产方式改造建筑业,使之逐步从手工业生产转向社会化大生产的过程。不同的国家由于生产力、经济水平、劳动力素质等条件的不同,对建筑工业化概念的理解也有所不同,如表 9-1 所示。

表 9-1　不同国家对建筑工业化的理解

国家	对建筑工业化的理解
美国	主体结构构件通用化,制品和设备的社会化生产和商品化供应,把规划、设计、制作、施工、资金管理等方面综合成一体
法国	构件生产机械化和施工安装机械化,施工计划明确化和建筑程序合理化,进行高效组织
英国	使用新材料和新的施工技术,工厂预制大型构件,提高施工机械化程度,同时还要求改进管理技术和施工组织,在设计中考虑制作和施工的要求
日本	在建筑体系和部品体系成套化、通用化和标准化的基础上,采用社会大生产的方法实现建筑的大规模生产

从表 9-1 可以发现,虽然各个国家对于建筑工业化的定义侧重点不同,但是基本上都包含了标准化设计、工厂化生产、机械化施工和科学化管理等特点,并逐步采用现代化科学技术的新成果,以提高劳动生产率、加快建设速度、降低工程成本、提高工程质量。目前建筑工业化体系主要有大板建筑、框架轻板建筑、大模板建筑等。

1. 大板建筑

大板建筑是指使用大型墙板、大型楼板和大型屋面板等建成的建筑,其特点是除基础以外,地上的全部构件均为预制构件,通过装配整体式节点连接而成,如图 9-1 所示。

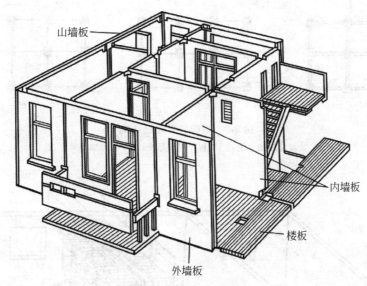

山墙板　　内墙板　　楼板　　外墙板

图 9-1　装配式大板建筑

2. 框架轻板建筑

框架轻板建筑是以柱、梁、板组成的框架承重结构,以轻型墙板为围护与分割构件的新型建筑形式。其特点是承重结构与围护结构分工明确,空间分割灵活、整体性好,特别适用于具有较大建筑空间的多层、高层建筑和大型公共建筑,如图 9-2 所示。

3. 大模板建筑

大模板建筑是指其内墙采用工具式大型模板现场浇注的钢筋混凝土墙板,外墙可以采用预制钢筋混凝土墙板、现砌砖墙或现场浇注钢筋混凝土墙板。其特点是整体性好、刚度大、劳动强度小、施工速度快、不需要大型预制厂、施工设备投资少,但现场浇注工程量大,施工组织较复杂,如图 9-3 所示。

9.1.2　建筑工业化的特点

1. 建筑设计的标准化与体系化

建筑设计标准化,是将建筑构建的类型、规格、质量、材料、尺度等规定统一标准,将其中建造量大、使用面积广、共性多、通用性强的建筑构配件及零部件、设备装置或建筑单元,经过综合研究编制成配套的标准设计图,进而汇编成建筑设计标准图集。标准化设计的基础是采用统一的建筑模数,减少建筑构配件的类型和规格,提高通用性。目前国家及各省出台

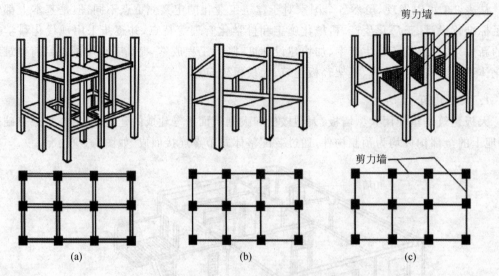

图 9-2　框架轻板建筑结构

（a）梁板柱框架系统；（b）板柱框架系统；（c）剪力墙框架系统

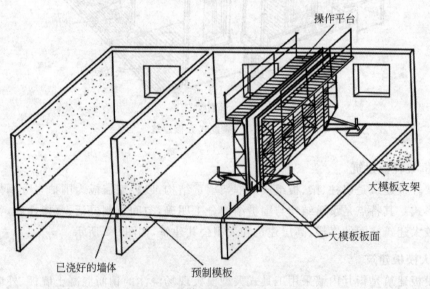

图 9-3　大模板建筑施工示意图

了多部装配式建筑涉及的规范、标准、规程和图集,如表 9-2～表 9-6 所示,对国家、行业以及部分省市的规范、标准进行统计。

表 9-2　国家规范、标准、图集

类型	名称	编号	适用阶段	发布时间
图集	装配式混凝土结构住宅建筑设计示例(剪力墙结构)	15J939-1	设计、生产	2015 年 2 月
图集	装配式混凝土结构表示方法及示例(剪力墙结构)	15G107-1	设计、生产	2015 年 2 月

续表

类型	名称	编号	适用阶段	发布时间
图集	预制混凝土剪力墙外墙板	15G365-1	设计、生产	2015 年 2 月
图集	预制混凝土剪力墙内墙板	15G365-2	设计、生产	2015 年 2 月
图集	桁架钢筋混凝土叠合板（60mm 厚底板）	15G366-1	设计、生产	2015 年 2 月
图集	预制钢筋混凝土板式楼梯	15G367-1	设计、生产	2015 年 2 月
图集	装配式混凝土结构连接节点构造（楼盖结构和楼梯）	15G310-1	设计、施工、验收	2015 年 2 月
图集	装配式混凝土结构连接节点构造（剪力墙结构）	15G310-2	设计、施工、验收	2015 年 2 月
图集	预制钢筋混凝土阳台板、空调板及女儿墙	15G368-1	设计、生产	2015 年 2 月
验收规范	混凝土结构工程施工质量验收规范	GB 50204—2015	施工、验收	2014 年 12 月
验收规范	混凝土结构工程施工规范	GB 50666—2011	生产、施工、验收	2010 年 10 月
评价标准	工业化建筑评价标准	GB/T 51129—2015	设计、生产、施工	2015 年 8 月

表 9-3　行业规范

类型	名称	编号	适用阶段	发布时间
技术规程	钢筋机械连接技术规程	JGJ 107—2016	生产、施工、验收	2016 年 2 月
技术规程	钢筋套筒灌浆连接应用技术规程	JGJ 355—2015	生产、施工、验收	2015 年 1 月
设计规程	装配式混凝土结构技术规程	JGJ 1—2014	设计、施工、验收	2014 年 2 月

表 9-4　北京市标准、规范

类型	名称	编号	适用阶段	发布时间
设计规程	装配式剪力墙住宅建筑设计规程	DB11/T 970—2013	设计	2013 年
设计规程	装配式剪力墙住宅结构设计规程	DB11/ 1003—2013	设计	2013 年
标准	预制混凝土构件质量检验标准	DB11/T 968—2013	设计、施工、验收	2013 年
验收规程	装配式混凝土结构工程施工与质量验收规程	DB11T/ 1030—2013	设计、施工、验收	2013 年

表 9-5　上海市标准、规范

类型	名称	编号	适用阶段	发布时间
设计规程	装配整体式混凝土公共建筑设计规程	DGJ08-2154—2014	设计、生产	2014 年

续表

类型	名称	编号	适用阶段	发布时间
图集	装配整体式混凝土构件图集	DBJT08-121—2016	设计、生产、施工	2016 年 5 月
图集	装配整体式混凝土住宅构造节点图集	DBJT08-116—2013	设计、生产、施工	2016 年 2 月
评价标准	工业化住宅建筑评价标准	DG/TJ08-2198—2016	设计、生产、施工	2016 年 5 月

表 9-6 江苏省规范、标准、图集

类型	名称	编号	适用阶段	发布时间
技术规程	装配整体式混凝土剪力墙结构技术规程	DGJ32/T J125—2016	设计、生产、施工、验收	2016 年 6 月
技术规程	施工现场装配式轻钢结构活动板房技术规程	DGJ32/J 54—2016	设计、生产、施工、验收	2016 年 4 月
技术规程	预制预应力混凝土装配整体式结构技术规程	DGJ32/T J199—2016	设计、生产、施工、验收	2016 年 3 月
技术导则	江苏省工业化建筑技术导则（装配整体式混凝土建筑）	无	设计、生产、施工、验收	2015 年 12 月
图集	预制装配式住宅楼梯设计图集	G26—2015	设计、生产	2015 年 10 月
技术规程	预制混凝土装配整体式框架（润泰体系）技术规程	JG/T 034—2009	设计、生产、施工、验收	2009 年 11 月
技术规程	预制预应力混凝土装配整体式框架（世构体系）技术规程	JG/T 006—2005	设计、生产、施工、验收	2009 年 9 月

建筑设计体系化是根据各地区的自然特点、材料供应和设计标准的不同要求,设计出多样化和系列化的定型构件与节点设计。建筑师在此基础上灵活选择不同的定型产品,组合出多样化的建筑体系。随着科学技术的进步,信息化被广泛地运用到工程设计中,尤其是BIM 技术的应用,强大的信息共享、协同工作能力更有利于建立标准化的单元,实现工程项目运作工程中的高效、重复使用。

2. 建筑构配件生产的工厂化

工厂化生产是实现建筑工业化的主要环节,不仅仅是建筑构配件生产的工厂化,主体结构的工厂化才是最根本的关键。构配件的工厂化生产不仅解决了传统施工方式中主体结构施工精度不高、质量难以保证的问题,并在施工现场实现了绿色环保施工,减少了材料的浪费和对环境的破坏,最终,推动了建筑工业化的发展,如图 9-4 所示。

3. 建筑施工的装配化和机械化

建筑设计的标准化、构配件生产的工厂化和产品的商品化,使建筑机械设备和专用设备得以充分开发应用。专业性强、技术性高的工程(如桩基、钢结构、张拉膜结构、预应力混凝土等项目)可由具有专用设备和技术的施工队伍承担,使建筑生产进一步走向专业化和社会化。

建筑施工的装配化和机械化具体包括:采用预制装配式结构,构配件生产完成后运到

图 9-4　预制混凝土工厂

施工现场进行组装,在社会化大生产的今天,运用专业化、商品化的构配件生产方式,把工厂预制生产和现场工具式钢模板现浇结合起来,在生产和施工过程中充分利用机械化、半机械化工具和改良的技术,不断提高工业化住宅的机械化水平,有步骤地提高预制装配程度,如图 9-5 和图 9-6 所示。

图 9-5　吊装钢筋混凝土大板

图 9-6　混凝土大板安装

4. 结构一体化、管理集成化

在进行预制构件设计、生产时,预制构件中即包含各种主材以及外部装修材料,利用主体结构的一体化与装配施工一体化来完成。BIM 技术的广泛应用更有利于建筑的标准化、工业化和集约化发展,项目参与各方利用参数化信息模型进行协同作业,使得项目建设中参与人员在建造的不同阶段实现资料共享,改变传统建筑业中不同专业、不同行业间的不协调以及项目建造流程中信息传输不畅、部品设计与建造技术不融合的问题,为工程建设的精细化、高效率、高质量提供了有力保障。

9.1.3 建筑工业化的发展

1. 美国建筑工业化的发展

美国发展建筑工业化的道路与其他国家不同,美国物质技术基础较好,商品经济发达,且未出现过欧洲国家在第二次世界大战后曾经遇到的房荒问题,因此美国并不太提倡"建筑工业化",但它们的建筑业仍然是沿着建筑工业化道路发展的,而且已达到较高水平。这不仅反映在主体结构构件的通用化上,特别反映在各类制品和设备的社会化生产和商品化供应上。除工厂生产的活动房屋(mobile home)和成套供应的木框架结构的预制构配件外,其他混凝土构件与制品、轻质板材、室内外装修以及设备等产品十分丰富,达数万种,用户可以通过产品目录,从市场上自由买到所需产品。

20 世纪 70 年代,美国有混凝土制品厂 3000～4000 家,所提供的通用梁、柱、板、桩等预制构件共八大类五十余种产品,其中应用最广的是单 T 板、双 T 板、空心板和槽形板。这些构件的特点是结构性能好、用途多,有很大通用性,也易于机械化生产。美国建筑砌块制造业为了竞争、扩大销路,立足于砌块品种的多样化,全国共有不同规格尺寸的砌块2000 多种,在建造建筑物时可不需砖或填充其他材料。美国建筑工业化的发展如图 9-7所示。

1950年
在汽车房屋的基础上开始了以居住为主要目的的可移动房屋的开发。旅行拖车是美国工业化住宅的雏形。

1970年
美国国会通过了国家工业化住宅建造及安全法案,同年开始由HUD负责出台一系列严格的行业规范标准。除了注重质量更加注重提升美观、舒适性及个性化。这说明,美国的工业化住宅进入了从追求数量到追求质量的阶段性转变。

至今
据美国工业化住宅协会2001年度估计,2200万的美国人居住在1000多万套工业化住宅里。工业化住宅占现有住宅总量的7%。2007年,每16个人中就有1个人居住的是工业化住宅。全美国7%的工业化住宅建造在私有房主的土地上。住宅类型选择了木结构和钢结构(图9-8)。

图 9-7　美国建筑工业化发展

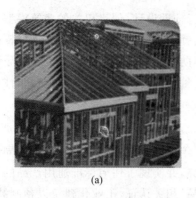

(a)　　　　　　　　　　　　　　(b)

图 9-8　住宅结构
（a）木结构；（b）钢结构

2. 法国建筑工业化的发展

法国是欧洲建筑工业化开始比较早的国家之一,不仅发明了工业化全装配式大板的模板现浇工艺,还研发出了"结构—施工"建筑工业化体系。在这种体系之下,预制构件生产厂商可以通过构件二维图纸进行构件的加工生产,并可对构件模板进行不断修改调整,以满足预制构件的多样性。在满足多样性的同时,也建立了一套标准的模数体系,用于指导预制构件的标准化生产以及工业化项目的设计建造。除对建筑工业化的体系、标准的研究,法国政府也建立了很多试点项目,以对研究的体系、标准进行实证应用。随着标准化通用体系的不断完善,法国逐步实现了对建筑工业化发展的过渡,其预制混凝土结构体系应用也开始趋向成熟。

在法国建筑工业化体系中,主要还是预制混凝土构造体系,钢结构、木结构构造体系为次。利用框架或者板柱体系,通过结构构件与设备、装修工程等技术的提高,减少了预埋件,实现了焊接、螺栓连接等工法的推广,并逐步向大跨度结构发展,实现了生产和施工质量的提高。与此同时,法国政府为了解决建筑工程项目的节能减排、环境保护等问题,颁布实施了相关激励政策以资助和引导建筑工程项目进一步朝绿色、环保方向发展。

法国的建筑工业化体系经过了近三十年的发展,逐步实现了建筑工业化体系的升级,通过工业化方式进行建造的建筑类型不仅包括住宅建筑,还有学校、办公楼以及体育馆等较为大型复杂的公共建筑类型。

3. 德国建筑工业化的发展

在二次世界大战的历史背景下,德国很多地区的房屋建筑被毁坏,加上战后人口的急剧增长,人民的住房成为一个亟待解决的问题。因此,德国通过工业化的建造方式加快了住宅建筑的大规模重建,满足了战后重建的要求并对建筑工业化起到了极大的促进作用。

到现阶段,德国在建筑工业化方面的相关技术已经变得成熟,所有的建筑部品以及装饰材料都可以在工厂里进行设计生产,然后针对不同类型的预制构件(预制外墙、预制楼板、预制楼梯等)进行分类和标记,采用全装配式施工方式,现场安装需要时便将有关构件运至现场,采用吊车或塔吊的方式进行吊装、就位和固定,提高了建设速度,缩短了工期。预制外墙采用保温隔热材料,并采用相应的装饰措施,实现了结构与装饰的一体化。屋内承重、非承重墙板,通过预留插座和管线洞口,为机电安装提供了基础。

至今德国的建筑工业化体系利用计算机进行辅助设计,创建相关的建筑模型,利用模型去分析建筑材料的相关物理特性,然后由此来选择符合设计要求的建筑材料、装饰材料,并对接缝处理处采用抗老化、抗折性能较高的液体防水材料,并且利用节能减排等环保技术,提高了预制构件的性能品质,从而在保证建筑质量的同时提升了建筑的可持续性,为用户提供了更好的使用环境。

4. 日本建筑工业化的发展

日本由于国内多发地震,所以在 20 世纪 70 年代提高工业化建筑使用量的同时,对增强建筑的抗震能力等方面也进行了深入的技术研究,并实现了住宅标准通用产品的生产体系。其中有近 1418 类部件已经取得了"优良住宅部品"相关认证,工业化建筑以预制装配式住宅为主要形式。而且,制定了一系列的政策及措施,建立专门的研发机构,建立了住宅的部品标准化固定体系,从不同角度引导并促进建筑工业化发展。在推进规模化和产业化结构调整进程中,住宅产业经历了从标准化、多样化、工业化到集约化、信息化的不断演变和完善过程,如图 9-9 所示。

1955—1965年:开发期

二层建筑壁式PCA住宅。在高度经济成长期中层壁式PCA住宅(五层以下)大量建设。另外民营建筑业者也开发了中层壁式PCA住宅。

1965—1975年:鼎盛期

住宅公团HPC工法所使用的14层高层住宅工业化工法开发。开始建筑14层的高层工业化住宅。但是,1973年的第一次石油危机以后,由于土地不足使住宅小区小型化,同时由于需求的多样化、高级化,中层壁式PCA造住宅急速减少。

1975年至今:展开期

1975年开始实施钢筋混凝土构造的PCA化,RPC施工法开发实施。壁板式工法的量产住宅向PCA构法转化,社会性的住宅不足告一段落,由量向质转变的时代开始。85%的高层集合住宅使用大量的预制构件。

图 9-9　日本建筑工业化发展

5. 加拿大建筑工业化的发展

加拿大建筑工业化与美国发展相似,从 20 世纪 20 年代开始探索预制混凝土的开发和应用,到六七十年代该技术得到大面积普遍应用。目前装配式建筑在居住建筑,学校、医院、办公等公共建筑,停车库、单层工业厂房等建筑中得到广泛的应用。在工程实践中,由于大量应用大型预应力预制混凝土构建技术,使装配式建筑更充分发挥其优越性。类似美国,构件通用性较高。大城市多为装配式混凝土和钢结构,小镇多为钢或钢—木结构。

6. 新加坡建筑工业化的发展

新加坡是世界上公认的住宅问题解决较好的国家,其住宅多采用建筑工业化技术加以建造,其中,住宅政策及装配式住宅发展理念是促使其工业化建造方式得到广泛推广的原因。

新加坡开发出了 15～30 层的单元化装配式住宅，占全国总住宅数量的 80％以上。通过平面的布局、部件尺寸和安装节点的重复性实现了以设计为核心的、施工过程工业化的配套融合，能确保建筑装配率达到 70％。

在新加坡，80％的住宅由政府建造。装配式施工技术被广泛用于组屋建设，此类项目大部分为塔式或板式混凝土多高层建筑，其装配率达到 70％，如图 9-10 所示。

图 9-10　组屋吊装

7. 中国建筑工业化的发展

中国建筑工业化起步较晚，直到二十世纪五六十年代，预制构件才开始应用。从市场占有率来说，中国装配式建筑市场尚处于初级阶段，全国各地基本上集中在住宅工业化领域，尤其是保障性住房这一狭小地带，前期投入较大，生产规模很小，且短期之内还无法和传统现浇结构市场竞争。但随着国家和行业陆续出台相关发展目标和方针政策，面对全国各地向建筑产业现代化发展转型升级的迫切需求，中国各地 20 多个省市陆续出台扶持相关建筑产业发展政策，推进产业化基地和试点示范工程建设。相信随着技术的提高，管理水平的进步，装配式建筑将有广阔的市场与空间。以产业化住宅发展为例，主要经历了这样的几个阶段，如图 9-11 所示。

总之，在目前经济发展趋缓和产业结构调整的大背景下，立足中国社会老龄化和产业工人不断减少的现实情况，建筑工业化是确保建筑产品质量、优化结构、提高效率、改善劳动条件、减少环境污染的唯一出路。

9.1.4　建筑工业化之产业化住宅

建筑工业化是住宅产业化的核心。住宅产业化的概念，是在 20 世纪 60 年代末由日本最早提出的。所谓住宅产业化是指住宅生产的工业化和现代化，通俗的理解为以"搭积木"的方式建造房子，像生产汽车一样生产房子，以提高住宅生产的劳动生产率，提高住宅的整体质量，降低成本，降低物耗。为此联合国经济委员会对住宅产业化提出 6 条标准：生产的连续性、生产物的标准化、生产过程的集成化、工程建设管理的规范化、生产的机械化、生产组织的一体化，如图 9-14 所示。

1994年	• 住宅科研设计领域率先提出了"中国住宅产业化"的概念，开启了住宅产业化的中国之路。
1998年	• 建设部专门成立了住宅产业化办公室，后改为建设部住宅产业促进中心，开始国家住宅产业化的顶层设计。
1999年	• 1999年国务院转发了建设部等八部委《关于推进住宅产业现代化提高住宅质量若干意见的通知》； • 1999年底建设部制定了《商品住宅性能认定管理办法》，提出了商品住宅性能评定的方法的内容； • 第一届住宅产业交易会在深圳举行。
2000年	• 2000年11月，住宅产业集团联盟启动。有三十多家国家知名企业加盟，住宅产业集团联盟动作的第一步——集团采购已经开始实施，并取得一定成效。
2006年	• 2006年6月正式批准建立"国家住宅产业化基础"； • 目前全国已批准建立了30多个不同类型的国家住宅产业化基地，通过国家住宅产业化基地的实施，进一步总结经验，以点带面，全面推进住宅产业现代化。
2007年	• 建设部批准同意万科为"国家住宅产业化基地"，并授予万科为企业联盟型"国家住宅产业化基地"，如图9-12所示。
2008年	• 2008年10月，北京万科假日风景B3、B4工业化楼开始构件吊装，成为北京地区第一批利用工业化技术建造并向市场销售的工业化商品住宅楼。
2010年	• 2010年3月，8层高的上海世博会远大企业馆一天建成，如图9-13所示。

图 9-11　中国住宅产业化发展流程图

■ 现状：东莞万科住宅产业化基地首期项目于2006年1月起开始建设，目前产业化基地的各项实体实验楼工程已建成并投入使用

■ 构成：由实验区、生产研究区、设备实验区、景观研究区、展示接待中心、内装研究区、辅助功能区等主要部分构成

■ 目标：基地正努力成为国际领先的绿色生态基地，并力争实现集合零碳、零能耗、零污水排放、零垃圾排放的最高生态目标

图 9-12　万科住宅产业化基地

图 9-13　中国上海世博会远大馆

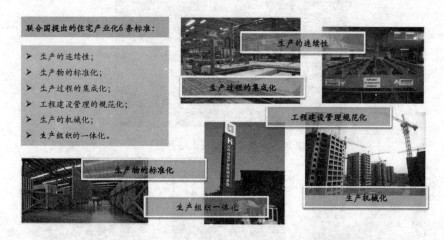

图 9-14　住宅产业化的标准

以日本积水化学工业株式会社为例,该株式会社住宅事业部拥有目前日本最先进的住宅工厂和研究机构。该企业设在埼玉县的一座住宅工厂平均每 48min 就可制造出一栋 2～3 层的独户式住宅,然后运往现场吊装。一天之内,一座外观漂亮且设施完善的楼房就在原地建成了。这种工业化组装式住宅采用钢骨架或木骨架,配以复合墙体和楼板,在生产线上组装成盒子结构,如图 9-15 和图 9-16 所示。门窗、楼梯间、卫生间壁橱以及成套厨房设备均同时安装在盒子结构内,如图 9-17 所示,连坡屋顶也是在工厂里制作好的,如图 9-18 所示,因此大大减少了现场工作量。积水住宅工厂的自动化程度很高,下料、切割、拼装、焊接等工序都是在生产线上自动完成的,而喷刷涂料等工序则由工业机器人负责操作,所以车间里需要的工人并不多。

9.1.5　建筑工业化与传统建筑建造方式的区别

由于我国地少人多、资源匮乏,加之人们对建筑的性能、质量、环境、材料等方面提出更高的要求,粗犷型的建筑建设生产方式已不适应新的历史条件下建筑建设的要求。建筑工

图 9-15　室内制造模块化住宅

图 9-16　盒子结构制作与吊装

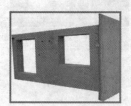

预制外墙板

预制内墙板

预制阳台

预制窗户

预制楼梯

预制叠合板

预制复合保温板

预制框架结构体系

图 9-17　产业化住宅预制构件

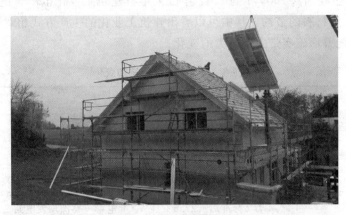

图 9-18　坡屋顶吊装

业化的实质是通过科学技术的进步和推广应用,加速对传统建筑业的改造,全面提高建筑建设的质量,两者的区别如表 9-7 所示。

表 9-7　建筑工业化与传统建筑方式对比表

类　别	传统建筑建造方式	建筑工业化建造方式
品质	一般	高
	传统方式对于工艺质量的管控较难,人工素质不一,手工作业品质监控难度高,容易出现渗水、开裂、空鼓等质量通病	工业化方式的材质与 PC 结构在防水、防火、隔声、抗渗、抗震、防裂方面能做到更好,确保产品出厂品质
工期	中等	快
	较成熟的施工队可以达到一次结构工程 5 天一层,但还需要做砌砖、抹灰等二次结构施工	大部分构件部品在工厂流水线完成,不受天气影响,施工进度 5 天一层,水电安装与整体装修同步,进度大大提前。整体交付时间一般比传统方式快 30%～50%
成本	中等	较低
	规划设计反复,材料选型采购不一,项目成本测算差距大,目标成本难以准确制定;施工过程设计变化多,签证过多,过程成本控制难度大	标准产品,统一设计,统一采购,达 10 万 m² 的建筑体量后,价格基本与传统方式持平
节能环保	差	优
	浪费资源,材料耗费量大,扬尘起灰,建筑垃圾多、噪声大、污水多、安全事故多发	工地干净整洁,节水 80%,节能 70%,节材 20%,节地 20%,安全事故基本没有
社会效益	差	优
	建筑时往往从农村吸引大量劳动力,但是一旦工程完工后,这些人员的安置就成了一个令人头疼的问题,由此带来的社会问题不少	在工厂预先制作构件,材料的分批运输次数就会明显降低,有助于缓解城市道路的压力,减轻交通拥挤,也有利于减少空气污染和社会的不满

表 9-8 展示了我国从 2009 年到 2012 年以来推行建筑工业化生产建造方式以后，对整个社会能源、水、原材料的节约。从中可以看出建筑工业化的生产方式相对于传统建造方式在绿色环保、节能方面确实带来了巨大的变化。

表 9-8　建筑工业化带来的变化

项　　目	2009 年	2010 年	2011 年	2012 年
全国商品房竣工面积/m²	8.5 亿	9.4 亿	10.3 亿	11.3 亿
工业化项目比例	5%	10%	15%	20%
工业化项目面积/m²	4250 万	9400 万	1.545 万	2.26 亿
节约能源	90.4 万 t 标准煤＝22.6 亿 kW·h 电量≈葛洲坝发电站 2 个月发电量			
节约用水	20340 万 m³＝19 个杭州西湖的水量			
节约混凝土损耗	142.4 万 m³＝258 栋 18 层小高层住宅混凝土用量			
节约钢材损耗	13.56 万 t＝188 栋小高层住宅用钢量＞1 个鸟巢用钢量			
节约木材损耗	90.4 万 m³＝1.18 万 hm² 森林			

9.2　BIM 在建筑工业化中的应用

9.2.1　建筑工业化与 BIM 技术

虽然建筑工业化自身具有很多优点，但它在设计、生产及施工中的要求也很高。与传统现浇混凝土建筑相比，设计要求更精细化，需要增加深化设计过程。预制构件在工厂加工生产，构件制造要求精确的加工图纸，同时构建的生产、运输计划需要密切配合施工计划来编排。住宅产业化对于施工的要求也较严格，从构件的物料管理、储存，构件的拼装顺序、时程到施工作业的流水线等均需要妥善地规划。

高要求必然带来了一定的技术困难。在建筑工业化建造生命周期中，如信息交换频繁，很容易发生沟通不良、信息重复创建等传统建筑业存在的信息化技术问题，会形成建筑工业化实施的壁垒。在这样的背景下，引入 BIM 技术对住宅产业化进行设计、施工及管理，成了自然而又必然的选择。

建筑工业化工程项目的信息管理主要由业主方、承包商以及分包商共同管理，涉及设计、制造、运输、安装以及成本、进度、质量等信息，信息量巨大、传递复杂。要使住宅产业化工程项目的信息管理高效有序，需要改变传统项目管理中对信息的处理，构建新的管理思路。

基于 BIM 技术的信息管理不仅为建筑工业化解决了信息创建、管理、传递的问题，而且 BIM 三维模型、装配模拟、采购、制造、运输、存放、安装的全过程跟踪等手段为建筑工业化建造的推广提供了技术保障。为了使各个参与方之间能协同合作，提高工作效率，这就要求各参与方都参与到基于 BIM 的管理框架中，如图 9-19 所示。

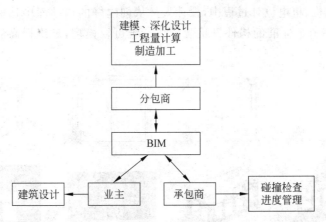

图 9-19　基于 BIM 的建筑工业化工程项目管理框架

9.2.2　BIM 在建筑工业化设计中的应用

　　建筑工业化是采用预制构件拼装而成的,在设计过程中,必须将连续的结构体拆分成独立的构件,如预制梁、预制柱、预制楼板、预制墙体等,再对拆分好的构件进行配筋,并绘制单个构件的生产图纸。与传统浇筑建筑相比,这是产业化住宅建筑增加的设计流程,也是产业化住宅建筑深化设计过程。

　　建筑工业化的深化设计是在原设计施工图的基础上,结合预制构件制造及施工工艺的特点,对设计图纸进行细化、补充和完善。传统的设计过程是基于 CAD 软件的手工深化,主要依赖深化设计人员的经验,对每个构件进行深化设计,工作量大,效率低,而且很容易出错。将 BIM 技术应用于预制构件深化设计则可以避免以上问题,因为 Revit 软件具有三维设计特点,使结构设计师可以直观地感受构件内部的配筋情况,发现配筋中存在的问题。在三维视图中,可以清晰观察预制外墙与周围构件的空间关系,从而有效避免构件碰撞、连接件位置不合理等问题,其深化设计流程如图 9-20 所示。

图 9-20　基于 BIM 的深化设计流程图

1. 参数化模块协同设计并快速建模

　　BIM 技术通常采用三维模式进行建筑、结构、设备建模,而参数化设计是 BIM 技术的核心特征之一。利用软件预设的规则体系进行模型参数化的构建,在一定方式上改变了传统的设计方式和思维观念。在进行模块化设计之前,需要对建筑方案系统进行分析,把工程项目拆分为独立、可互换的模块。根据工程项目的实际需要,有针对性地对不同功能的单元模块进行优化与组合,精确设计出各种用途的新组合。建筑工业化中的预制构件、整体卫生间、幕墙系统、门窗系统等都是 BIM 模型的元素体现,这些元素本身都是小的系统。

　　根据建筑部品的标准化、模块化设计,利用 Revit 软件创建项目所需的族,如图 9-21 所示。建立完善的构件库,例如预制外墙、预制梁、预制柱、预制楼梯、预制楼板等。在进行项目后续的建筑、结构、机电设计过程中,设计人员从创建好的构件库中选取所需要的标准构件到项目中,使一个个标准的构件搭接装配成三维可视模型,最终提高住宅产业化设计的效率。

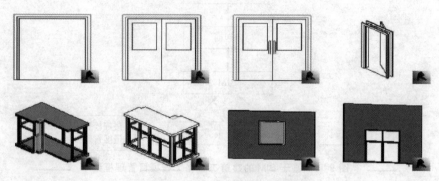

图 9-21   Revit 软件创建的族库

构件库组建完成后,随后将根据工程的实际情况对各模块进行模拟组装,如图 9-22 所示,创建建筑模型,从而得到建筑工业化的建筑模型。

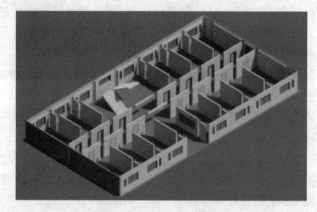

图 9-22   一层总装配图

2. 预制构件拆分

Revit 软件中的结构模型是由建筑模型导入并修改而来的,但建筑模型中的楼板外墙等构件还都是一个整块,必须将连续的结构体拆分成独立的构件,以便深化加工。

预制构件的分割,必须考虑到结构力量的传递、建筑机能的维持、生产制造的合理、运输要求、节能保温、防风防水、耐久性等问题,达到全面性考虑的合理化设计。在满足建筑功能和结构安全要求的前提下,预制构件应符合模数协调原则,优化预制构件的尺寸,实现"少规格、多组合",减少预制构件的种类,如图 9-23 所示。

3. 参数化构件配筋设计

构件拆分完毕后对所有的预制构件进行配筋。预制构件种类较多,配筋比较复杂,工作量相当大。但由于之前在建筑建模时 BIM 采用的是参数化模块设计,这就给后续的结构构件配筋带来了极大的方便和快捷。钢筋的参数化建模可以在 Revit 软件中开发自定义、可满足预制构件配筋要求的参数化配筋节点。通过 Revit 软件开放的族库建立了一系列的参数化配筋节点,并通过调整参数对构件钢筋及预埋件进行定型定位,实现对构件的参数化配筋,并将二次开发的参数化构件都保存在组件库中,供随时调用。通过参数化的方式配筋,简化了繁琐的配筋工作,保证了配筋的准确,提高了整体的效率,如图 9-24 所示。

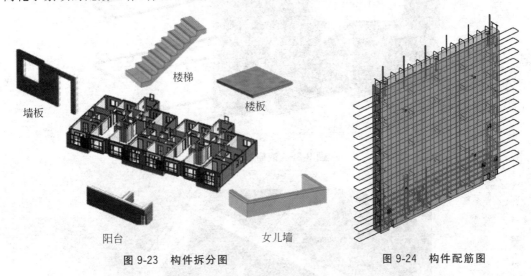

<table>
<tr><td>图 9-23　构件拆分图</td><td>图 9-24　构件配筋图</td></tr>
</table>

4. 碰撞检查

预制构件进行深化设计,其目的是为了保证每个构件到现场都能准确安装,不发生错漏碰缺。但是一栋普通的产业化住宅的预制构件往往有数千个,要保证每个预制构件在现场拼装不发生问题,靠人工校对和筛查是很难完成的,而利用 BIM 技术可以快速准确地把可能在现场发生的冲突与碰撞事先消除。

常规的碰撞检测,主要是检查构件之间的碰撞,深化设计中的碰撞检测除了发现构件之间是否存在干涉和碰撞外,主要是检测构件连接节点处的预留钢筋之间是否有冲突和碰撞,这种基于钢筋的碰撞检测,要求更高,也更加精细化,需要达到毫米级别。

在对钢筋进行碰撞检测时,为防止构件钢筋发生连锁的碰撞冲突增加修改的难度,先对所有的配筋节点作碰撞检测,即在建立参数化配筋节点时进行检查,保证配筋节点钢筋没有碰撞,然后再基于整体配筋模型进行全面检测。对于发生碰撞的连接节点,调整好钢筋后还需要再次检测,这是由于连接节点处配筋比较复杂,精度要求又高,当调整一根发生碰撞的钢筋后可能又会引起与其他节点钢筋的碰撞,需要在检测过程中不断调整,直到结果收敛为止。

对于结构模型的碰撞检测主要采用两种方式,一种是直接在 3D 模型中实时漫游,既能宏观观察整个模型,也可微观检查结构的某一构件或节点,模型可精细到钢筋级别,如图 9-25 所示,就是对装配式构件钢筋节点进行 3D 动态检查。

第二种方式是通过 BIM 软件中自带的碰撞校核管理器进行碰撞检查,碰撞检查完成后,管理器对话框会显示所有的碰撞信息,包括碰撞的位置,碰撞对象的名称、材质及截面,碰撞的数量及类型,构件的 ID 等,如图 9-26 所示。软件提供了碰撞位置精确定位的功能,设计人员可以及时调整修改,如图 9-27 所示墙体空调孔的碰撞修改。

通过 BIM 技术进行碰撞检查,将只有专业设计人员才能看懂的复杂的平面内容,转

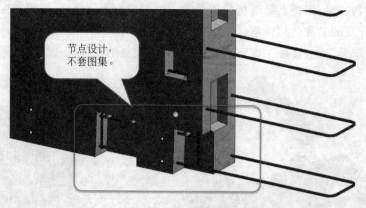

图 9-25　钢筋节点检测

图 9-26　碰撞检查

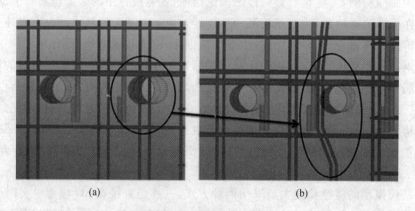

图 9-27　墙体空调孔位置图
（a）碰撞检查前；（b）修改后，钢筋避开

化为一般工程人员很容易理解的形象 3D 模型，能够方便直观地判断可能的设计错误或者内容混淆的地方。通过 BIM 模型还能够有效解决在 2D 图纸上不易发现的设计盲点，找出关键点，为只能在现场解决的碰撞问题尽早地制定解决方案，降低施工成本，提高施工效率。

5. 图纸的自动生成与工程量统计

3D 模型和 2D 图纸是两种不同形式的建筑表示方法,3D 的 BIM 模型不能直接用于预制构件的加工生产,需要将包含钢筋信息的 BIM 结构模型转换成 2D 的加工图纸。Revit 软件能够基于 BIM 模型进行智能出图,可在配筋模型中直接绘制预制构件生产所需的加工图纸,模型与图纸关联对应,BIM 模型修改后,2D 图纸也会随模型更新。

1) 图纸的自动生成

产业化住宅预制构件多,深化设计的出图量大,采用传统方法手工出图工程量相当大,而且很难避免各种错误。利用 Revit 软件的智能出图和自动更新功能,在完成了对图纸的模板定制工作后,可自动生成构件平、立、剖面图以及深化详图,整个出图过程无须人工干预,而且有别于传统 CAD 创建的 2D 图纸,Revit 软件自动生成的图纸和模型是动态链接的,一旦模型数据发生修改,与其关联的所有图纸都将自动更新。图纸能精确表达构件相关钢筋的构造布置,各种钢筋弯起的做法,钢筋的用量等,可直接用于预制构件的生产。总体上预制构件自动出图,图纸的完成率在 80%～90%。

同时,Revit 具有强大的图纸输出功能,能基于模型输出三维效果图,也能像 CAD 一样输出二维平面图、立面图及剖面图。在住宅产业化设计中,由于缺乏标准图集,目前住宅产业化设计需要对每个构件进行单独设计,工作量很大、出图量也很大。利用 Revit 软件绘制构件施工图时,软件能自动调出构件的基本信息,绘制构件施工图,大大减轻了结构设计师的工作量。设计单位利用 Revit 软件与构件厂商进行施工图纸对接,可以直观展示构件的三维模型,如图 9-28 所示。无须进行图纸打印,准确度高,如果出现问题也能够及时方便地改变构件设计情况。

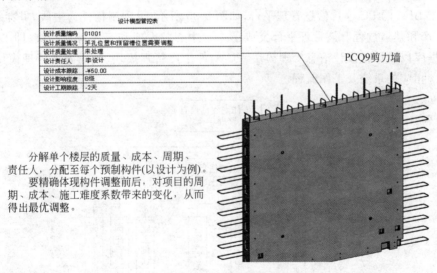

图 9-28　加工预制构件说明

2) 工程量统计

在产业化住宅中,包括预制外墙、预制内墙、预制楼梯以及钢筋混凝土叠合板,不同的构件有不同的截面、材质和型号,工程量的统计是一项工作量很大的工程。

BIM 能够辅助造价人员实现工程量统计,借助 Revit 软件自身的明细表输出功能和软件自动生成的钢筋、混凝土、门窗等明细表,能方便造价人员进行工程量统计和工程概预算。Revit 自动生成的钢筋明细表如图 9-29 所示。

钢筋材料清单明细表								
构件编号	编号	数量	钢筋等级	钢筋直径	钢筋间距	钢筋简图	钢筋单长	钢筋总重
PCQ9	1Va	26	HPB400	8	200		76432	120.636
PCQ9	1Vb	4	HPB400	12	0		12738	45.237
PCQ9	2Ha	28	HPB400	8	200		111199	175.510
PCQ9	2Hb	6	HPB400	8	200		16560	26.137
PCQ9	2Hc	2	HPB400	6	0		5520	4.901
PCQ9	2L	30	HPB400	6	600		9921	8.808
PCQ9	4Ja	6	HPB400	20	500		3840	37.880
PCQ9	4Jb	6	HPB400	20	500		3840	37.880

图 9-29　钢筋材料明细表

9.2.3　BIM 在建筑工业化建造过程中的应用

1. 基于 BIM 的预制建筑信息管理平台设计

建筑工业化项目通过深化设计后就进入建造阶段。由于预制构件种类繁多、信息复杂,为了便于在建造过程中质量管理、生产过程控制,可以基于 BIM 规划建立 PC 建筑信息管理平台。通过平台系统采集和管理工程的信息,动态掌控构件预制生产进度、仓储情况以及现场施工进度。平台既能对预制构件进行跟踪识别,又能紧密结合 BIM 模型,实现建筑构件信息管理的自动化。

基于 BIM 的 PC 建筑信息管理平台,如图 9-30 所示,以预制构件为主线,贯穿 PC 深化设计、生产和建造过程。该管理平台集成了一个中心数据库和三大管理模块,即 BIM 模型中心数据库以及深化设计信息管理模块、PC 构件生产管理模块、现场施工管理模块。三大模块包含相应的系统及工作流程。

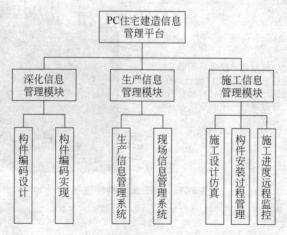

图 9-30　信息管理平台功能模块

2. 预制构件信息跟踪技术

产业化住宅建筑工程中使用的预制构件数量庞大,要想准确识别并管理每一个构件,就必须给每个构件赋予唯一的编码,制订统一的编码体系。建立的编码体系根据实际工程需要,不仅能唯一识别预制构件,而且能从编码中直接读取构件的位置等关键信息,兼顾了计算机信息管理以及人工识别的双重需要。

在深化设计阶段出图时,构件加工图纸需要通过二维码表达每个构件的编码。构件生产时由手持式读写器扫描图纸条形码就能完成构件编码的识别,这就加快了操作人员对构件信息的识别并减少错误,如图 9-31 所示。

预制件明细					
图像	预览图	构件编号	体积	合计	类型图像
▦	▯	1	1.40 m³	1	
▦	▦	2	3.09 m³	1	
▦	▮	3	1.97 m³	1	
▦	▱	4	3.19 m³	1	
▦	▮	5	2.63 m³	1	
▦	▮	6	0.56 m³	1	

图 9-31　预制件二维码明细

在构件生产阶段,将 RFID 芯片植入到构件中,并写入构件编码,就能完成对构件的唯一标记。通过 RFID 技术来实现构件跟踪管理和构件信息采集的自动化,提高工程管理效益,如图 9-32 所示。

图 9-32　使用手持机及 RFID 芯片进行构件生产管理

3. 施工动态管理

预制构件需要在施工现场进行拼装,与传统工程相比,施工工艺比较复杂,工序比较多,因此需要对施工过程进行严格把控。

Navisworks 软件能够对基于实际施工组织设计方案的动态施工进行 4D 仿真模拟。将各构件安装的时间先后顺序信息输入到 Navisworks 中,进行施工动态模拟,在虚拟环境下对项目建设进行精细化的模拟施工,如图 9-33 所示。在实际施工中,通过虚拟施工模拟,及时进行计划进度和实际的对比分析,优化现场的资源配置。

图 9-33　动画模拟安装过程

　　通过可视化的模拟,施工人员在施工前直观地了解施工工序,掌握施工细节,查找项目施工中可能存在的动态干涉,提前优化起重机位置、行驶路径以及构件吊装计划,现场施工过程更加科学有序。

9.3　建筑工业化 BIM 案例介绍

9.3.1　上海某小区住宅项目

　　上海某小区住宅项目总建筑面积 135798m²,由 7 栋高层单元住宅和 20 栋多层排屋住宅组成,如图 9-34 所示。其中 7 栋高层单元住宅采用的是 PC 技术,建筑面积达 81252m²。住宅风格简洁,尽量保持各楼层的一致性,确保更有效的工业化生产模式。这是国内首个将

图 9-34　项目鸟瞰效果图

工业化预制装配式技术大规模应用到商品住宅的项目,并且该项目在产业化住宅的设计施工过程中应用了 BIM 技术。

该高层单元住宅设计对建筑的外墙、楼梯、阳台、凸窗、空调板 5 个部位进行预制并采用了整体厨房、整体卫生间技术,如图 9-35 所示。通过 BIM 软件,将所有这些预制构件进行组合,对预制构件之间的细部连接进行分析。混凝土板则实现了工业化生产,在施工现场进行拼装,预制混凝土板在工厂加工后,现场施工时则作为现浇混凝土的模板。

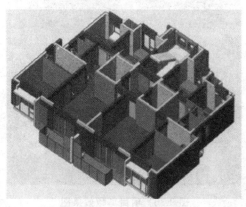

图 9-35　标准层房型图

该项目除了采用产业化住宅外,还充分利用了 BIM 技术来进行前期设计与施工指导,大大减少了施工错误产生的风险,主要体现在:

(1) BIM 技术让设计从二维平面变成三维平面,这对于在设计阶段正确表达安装施工需求极为重要。

(2) 可视化协同不但提供了项目的全局性概念,而且直接让甲方参与到设计项目中,节省了时间和社会资源。

(3) 利用 BIM 容易发现错误并且及时纠正,例如利用 BIM 的管线综合功能减少了图纸错误。

(4) 利用 BIM 进行可持续性设计,由于 BIM 实现了前期方案模型的共享,促使后期施工管理、物业管理,以及招商等一整套流程都具有了完善可供参考的方案。

9.3.2　合肥某小区项目

合肥某小区项目由 1～7 号楼以及整体地下车库和 2 栋多层商业楼组成,总建筑面积约 112000m²。该项目地上 33 层、地下 2 层为整体地下车库,18 层以下为叠合板剪力墙结构,18～33 层为装配式混凝土结构,抗震设防烈度 7 度,建筑鸟瞰图如图 9-36 所示。

本项目采用装配整体式混凝土剪力墙结构,运用了预制外墙板、预制内墙板、预制叠合楼板、预制楼梯四类预制构件,如图 9-37～图 9-39 所示。

BIM 技术在该项目中的运用主要体现在以下方面:

(1) 空间建模与三维可视化设计。本项目的连接需要用到许多复杂的连接构件,如灌浆套筒、预制锚栓。这些连接件样式复杂,规格不一,以传统的 CAD 绘图方式描述这些构件的物理信息难度较大,也会造成制造上的麻烦。Revit 建模能力强,可以处理各种复杂构

图 9-36 项目鸟瞰效果图

图 9-37 桁架叠合板

图 9-38 预制楼梯

图 9-39　预制外墙

件的建模。本项目中的连接件可以通过 Revit 公制常规模板族样板来创建,并结合工程需要设置构件尺寸、材料、标高、可见性等参数,通过类型属性和实例属性对族构件进行自定义设计。

(2) 有效减少项目的出错概率。以本工程的预制外墙为例,利用 Revit 软件,首先由设计师对构件进行建模,分别定义外墙的饰面层、保温层、结构层的实例属性,确定构件的尺寸和位置。为方便其他设计师区分外墙的不同层次,可通过过滤器功能将外墙的各层分别设置为不同颜色。由于 BIM 的三维可视化效果,可以让设计师直观感受到构件内部的配筋情况,发现配筋中存在的问题;并且可以清晰观察预制外墙与周围构件的空间关系,从而有效避免构件碰撞、连接件位置不合理等问题。

(3) 有效控制项目的成本与进度。BIM 可以真实地提供本项目造价管理需要的工程量信息,借助这些信息,计算机可以快速对各种构件进行统计分析。通过 BIM 获得的准确工程量统计可以用于前期设计过程中的成本估算,在业主预算范围内不同设计方案的探索或者不同设计方案建造成本的比较,以及施工开始前的工程量预算和施工完成后的工程量决算。

9.3.3　MEGA HOUSE 介绍

MEGA HOUSE 是由台湾科技大学与建筑研究所共同研发的开放式建筑示范屋,共 2 层,建筑面积 75m²,加上阳台是 92m²,采用轻型钢结构。它使用了可再生材料,利用电子化管理取代了人为管理,以及绿色建筑设计和自动化装配式建筑技术,以最少的资源消耗,产生最低废弃物,建造新形态的开放式建筑。

MEGA HOUSE 的建造过程充分体现了数字化与自动化。它将 BIM 技术与无线射频辨识系统 RFID 技术应用到加工制造、物流运输和施工安装流程,这个案例可以说是利用高科技对住宅产业化进行的大胆尝试。

MEGA HOUSE 总构件种类有 275 种,共计 503 件,分为四类:墙板系统、楼板系统、屋顶系统以及其他系统。MEGA HOUSE 融合了 BIM 技术和 RFID 技术,其应用内容如下:

(1) 完成规划设计阶段的构件规划和 4D 动态模拟;

(2) 生产制造阶段在结构上植入 RFID 标签;

（3）施工安装阶段将构件的组装过程、放置位置、施工顺序作为整体工序输入电脑信息系统；

（4）整合 BIM 与 RFID 技术，应用建筑安装监控系统，将项目构件信息融入到标准化作业流程，提高构件管理效率，降低人工成本；

（5）利用 BIM 建立的 3D 模型进行施工协同，减少信息传递的误差，更加精准且有效地管理工程，检测建筑构件安装冲突；

（6）建立 RFID＋4D 动态图形模拟，结合构件安装资料库，在规划设计阶段按照工程进度进行虚拟建造，以便在施工建造阶段整合图文信息，有效掌握施工流程和进度。

该项目通过 BIM 技术，将参数化信息储存到数据库中，然后通过模型的可视化功能进行碰撞检查和图形冲突检查，提高设计施工效率，并利用 RFID 技术尝试了构件的标准化设计、运输过程管理、数字化施工，最终结果是提升了效率。

9.4　本章小结

随着国家对建筑信息化技术的推动，BIM 技术在建筑中的应用将越来越广，而建筑工业化与传统建造形式相比，在节约资源、绿色环保、低成本、高精度、形式多样方面具有诸多的优势，必然会是我国建筑业未来的发展趋势之一。本章以建筑工业化为例，讲述了建筑工业化与 BIM 技术的关系，展现了 BIM 技术在建筑工业化深化设计及施工过程中的应用。并列举了运用 BIM 技术的建筑工业化工程实例，主要应用成果有以下几方面：

（1）建筑工业化中引入 BIM 技术，实现了预制构件的模块化设计，并且所有模块都是参数化的，可以随时进行更改，设计完成后可以自动生成完整的构件库，预制构件组装完成后，通过冲突检查直观地发现存在的碰撞问题，提高设计和施工效率。在现场施工中，通过 BIM 技术进行施工模拟和仿真，不断调整和优化现场的资源配置等。

（2）基于 BIM 技术的核心优势信息共享，可以在项目进程中进行多方、多专业协同作业，实现不同阶段的参数化信息交换和共享。建筑工业化中引入 BIM 技术，通过搭建基于 BIM 的预制建筑信息管理平台，打破了传统建筑设计中各阶段、各专业、各主体间的相对独立的工作模式，实现了信息资源共享，这种协同工作模式有利于装配式建筑实施的无缝衔接。

习题

1. 建筑工业化有哪些特点？
2. 建筑工业化与传统住宅建造方式有什么区别？
3. BIM 技术在建筑工业化工程中具体应用体现在哪些方面？

第 10 章

"BIM+" 拓展应用概述

　　BIM 作为信息交流平台,能集成建筑全过程各阶段、各方信息,支持多方、多人协作,实现及时沟通、紧密协作、有效管理,其应用与推广对行业的科技进步与转型升级将产生不可估量的影响。

　　但是,随着 BIM 技术在行业应用的不断推进,BIM 技术已从单一的 BIM 软件应用转向多软件集成应用方向,从桌面应用转向云端和移动客户端轻量化方向,从单项应用转向综合应用方向发展,并呈现出 BIM+的新特点。例如 BIM+VR、BIM+GIS、BIM+3D 打印、BIM+RFID、BIM+云技术、BIM+3D 激光扫描等技术的集成应用,使 BIM 应用在工程建设行业不断向纵深发展,给行业的工作方式和工作思路带来了革命性的改变。本章将从这六个方向对"BIM+"拓展应用进行简要概述。

10.1　BIM+VR 拓展应用

　　VR(Virtual Reality,即虚拟现实),是由美国 VPL 公司创建人 Jaron Lanier 在 20 世纪 80 年代初提出的。其具体内涵是:综合利用计算机图形系统和各种现实及控制等接口设备,在计算机上生成的、可交互的三维环境中提供沉浸感觉的技术,如图 10-1 所示。BIM 是以建筑工程项目各项相关信息数据作为模型的基础,进行建筑模型的建立,通过数字信息仿真模拟建筑物所具有的真实信息,具有可视化、协调性、模拟性、优化性和可出图性五大特点。BIM 不但可以完成建筑全生命周期内所有信息数据的处理、共享与传递,其可视化的特点能让非建筑专业的认识看懂建筑。

图 10-1　VR 虚拟现实

10.1.1 BIM+VR 的价值

基于 BIM 技术创建的模型,在视觉展示上还存在着真实度不高的问题,而其与 VR 技术的结合,恰恰就能弥补 BIM 在视觉表现上的短板,以 BIM 技术的可视化为基础,配合以 VR 沉浸式体验,加强了具象性及交互功能,大大提升 BIM 应用效果,从而推动其在工程项目中加速推广使用。BIM 技术与虚拟现实技术(VR)集成应用的核心价值包括以下 4 点。

1. 提高模拟的真实性

使用虚拟现实演示单体建筑、群体建筑乃至城市空间,可以让人以不同的俯仰角度去审视或欣赏其外部空间的动感形象及其平面布局特点。它所产生的融合性,要比模型或效果图更形象、生动和完整。

传统的二维、三维表达方式,只能传递建筑物单一尺度的部分信息,使用虚拟现实技术可展示一栋活生生的虚拟建筑物,使人产生身临其境之感,并可以将任意相关信息整合到已建立的虚拟场景中,进行多维模型信息联合模拟。可以实时、任意视角查看各种信息与模型关系,指导设计、施工、辅助监理、监测人员开发相关工作,如图 10-2 和图 10-3 所示。

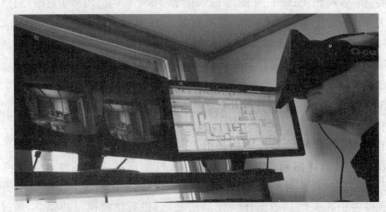

图 10-2 VR 在设计中的应用

图 10-3 VR 模拟管线安装

2. 提升项目质量

在实际工程施工之前把建筑项目的施工过程在计算机上进行三维仿真演示,可以提前发现并避免在实际施工中可能遇到的各种问题,如管线碰撞、构件安装等,以便指导施工和制定最佳施工方案,从整体上提高建筑施工效率,确保建筑质量水平,消除安全隐患,并有助于降低施工成本与时间耗费。通过模拟建筑施工中大型构件运输、装配过程,可以检验此过程中是否存在物件的碰撞、干涉,是否因构件形变导致结构破坏等。通过虚拟施工建造过程,可以检查施工计划和施工技术的合理性和有效性,如图 10-4 所示。

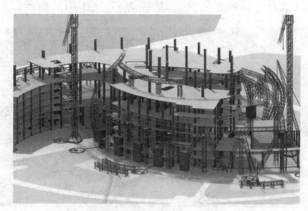

图 10-4　虚拟现实施工模拟

3. 提高模拟工作中可交互性

在建筑施工过程中,一般都会提出不同的施工方案。在虚拟的三维场景中,可以实时切换不同的方案,在同一个观察点或同一个观察序列中感受不同的施工过程,有助于比较不同方案的特点与不足,以便进一步进行决策。利用虚拟现实技术不但能够对不同方案进行比较,而且可以对某个特定的局部进行修改,并实时与修改前的方案进行分析比较。

利用 BIM 技术建立建筑物的几何模型和施工过程模型,可以实现对施工方案进行实时、交互和逼真的模拟,进而对已有的施工方案进行验证和优化操作,逐步替代了传统的施工方案编制方法。

虚拟现实系统中,可以任意选择观察路径,逼真快捷地进行施工过程的修改,使施工工艺臻于完善。可以直接观察整个施工过程的三维虚拟环境,快速查看到不合理或者错误之处,避免在施工过程中的返工。场景中每个构件,都可进行独立的移动、隐藏等编辑操作。

4. 多样化营销模式

工程项目建成以后,其受益如何就要看后期的营销了,营销手段的高明才能让建筑受益最大化。传统的宣传都是一种单薄的被动灌输性宣传,传播力和感染力非常有限,无论是效果图、动画还是沙盘,都无法使客户切身感受到景观效果。通过 BIM＋VR 技术,购房者无需前往各售楼处实地看房,只需通过虚拟现实体验设备即可实际感知各地房源,让客户提前感受生活在其中的感觉。而对于开发商来说,VR 技术打破了传统的地产营销方式,让样板房不受局限,有更多发挥设计的空间。万科、绿地、碧桂园等开发商,已将 VR 技术运用在项目中作为售楼处的体验产品。

基于 BIM 技术与 VR 的结合,一方面能使看房者在虚拟的建筑环境中自由走动,体验真实环境中可以看到的实地景象,了解未来小区的园林绿化、休闲设施的一些基本情况,还可以俯瞰整个建筑环境,对小区周边规划有全面的了解,如图 10-5 和图 10-6 所示。另一方面,可免除样板房参观现场组织之苦,又可避免真实样板房污损、变旧、易受环境影响等弊端。在虚拟样板间里,开关门会有对应的声音,电视和电脑画面会动态播放,金属和玻璃表面有自然的反射光泽。客户可以自由地摆放虚拟样板房中的家具,可以选择自己喜欢的装修风格,更换地毯、墙纸等。虚拟样板房还可以提供接近真实的光照模拟,让观看者直观感受到一天四时、一年四季中房间的光照情况,如图 10-7~图 10-9 所示。

图 10-5　小区景观

图 10-6　小区漫游

图 10-7　更换样板间家具

图 10-8　样板间虚拟漫游(一)

图 10-9　样板间虚拟漫游(二)

10.1.2　BIM+VR 存在的问题

BIM 技术与 VR 技术集成作为一门新兴学科,其理论和实践研究都处于初级阶段且涉及学科、专业众多,还存在很多问题。

1. BIM 模型精度问题

BIM 模型的深度直接决定了虚拟施工的应用效果,如果前期建立的 BIM 模型不够精细,基于此模型实现的施工过程的三维模拟结果就不准确,无法达到预期的效果。然而 BIM 模型的精细程度往往和时间成本相关联,因此目前模型精细度以及模型标准仍然是一个不可避免的问题。

2. BIM＋VR 使用范围

BIM＋VR 技术并没有在大范围使用,同时由于专业、人员、模型、环境的局限,对于基于 BIM 的项目应用以及和 VR 技术集成的探究应用尚浅。

3. 基于建筑领域开发较少

使用头盔显示器和数据采集手套等外部设备进入仿真的建筑物,这种方式能充分体现虚拟现实技术的价值,但是这方面的技术在建筑施工领域应用较少,目前相对建筑行业应用的 VR 开发也很少。

4. 缺乏行业标准

从技术角度上来说,BIM＋VR 能够实现对传统建筑模式的变革,但是由于现阶段各种主客观原因还未能大力发展普及,并未形成行业标准。

10.1.3　BIM+VR 发展趋势

目前 VR 的实现要是依靠头盔显示器和数据采集手套等外部设备,用户利用这些设备来体验和参与到模拟中去,利用鼠标、键盘、语音和手势来对物体或是角色进行操控。同时需要配合 VR 开发引擎来实现 BIM 与 VR 的结合。现在也有越来越多的开发团队、设计施工企业、BIM 咨询企业在 BIM 与 VR 的结合上进行尝试,未来的虚拟现实将会是一个充满着逼真互动体验的包罗万象的新世界,用户可以参与到具体情境中去,所有的一切将会异常真实、可信。

总之,虚拟施工技术在建筑领域的应用(BIM＋VR)将是一个必然趋势,在未来的建筑设计及施工中的应用前景广阔。相信随着虚拟施工技术的发展和完善,必将推动我国工程建设行业迈入一个崭新的时代。

10.2　BIM+GIS 拓展应用

地理信息系统(Geographic Information System,GIS)是一门综合性学科,结合地理学与地图学以及遥感和计算机科学,已经广泛应用在不同的领域,是用于输入、存储、查询、分析和显示地理数据的计算机系统。随着 GIS 的发展,也有称 GIS 为"地理信息科学"(Geographic Information Science),近年来,也有称 GIS 为"地理信息服务"(Geographic Information Service)。总之,GIS 是一种基于计算机的可以对空间信息进行分析和处理的技术。

10.2.1　BIM+GIS 的价值

目前 GIS 技术的应用大部分是以城市级的地形、地貌、建筑物及构筑物的数据采集、分析为主,却不能够对建筑物及构筑物内部的相关数据进行采集分析,而通过 BIM 技术就可以获取建筑物内部的相关数据信息,而且能做到构件级的数据管理。换言之,就是 GIS 解决了大范围的数据采集分析问题,BIM 解决了精细化的数据采集和管理问题,BIM＋GIS 将会为城市级的空间数据管理提供有利的技术保障,如图 10-10 所示。

1. 三维城市建模

城市建筑类型各具特色,外形尺寸不同,外部颜色纹理不同,还有障碍物阻挡等。如果是"航测＋地面摄影",后期需要人工做大量贴图。如果是用价格昂贵的激光雷达扫描,成本太高而且生成的建筑模型都是"空壳",没有建筑室内信息,同时室内三维建模工作量也不小,并且无法进行室内空间信息的查询和分析。而通过 BIM,可以很容易得到建筑的精确高度、外观尺寸以及内部空间信息。因此,综合 BIM 和 GIS,利用 BIM 模型数据,然后把建筑空间信息与其周围地理环境共享,应用到城市三维 GIS 分析中,就极大降低了建筑空间信息的成本,如图 10-11 所示。

图 10-10 BIM+GIS 城市级空间数据管理

图 10-11 BIM+GIS 三维城市模型

同时,BIM 与 GIS 集成应用,可提高长线工程和大规模区域性工程的管理能力。BIM 的应用对象往往是单个建筑物,利用 GIS 宏观尺度上的功能,可将 BIM 的应用范围扩展到道路、铁路、隧道、水电、港口等工程领域。如邢汾高速公路项目开展 BIM 与 GIS 集成应用,实现了基于 GIS 的全线宏观管理、基于 BIM 的标段管理以及桥隧精细管理相结合的多层次施工管理。

2. 市政管线管理

通过 BIM 和 GIS 融合可以有效地进行楼内和地下管线的三维模型,并可以模拟冬季供暖时热能传导路线,以检测热能对其附近管线的影响,或是当管线出现破裂时使用疏通引导方案可避免人员伤亡及能源浪费。以 BIM 提供的精细建筑模型为载体,利用 GIS 来管理地下管线的位置等信息,可以提高管理的自动化水平和准确性,不会出现管线管理不明,或是不在它该在的位置这种尴尬情况,如图 10-12 所示。

图 10-12　市政管线管理

同时,BIM 与 GIS 集成应用可增强大规模公共设施的管理能力。现阶段,BIM 应用主要集中在设计、施工阶段,而二者集成应用可解决大型公共建筑、市政及基础设施的 BIM 运维管理,将 BIM 应用延伸到运维阶段。如昆明新机场项目将二者集成应用,成功开发了机场航站楼运维管理系统,实现了航站楼物业、机电、流程、库存、报修与巡检等日常运维管理和信息动态查询。

3. 室内导航

现在行业中都想解决室内定位这一难题,但是大多关注的都是定位的手段,例如到底是Wi-Fi、蓝牙、红外线还是近场通信(Near Field Communication,NFC)等,但是室内定位的地图一般都是建筑的二维电子图来生成的,甚至只是示意图。室外的地图导航都开始真三维化了,室内导航还用二维线条,相比之下略显失色。但是如果有 BIM,那这一问题就能迎刃而解,通过 BIM 提供的建筑内部模型配合定位技术可以进行三维导航。例如有公司为央视新大楼开发的室内导航系统,就是利用了 BIM 和 GIS,可以为员工进行跨楼层、跨楼体的导航。同时也可以在模拟突发事件时,事先规划预演员工的疏散路线等情况,这将极大降低因灾害引起的人员伤亡,如图 10-13 所示。

10.2.2　BIM+GIS 存在的问题

BIM 和 GIS 的整合不是一件简单的事,尤其是对于数据标准的建设、BIM 与 GIS 的结合方式、BIM 及 GIS 与协同平台的建设,主要体现在如下两个方面。

图 10-13 室内导航

1. 两者对图形表达的数据结构完全不同

GIS 用的是点线面,点有坐标,线有两点,面分三角形、三角带、环等几种。这种结构的优点可以方便地表示大量种类的图形。而 BIM 对图形是基于一种关于 Swipe 和 Extrude 的理念(拉伸融合的理念)。

2. 两者对信息的储存结构完全不同

GIS 使用空间数据库,点线面体功能分明,有各自的角色和属性。空间数据库可存储的数据量巨大,以 TB(Terabyte,1TB＝1024GB)甚至 PB(Petabyte,1PB＝1024TB)计,有强大的分级优化功能。而 BIM 存储数据使用的是文件系统,优点在于细节与对象属性的描述。

10.2.3 BIM+GIS 发展趋势

无疑,BIM 与 GIS 的融合是未来 BIM 与 GIS 技术发展的方向,未来 GIS 一定会越来越关注显示细节,而 BIM 也会加强对大数据量项目的支撑,甚至能发展出特殊的数据库。同时,随着城市的扩展发展,城市信息系统越来越复杂,BIM＋GIS 可以成为智慧城市成熟的技术融合,包含精准的城市三维建模,发达的城市传感网络,实现城市人流、车流监控等。

BIM＋GIS 的融合既是社会与科技发展的必然趋势,也是信息化发展的必经之路。

10.3 BIM+3D 打印拓展应用

"3D 打印"学名为"快速成型技术"或者说"增材制造技术",是一种通过材料逐层添加制造三维物体的变革性、数字化增材制造技术。也可以说是一种不需要传统刀具、夹具和机床就可以打造出任意形状,根据零件或物体的三维模型数据通过成型设备以材料累加的方式制成实物模型的技术。

3D 打印通常是通过数字技术材料打印机来实现的。常在模具制造、工业设计等领域被用于制造模型,后逐渐用于一些产品的直接制造,已经有使用这种技术打印而成的零部件。该技术在珠宝、鞋类、工业设计、建筑、工程和施工(AEC)、汽车,航空航天、牙科和医疗产业、教育、地理信息系统、土木工程、枪支以及其他领域都有所应用。

BIM 技术提供了三维信息化建筑模型,将数据提供给 3D 打印机,3D 打印机即对目标模型进行制作。3D 打印建筑物的技术原理是将混凝土等建筑材料通过 3D 打印机的喷头挤出,采用连续打印、层层叠加的方式进行建造的新型建造模式,如图 10-14 和图 10-15 所示。

图 10-14　超大型混凝土 3D 打印机

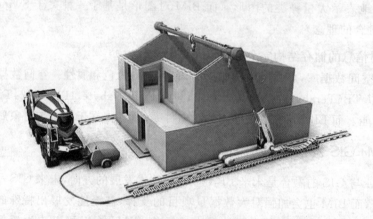

图 10-15　3D 打印房屋

10.3.1　BIM+3D 打印的价值

BIM 技术与 3D 打印技术两种革命性技术的结合,为方案到实物的过程开辟了一条快速通道,同时也为复杂构件的加工制作提供了更高效的方案。目前 BIM 与 3D 打印的主要应用在如下三个方面。

1. 基于 BIM 的整体建筑 3D 打印

应用 BIM 进行建筑设计,设计模型处理后直接交付专用的 3D 打印机进行整体打印,建筑物可以很快被打印出来,建造一栋简单建筑的时间大大缩短。通过 3D 打印技术建造房屋,只需要很少的人力投入,随着我国人力成本的逐渐升高,3D 打印可有效降低人力消耗方面的成本。同时,3D 打印是"增材制造"技术,其作业过程基本不会产生扬尘和建筑垃圾,是一种绿色和环保的工艺,在节能降耗和环境保护方面较传统工艺有非常明显的优势,如图 10-16 所示。

图 10-16　3D 打印房屋

2. 基于 BIM 和 3D 打印复杂构件

传统工艺制作复杂构件,受人为因素影响较大,精度和美观度方面有所偏差不可避免。而 3D 打印机由电脑操控,只要有数据支撑,便可将任何复杂的异型构件快速、精确地制造出来。利用 BIM 技术和 3D 打印相结合来进行复杂构件制作,不再需要复杂的工艺、措施和模具,只需将构件的 BIM 模型发送到 3D 打印机,短时间内即可将复杂构件打印出来,少量的复杂构件用 3D 打印的方式,大大缩短了加工周期,降低了成本。3D 打印的精度非常高,可以保障复杂异型构件几何尺寸的准确性和实体质量,如图 10-17 所示。

图 10-17　3D 打印城堡塔尖

3. 基于 BIM 和 3D 打印施工方案实物展示

通过将 BIM 模型与施工方案或施工部署进行集成,然后利用三维模型进行展示交流、交底,这是非常实用的一种应用手段。结合 3D 打印技术打印实物模型可以将应用效果发挥得更佳。用 3D 打印制作的施工方案微缩模型,可以辅助施工人员更为直观地理解方案内容。而且它携带、展示都不需要依赖计算机或其他硬件设备,同时实体模型可以 360°全视角观察,克服了打印 3D 图片和三维视频角度单一的缺点,如图 10-18 和图 10-19 所示。

图 10-18　3D 打印施工方案微缩模型

图 10-19　3D 打印构造柱

10.3.2　BIM+3D 打印存在的问题

3D 打印微缩 BIM 模型的应用已较为成熟,一些实际工程项目也已经开始尝试使用 3D 打印的异型构件,但是基于 BIM 技术和 3D 打印技术集成建造实际建筑还处于探索和试验阶段,仍然存在以下几种问题。

1. 缺少相关 3D 打印建筑规范

3D 打印建筑还处于研究试验阶段,国家没有 3D 打印建筑的相关规范,所以 3D 打印建筑还不具备应用于一般建筑的条件。现阶段的 3D 打印建筑还未很好地解决结构和构件配筋的问题,这不但制约了可打印建筑的高度,也使各界对于其结构安全性有较多疑虑。

2. BIM 与 3D 打印缺少数据接口规范

3D 打印技术正处于快速发展的阶段,3D 打印机的数据格式在国际上没有统一的标准。虽然 STL 被业界默认为统一格式,但是 STL 格式标准制定于 20 世纪 80 年代,随着 3D 打印技术的发展,其不能存储颜色、材料及内部结构等信息的缺陷日益凸显,而新的数据格式

AMF(Additive Manufacturing File Format)等信息的缺陷日益凸显,还未获得广泛认可。用于建筑行业的 3D 打印机多为自主开发,数据格式更加混乱,部分企业甚至还将其作为核心机密予以保护,这就使得制定 BIM 模型与 3D 打印机统一的数据接口十分困难,制约了BIM 技术与 3D 打印技术的融合。

3. 打印设备的制约

3D 打印机自身尺寸决定了最大打印尺寸,建筑的构件与其他产品的零部件相比,一个显著的特点就是尺寸大。打印全尺寸的构件或整体建筑,使用的 3D 打印机尺寸比较大,设备制造的难度和成本也相应增加,目前,如何打印高层建筑的难题仍未解决。建筑产品的使用地就是建筑的施工现场,3D 打印机需要异地运输、安装,对打印机的精度也有一定的影响。

BIM 技术和 3D 打印技术的集成应用还有不少路要走,在此过程中,不可避免地存在各种各样的问题,这也是任何新技术发展、成熟的必经阶段。

10.3.3　BIM+3D 打印发展趋势

作为两种变革性的新技术,可以预见,在今后很长一段时间内 BIM 技术和 3D 打印技术仍然会被人们广泛关注。由于看好这两种技术所表现出来的广阔应用前景,许多国家纷纷加快研究和应用的步伐。随着技术的发展,现阶段 BIM 技术与 3D 打印技术集成所存在的许多技术问题将会得到解决,3D 打印机和打印材料的价格也会趋于合理。应用成本下降会扩大 3D 打印技术的应用范围和数量,进而促进 3D 打印技术的进步,随着 3D 打印技术的成熟,施工行业的自动化水平也会得到大幅提高。

虽然在普通民用建筑大批量生产的效率和经济性方面,3D 打印建筑较工业化预制生产没有优势,但是在个性化、小数量的建筑上,3D 打印的优势非常明显。随着个性化定制建筑市场的兴起,3D 打印建筑在这一领域的市场前景非常广阔。

10.4　BIM+RFID 拓展应用

RFID(Radio Frequency Identification)技术,又称无线射频识别技术,是一种通信技术,可通过无线信号识别特定目标并读写相关数据,而无须识别系统与特定目标之间建立机械或光学接触。RFID 通过非接触的方式进行信息读取,不受覆盖的遮挡影响,而且安全、可重复使用,目前多应用于身份识别、门禁控制、供应链和库存跟踪、资产管理等方面。

随着我国住宅产业化的深入推动,对于建筑物的建造方式也提出了新的方向,装配式建筑将会成为建筑业未来的发展方向。装配式建筑的建造过程涉及的部品、构件种类繁多,项目参与方众多,信息分散在不同的参与方手中,在预制、运输、组装的过程中极易发生混淆导致返工,造成巨大损失,极大地影响了建筑产业化的生产效率和经济效益。BIM 技术提供了构件的几何信息、材料、结构属性以及其他相关数据,且每一个构件对应一个固定的 ID,预制构件的所有信息均可由 BIM 技术进行收集。

10.4.1　BIM+RFID 的价值

将 BIM 与 RFID 进行结合,能对项目过程中的各种构件信息进行管理,如材料进场、搬运等过程进行更加有效的监管。同时,由于有 RFID 芯片植入,对于构件制作、运输、存储和吊装具有如下作用。

1. 在构件的生产制造阶段

在构件的生产制造阶段需要对构件置入 RFID 标签,标签内包含有构件单元的各种信息,以便于在运输、存储、施工吊装的过程中对构件进行管理,如图 10-20 所示。RFID 标签的编码原则是:唯一性,保证构件单元对应唯一的代码标识,确保其在生产、运输、吊装施工中信息准确。

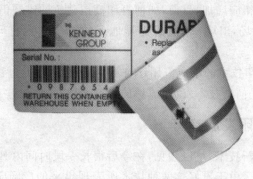

图 10-20 RFID 电子标签

2. 在构件的生产运输过程中

以 BIM 模型建立的数据库作为数据基础,将 RFID 收集到的信息及时传递到基础数据库中,并通过定义好的位置属性和进度属性与模型相匹配,如图 10-21 所示。此外,通过 RFID 反馈的信息,精准预测构件是否能按计划进场,做出实际进度与计划进度对比分析,如有偏差,适时调整进度计划或施工工序,避免出现窝工或构配件的堆积,以及场地和资金占用等情况。

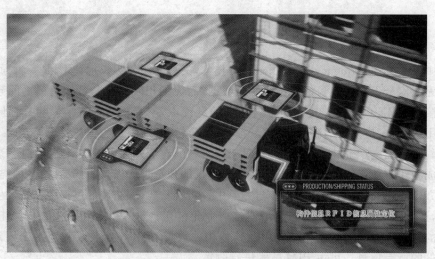

图 10-21 构件运输 RFID 属性信息定位

3. 构配件入场及存储管理阶段

构件入场时,RFID Reader 读取到的构件信息传递到数据库中,并与 BIM 模型中的位置属性和进度属性相匹配,保证信息的准确性。同时通过 BIM 模型中定义的构件的位置属性,可以明确显示各构件所处区域位置,在构件或材料存放时做到构配件点对点堆放,避免二次搬运,如图 10-22 所示。

图 10-22　扫描 RFID 信息确定存放位置

4. 构件吊装阶段

若只有 BIM 模型,单纯地靠人工输入吊装信息,不仅容易出错而且不利于信息的及时传递。若只有 RFID,只能在数据库中查看构件信息,通过二维图纸进行抽象的想象,通过个人的主观判断,其结果可能不尽相同。BIM 与 RFID 的结合有利于信息的及时传递,从具体的三维视图中呈现及时的进度对比和模拟分析,如图 10-23 所示。

10.4.2　BIM+RFID 存在的问题

虽然 BIM+RFID 在装配式建筑中拥有巨大的价值,一些实际工程项目也已经开始尝试将 BIM 与 RFID 相结合使用,但是将 BIM 技术和 RFID 技术集成应用于在建筑工程中,仍然存在以下一些问题。

1. 相关技术标准不完善

关于 BIM 技术与 RFID 技术相结合的数据接口仍没有相关标准,国外相关的技术标准较为完善,国内则比较欠缺。不同企业根据自己的需求去探索应用 BIM 和 RFID 技术,其通用性不足,没有统一的实施方案。BIM 和 RFID 技术推进信息交流和共享,BIM 标准的制定需要政府和整个行业的共同参与。

2. 行业应用意识低

对于 BIM 和 RFID 等现代信息技术,国家大力支持,可行业内在这方面的应用意识较低。设计院、施工单位等考虑自身利益,不愿意使用。业主是 BIM 和 RFID 技术的最大受益者,由于到目前为止还没有具体的收益数据,对未来收益的多少存在风险,业主在现实的利益面前不愿意冒这种风险。

图 10-23 施工模拟 RFID 定位

3. 信息不流通

我国建筑业分设计、施工、运营维护等多个阶段,各阶段又分为设备安装等多个专业,各阶段各专业的利益主体不同,相互间的利益关系不一样,各利益主体间为了最大限度地保护自己的利益,不愿意将自己的信息共享,这在很大程度上阻碍了信息的流通。

10.4.3 BIM+RFID 发展趋势

BIM 技术作为建筑业发展的重要技术变革,将成为推动装配式建筑发展的新动力,借助 BIM 技术,可以避免装配式建筑在施工过程中的"错、漏、碰、缺"。结合 BIM 技术与 RFID 技术,通过信息集成,快速进行进度分析和模拟对比,进一步优化资源、工期配置,顺利完成工程目标。

因此,基于 BIM 与 RFID 技术集成的建筑应用,有助于提升装配式建筑施工管理水平,融入更多先进理论的 BIM 与 RFID 技术的深度集成是未来装配式建筑发展的主要方向。

10.5 BIM+3D 激光扫描拓展应用

三维激光扫描技术是利用激光测距的原理,密集地记录目标物体的表面三维坐标、反射率和纹理信息,对整个空间进行的三维测量。传统的测量手段如全站仪、GPS 都是单点测量,通过测量物体的特征点,然后将特征点连线的方式反映所测物体的信息。当所测物体是规则结构时,这种测量方法是适合的,但如果所测物体是复杂曲面结构体时,传统测量手段就无法准确地表达物体的结构信息,这时可以采用三维激光扫描技术,如图 10-24 所示。

图 10-24 三维激光扫描设备

10.5.1 BIM+3D 激光扫描的价值

BIM 技术和 3D 激光扫描技术集成被越来越多地应用在文物古迹保护、工程施工领域,其在施工质量检测、辅助实际工程量统计、钢结构预拼装等方面均体现出如下价值。

1. 文物古迹保护

随着科技的进步,对文物古迹的保护也越来越多地利用现代科技手段。三维激光扫描技术作为一种高科技技术为我国文化遗产的保护工作提供了革命性的影响。如广东新会书院,坐北朝南,是现今广东保存最完好、规划最宏大、工艺最精湛的具晚清岭南祠堂风格传统建筑,如图 10-25 所示。

图 10-25 广东新会书院

对于新会书院的三维扫描作业,工作人员将使用 Trimble TX8 三维扫描仪对修缮后的建筑进行三维扫描,将扫描原始数据采用 Trimble RealWorks 专业点云后处理软件进行自动快速拼接,再用 Revit,CAD 等软件直接快速导入点云数据进行建模。基于扫描仪的三维点云数据,利用 Geomagic 软件对佛像进行三维建模,分别需要进行抽稀、去噪、删除孤点、统一采样、封装、补洞、合并等步骤,最后生成三维模型,如图 10-26 所示。此次对新会书院的三维信息采集工作,通过快速三维激光扫描技术完美地反映建筑中木雕、石雕、砖雕、陶塑、灰塑、彩绘和铜铁铸造不同风格工艺装饰的凹凸曲面。

图 10-26   建筑物点云模型

2. 施工质量检测

施工过程中,BIM 模型需和竣工图纸(或最新版本的施工深化图纸)保持一致。在现场通过 3D 激光扫描,并将扫描结果和模型进行对比,可帮助检查现场施工情况和模型及图纸的对比关系,从而帮助找出现场施工问题。如图 10-27 所示,灰色部分为 3D 扫描结果,彩色部分为 BIM 模型各专业构件,通过对比便可方便检查现场施工情况。

此类应用目前较多,通过现场的正向施工,配合 3D 激光扫描形成的点云建立 BIM 模型,和设计 BIM 模型对比进行逆向检测,对于施工有误的地方进行整改,从而形成良性循环,不断优化现场施工情况。

3. 钢结构预拼装

在传统方式下,钢结构构件生产成型后,需要在一个较大的空间内进行构件预拼装,准确无误之后运输到施工现场进行钢构吊装,如果预拼装出现问题,则需要对问题构件进行加工处理,再次预拼装无误后才使用。而有了 3D 激光扫描技术后,通过对各钢结构构件进行 3D 扫描,将生成的数据在电脑中预拼装,对有问题的构件进行直接调整,如图 10-28 所示。此种方式下的工作,无论是实际空间的节省上,还是预拼装的精确度和效率上,都较传统方式有着明显的提高。

4. 土方开挖量等测算

土方开挖工程中,土方工程量较难进行统计测算,而开挖完成后通过 3D 激光扫描现场基坑,然后基于点云数据进行 3D 建模后,便可快速通过 BIM 软件进行实际模型体积的测算及现场基坑的实际挖掘土方量的计算,如图 10-28 和图 10-29 所示。此外,通过和设计模型进行对比,也可直观了解到基坑挖掘质量等其他信息。

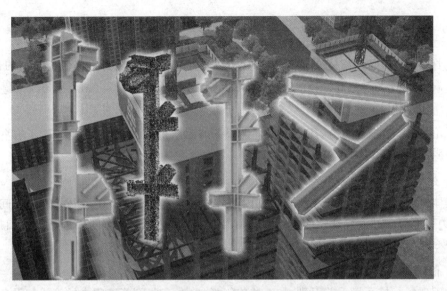

图 10-27　3D 激光扫描技术应用于钢结构虚拟化预拼装

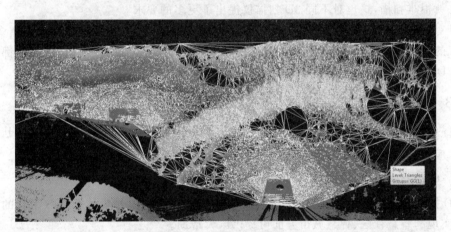

图 10-28　基坑 3D 激光扫描

图 10-29　基坑点云 3D 模型

10.5.2　BIM+3D 激光扫描存在的问题

尽管 3D 扫描以其高精度、数字化操作方式等特性在上述项目中提供了较高的价值,但也存在着以下问题。

1. 成本相对较高

无论是 3D 扫描仪本身,还是提供咨询服务的团队价格均较为昂贵,导致了有些项目在预算有限的情况下难以采用这项技术。

2. 效率有限

具体实施过程分为外业数据采集和内业数据处理等阶段,尤其是内业处理时间一般较长,而类似上海中心大厦这样的大体量复杂项目,难以在规定的时间内进行全楼扫描,也是上海中心只是进行了部分楼层扫描测试的原因之一。

3. 隐蔽工程扫描较困难

由于现场扫描环境千差万别,如一些施工场地中,有些隐蔽工程中的管线和设备通过常规方法就很难扫描,这也对不同 3D 扫描仪提出了更多的要求。

针对上述问题,随着 3D 扫描仪的大规模应用,从业人员的技术娴熟和数量增多,以及扫描仪的精度更加精细、携带更加轻便、扫描方式更加先进等方向发展,这些问题都会迎刃而解,3D 扫描技术也会被越来越多的行业人员所掌握和使用。

10.5.3　BIM+3D 激光扫描发展趋势

3D 扫描技术有着广阔的应用前景,除了继续发挥其高精度、数字化操作等优势,3D 扫描技术应用有以下几个发展方向。

1. 与 GIS 结合

3D 扫描技术可以为建筑物提供真实的现场 3D 数据信息,作为整个 GIS 平台的数据基础,在实现的智慧社区、智慧城市方面可提供巨大帮助。

2. 与 3D 打印结合

借助于 3D 扫描与 3D 打印集成应用,可实现实体打印物的快速建模,提高 3D 打印模型建立的效率。

10.6　BIM+云技术拓展应用

云计算(Cloud Computing)是基于互联网的相关服务的增加、使用和交付模式,通常涉及通过互联网来提供动态易扩展且经常是虚拟化的资源。云计算有以下两个突出优点。

1. 成本低廉

由于云服务是按需部署,用户可以轻松扩展,不用担心不可预测的初始投资。与此同时用户只为所使用的部分付费,降低运营成本,此外,还可以解放许多技术人力。

2. 使用便捷

由于信息技术的应用位于互联网上,用户只要能连上网络就可工作。因此云计算提高了用户与不同地点的顾问、供应商以及合作伙伴的合作与协同,如图 10-30 所示。

图 10-30 基于云协同合作模式

云计算带给企业的将是商业模式的转变,这也包括建筑行业。云计算在 BIM 中的应用正处于起步阶段,但其巨大的潜力已被认可。第一,软件供应商可以创建的工具和云部署的系统,以吸引更广泛的用户群。第二,许多项目的功能在云基础架构的优势上可以重新设计,同时还可以发明新的功能。第三,使用云为基础的项目服务可以轻易扩展,降低前期成本和总成本。第四,使用云服务,有助于打破不同进程之间的壁垒,通过实施集成的工作流程和项目范围内的协调可保证项目完整性。

10.6.1 BIM+云技术的价值

BIM 技术与云计算技术进行集成应用,能够有效提升 BIM 技术的应用空间和应用成效,对于工程项目协同工作效率的提升具有重要的价值,体现在如下几方面。

1. 实现 BIM 模型的信息共享,提升多方协同工作效率

BIM 是一个共享的知识资源,BIM 技术在工程项目的应用过程中,不可避免地会涉及项目团队成员间的信息共享及协同工作等需求。由于工程项目具有走动式办公的特点,并且参与方众多,项目成员通常归属于不同的组织、地域。传统的项目管理信息化系统在面对基于项目的跨组织协作时面临着一系列的挑战,如跨企业的成员管理和授权、跨防火墙的外网访问等。在项目实践中,项目团队不得不利用 QQ、公共邮箱、FTP 等工具来共享模型文件,因为,这种离散的信息共享模式存在率较低和安全隐患等问题,如各方获得的文件版本不一致、项目文件被非授权人员获取等。

云计算为 BIM 模型信息的多方共享与协同工作提供了基础环境。通过在云端创建虚拟的项目环境并集中管理项目的 BIM 模型数据,项目各方能够安全、受控、对等地访问保存在云端虚拟项目环境中的模型文档和数据,并在各参与方之间实现构件级别的协同工作。此外,云计算的"多租户"机制支持多项目运行,使得各参与方能够基于统一的平台同时参与多个项目,并避免项目之间的相互影响,如图 10-31 所示。

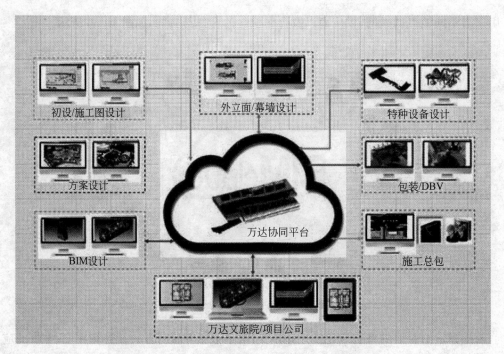

图 10-31　BIM 协同平台采用云计算和移动互联网技术

2. 拓展 BIM 技术在施工现场的应用能力

应用 BIM 技术需要强大的数据存储和处理能力作为支撑，受现场环境和设备条件的限制，BIM 技术在施工现场的应用也受到限制。依托云计算技术，BIM 模型可以直接保存在云端，同时将客户端 BIM 软件的计算工作移到云端进行，充分利用云计算的强大计算能力对其进行处理转换，解放了客户端，使得用户可以通过任意移动终端（包括浏览器、手机、PAD 等）访问到 BIM 模型数据。云计算技术让用户能够摆脱环境的限制，在施工现场也能及时获取所需 BIM 模型。此外，利用移动终端的拍照、视频、语音、定位等工具，施工现场的信息能够被及时采集并与 BIM 模型进行集成，从而在数字模型与物理模型间建立了一条链路，这也为 BIM 模型在施工现场的应用创新提供了更多可能性，如图 10-32 所示。

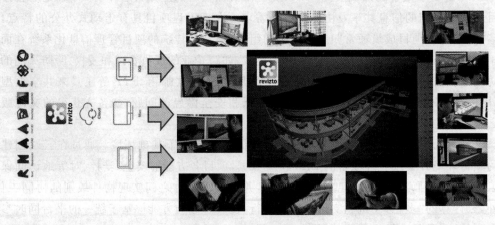

图 10-32　BIM 协同工作

3. 降低了 BIM 技术应用的条件

由于 BIM 技术应用需要有较大的资金、设备、人员和时间投入。云计算以服务租赁的方式向客户提供 BIM 技术,能够有效降低 BIM 技术的应用门槛,让 BIM 技术应用惠及数量众多的中小型工程项目,如图 10-33 所示。

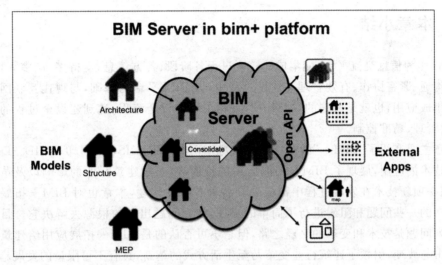

图 10-33　BIM 技术应用平台

10.6.2　BIM+云技术存在的问题

BIM 技术与云计算集成应用的过程中还存在下列问题。

1. 施工现场网络基础设施不完善

云计算能够将 BIM 能力延伸到施工现场,但需要有良好的网络带宽条件作为支撑。然而,目前我国大部分施工现场都缺乏联网条件,而移动 4G 网络的覆盖度和资费标准也不足以满足使用需求。除了从应用层面进行机制创新(如增加对离线场景的支撑等),正在全面加强的网络基础设施建设将是根本的解决之道。

2. 对安全性和隐私性的顾虑

虽然公有云服务在国外发达国家已经被广泛应用于政府部门及社会各行各业,但我国云计算产业尚处于发展初期,相应的配套机制和管理体制还不够完善。因此,行业用户对于公有云服务的安全性和隐私性存在一定的顾虑。

3. 部分关键技术尚待突破

由于起步较晚,我国在 BIM 云涉及的一些关键技术上还存在瓶颈因素,例如,WEB/移动平台上大规模模型的显示技术、大规模模型数据的云端存储与索引技术等。

10.6.3　BIM+云技术发展趋势

BIM 技术提供了协同的介质,基于统一的模型工作降低了各方沟通协同的成本 。而"云＋端"的应用模式可更好地支持基于 BIM 模型的现场数据信息采集、模型高效存储分析、信息及时获取沟通传递等,为工程现场基于 BIM 技术的协同工作提供新的技术手段。因此,从单机应用向"云+端"的协同应用转变将是 BIM 应用的一个趋势。云计算可为 BIM 技术应用提供高效率、低成本的信息化基础架构,二者的集成应用可支持施工现场不同参与者之间的协同和共享,对施工现场管理过程实施监控,将为施工现场管理和协同带来变革。

10.7   本章小结

BIM 作为信息交流平台,能集成建筑全过程各阶段、各方信息,支持多方、多人协作,实现及时沟通、紧密协作、有效管理。建设过程中,以 BIM 平台为基础,与现代互联网技术建立各种集成应用,也就是所谓的"BIM+",重构工程建设全流程,达到建设全过程的无缝对接、有效管理、精准控制。

本章主要介绍了"BIM+"的拓展应用,包括 BIM+VR、GIS、3D 打印、RFID、3D 激光扫描和云技术的应用,展现了 BIM+拓展应用的价值,以及对建筑行业的影响以及革新。同时,任何一项新技术在发展过程中都会遇到各种各样的问题,本章也对 BIM+拓展应用现阶段存在的一些问题和阻碍进行了简单的描述,找到问题出现的根源去解决它。目前出现的一系列问题是技术和变革的必经之路,但是不可否认的是 BIM+拓展应用给建筑行业带来的冲击与改变,引领了建筑行业变革乃至生活方式的革新,具有不可限量的发展趋势。

BIM+拓展应用的方向不单单只有本书所提到技术结合,还有 BIM+PM(项目管理)、BIM+物联网、BIM+数字化加工、BIM+智能全站仪等应用,BIM 作为一种新型的信息载体,可以进行拓展的空间非常大,读者可以根据实际需求进行探索研究。

习题

1. "BIM+"拓展应用可以和哪些技术相结合?
2. "BIM+"拓展应用的核心价值是什么?
3. BIM+VR 应用目前出现的技术问题会影响其发展趋势吗? 为什么?

参 考 文 献

[1] 全国各地 BIM 相关政策汇总,http://www.zjjycj.cn/article/1735.aspx.

[2] BIM 在全球的应用现状(七)中国之香港和台湾,http://www.bimcn.org/hyxw/201406111015.html.

[3] 国家标准行业标准信息服务网,http://www.zbgb.org/45/StandardDetail3596720.htm.

[4] 赵昂. BIM 技术在计算机辅助建筑设计中的应用初探[D]. 重庆:重庆大学,2006.

[5] ASTMAN C,TEICHOLZ P,SACKS R,et al. BIM Hand-book[M]. 2008.

[6] http://buildingsmart.com/standards.

[7] http://www.corenet.gov.sg/.

[8] 建设部标准定额研究所.建筑对象数字化定义(JG/T 198—2007)[S]. 北京:中国标准出版社,2007.

[9] 建筑科学研究院.工业基础类平台规范(GB/T 25507—2010)[S]. 北京:中国标准出版社,2010.

[10] 香港房屋署,http://www.housingauthority.gov.hk/tc/.

[11] 王婷.国内外 BIM 标准综述与探讨[J]. 建筑经济,2014:108-111.

[12] 郑国勤,邱奎宁. BIM 国内外标准综述[J]. 土木工程信息技术,2012(3).

[13] Building SMART International Modeling Suport Group. , IFC 2x Edition 3 Model Implememation Guide Version 2.0.

[14] 马志明,李严,李胜波. IFC 架构及模型构成分析[J]. 四川兵工学报,2014(11):114-118.

[15] 周成,邓雪原. IDM 标准的研究现状与方法[J]. 土木建筑工程信息技术,2012(4):22-27,38.

[16] LEITE F,AKINCI B. Formalized Representation for Supporting Automated Identification of Critical Assets in Facilities During Emergencies Triggered by Failures in Building Systems[J]. Journal of Computing in Civil Engineering,2012,26(4):519-529.

[17] 叶凌.国家标准《建筑信息模型应用统一标准》正式发布[J]. 施工技术,2017.

[18] 马智亮,刘斌.浅析日本建筑业信息化走向[J]. 工程设计 CAD 与智能建筑,2001(8):19-22.

[19] 清华大学软件学院 BIM 课题组.中国建筑信息模型标准框架研究[J]. 土木建筑工程信息技术,2010(2):1-5.

[20] 顾明.构建中国的 BIM 标准体系[J]. 中国勘察设计,2012(12):46-47.

[21] 何关培. BIM 总论[M]. 北京:中国建筑工业出版社,2011.

[22] 何关培. BIM 和 BIM 相关软件[J]. 土木建筑工程信息技术,2010(4):110-117.

[23] 杨远丰.多种 BIM 软件在建筑设计中的综合应用[J]. 南方建筑,2014(4):26-33.

[24] 张人友,王珺. BIM 核心建模软件概述[J]. 工业建筑,2012(S1):66-73.

[25] 何波. BIM 软件与 BIM 应用环境和方法研究[J]. 土木建筑工程信息技术,2013(5):1-10.

[26] 宗亮,邓丽琼.关于 BIM 建筑软件的若干思考[J]. 四川建筑,2015(6):84-85.

[27] 蒋佳宁.基于 BIM 技术常用软件的应用分析及展望[J]. 福建建筑,2015(1):92-94.

[28] 陈宜.浅谈 BIM(Revit)的软硬件配置[J]. 建筑创作,2011(12):146-151.

[29] 王瑜.基于 Revit 的工作站硬件配置参数测试与分析[J]. 中国工程咨询,2015(12):66-68.

[30] 杜斌,刘孝国. BIM 及 BIM 系列软件介绍[J]. 科研,2015(10):81-83.

[31] 赵志安. BIM 技术在绿色建筑设计系列软件中的应用探讨[J]. 土木建筑工程信息技术,2012(4):115-118.

[32] 金戈.浅谈日本机电 BIM 软件及其应用[J]. 土木建筑工程信息技术,2012(3):33-44.

[33] 张爱青. BIM 软件在工程造价管理中应用[J]. 湖南城市学院学报(自然科学版),2016(4):30-31.

[34] 方琦.浅谈 BIM 软件系统与云计算[J].土木建筑工程信息技术,2013(6):101-106.

[35] 罗冬林,赵玲玲.BIM 软件 Archicad 在建筑设计中的应用[J].工程技术(文摘版),2015(11):57.

[36] 裴坤.建立完整 BIM 软件体系概念[J].福建建筑,2016(11):100-104.

[37] 伍建军.基于 BIM 技术的造价软件对比分析[J].土木建筑工程信息技术,2013(4):29-33.

[38] 李兴.基于 CATIA 的 BIM 技术在桥梁设计中的应用[J].北京建筑大学学报,2016(4):13-17.

[39] 花彩芸.试析基于 Autodesk Revit 的 BIM 实现[J].江西建材,2016(2):297-298.

[40] 闫博华.谈 BIM 技术在公路行业的发展和应用[J].山西建筑,2016.6

[41] http://wenku.baidu.com/view/99236fbb650e52ea5418980c.html? from=search.

[42] 李建成.BIM 应用·导论[M].上海:同济大学出版社,2015.

[43] http://zm.zhulong.com/news/read169556.html.

[44] 钱枫.桥梁工程 BIM 技术应用研究[J].铁道标准设计,2015(12).

[45] 洪磊.BIM 技术在桥梁工程中的应用研究[D].成都:西南交通大学,2012.

[46] http://wenku.baidu.com/view/f7e073fd2f60ddccdb38a08a.html? from=search.

[47] http://www.wtoutiao.com/p/l27PgF.html.

[48] http://www.beiweihy.com.cn/case/106572180.html.

[49] http://www.bimcn.org/cjwt/201501082626.html.

[50] http://wenku.baidu.com/view/a96fceb09b6648d7c0c74696.html? from=search.

[51] 刘明虎,孟凡超.港珠澳大桥青州航道桥结构设计方案研究[J].中外公路,2014(2):148-153.

[52] 张琥琼.BIM 技术在房地产项目规划方案评价中的应用研究[J].住宅与房地产,2016(7):106.

[53] 谢宜.基于 BIM 技术的城市规划微环境生态模拟与评估[J].土木建筑工程信息化,2010(3):51-57.

[54] 孙少楠,张慧君.BIM 技术在水利工程中的应用研究[J].工程管理学报,2016(2):103-108.

[55] 张超.BIM 技术在水利工程设计中的应用初探[J].江苏水利,2015(4):40-41.

[56] 兰立伟,严杰.Autodesk Civil 3D 在水利工程设计中的应用[J].中国水运,2009(12):120-121.

[57] 葛清.BIM 第一维度——项目不同阶段的 BIM 应用[M].北京:中国建筑工业出版社,2013.

[58] 秦军.建筑设计阶段的 BIM 应用[J].建筑技艺,2011(1):160-163.

[59] 张晓菲.探讨基于 BIM 的设计阶段的流程优化[J].工业建筑,2013(7):155-158.

[60] 陈家远.BIM 技术在上海天文馆设计阶段的应用[J].土木建筑工程信息技术,2016(4):10-16.

[61] 刘智敏.BIM 技术在桥梁工程设计阶段的应用研究[J].北京交通大学学报(自然科学版),2015(6):80-84.

[62] 杨聪.BIM 技术在散料储运工程设计阶段的应用[J].中国港口,2016(9):60-61.

[63] 刘纯净.BIM 技术在城市轨道交通工程设计阶段的应用研究[J].建设监理,2016(8):8-11.

[64] 朱江.BIM 在铁路设计中的应用初探[J].铁道工程学报,2010(10):104-108.

[65] 石磊.基于 BIM 技术的绿色设计初探[J].中国勘察设计,2016(6):76-85.

[66] 葛清.从业主的角度看 BIM-BIM 在上海中心的全过程运用研究[J].建筑结构,2012(3):10-12.

[67] 朱利民.BIM 技术在春柳河污水处理厂工程设计中的应用实践[J].中国给水排水,2016(4):40-43.

[68] 陈洁.BIM 技术在桥梁设计的应用探讨[J].工程建设,2016(6):56-59.

[69] 王尚伟.城市轨道交通工程 BIM 研究及应用[J].建设科技,2016(24):39-41.

[70] 王志杰.BIM 技术在铁路隧道设计中的应用[J].施工技术,2015(18):59-63.

[71] 程程.BIM 技术在住宅建筑设计中的应用探讨[J].建设科技(建设部),2016(10):93-94.

[72] 许华青.机电工程综合管线优化中 BIM 技术的应用[J].福建建设科技,2014(2):54-55.

[73] 谢斌.BIM 技术在房建工程施工中的研究及应用[D].成都:西南交通大学,2015.

[74] 马智亮.BIM 技术及其在我国的应用问题和对策[J].中国建设信息,2010.

[75] 宁欣.基于施工场地布置的工程项目价值优化研究[J].建筑经济,2010.

[76]   王廷魁,郑娇.基于 BIM 的施工场地动态布置方案评选[J].施工技术,2014：73-74.

[77]   马献民.议建筑施工现场质量管理的本质问题[J].科技信息,2011：707.

[78]   金小良,余肖建.浅谈建筑工程质量管理存在的问题及对策[J].现代装饰(理论),2011：142-143.

[79]   黄世国.建筑施工现场安全综合评价体系研究[D].重庆：重庆大学,2007.

[80]   唐正娟.建筑施工现场安全评价研究[D].西安：西安建筑科技大学,2010.

[81]   张建平.基于 BIM 和 4D 技术的建筑施工优化及动态管理[J].中国建设信息.2010：1-4.

[82]   何清华,韩翔宇.基于 BIM 的进度管理系统框架构建和流程设计[J].项目管理技术,2011：96-99.

[83]   杨山,浅谈工程项目进度控制[J].管理科学,2010：39.

[84]   侯筱搏,李昌华,来炳恒.虚拟施工关键技术研究[J].机械科学与技术,2011：1196-1201.

[85]   张建平.基于 BIM 和 4D 技术的建筑施工优化及动态管理[J].Informationization 信息化特别关注,2010：18-23.

[86]   吴守荣.BIM 技术在城市轨道交通工程施工管理中的应用于研究[J].铁道标准设计,2016：117-121.

[87]   王志杰.BIM 技术在铁路隧道设计中的应用[J].施工技术,2015：59-63.

[88]   柯尉.BIM 技术在地铁车站工程中的应用初探[J].铁道勘测与设计,2014：39-44.

[89]   孙润润.基于 BIM 的城市轨道交通项目进度管理研究[D].北京：中国矿业大学,2015：62-70.

[90]   李建成.BIM 应用导论[M].上海：同济大学出版社,2015.

[91]   陆宁.基于 BIM 技术的施工企业信息资源利用系统研究[D].北京：清华大学,2010.

[92]   高晶晶.BIM 技术在桥梁施工中的应用[J].桥隧工程,2016：59-62.

[93]   洪磊.BIM 技术在桥梁工程中的应用研究[D].成都：西南交通大学,2012.

[94]   洪骏飞.BIM 技术在大型桥梁工程项目管理中的应用研究[D].广州：广东工业大学,2016.

[95]   秦丽芳.BIM 技术在水电工程施工安全管理中的应用研究[D].武汉：华中科技大学,2013.

[96]   强建平,余芳强,李丁.面向建筑全生命周期的集成 BIM 建模技术研究[J].土木建筑工程信息技术,2012.4(1)：6-14.

[97]   过俊.BIM 在国内建筑全生命周期的典型应用[J].建筑技艺.2011(21)：95-99.

[98]   杨子玉.BIM 技术在设施管理中的应用研究[D].重庆：重庆大学,2014：25-46.

[99]   纪博雅.BIM 技术在房屋建筑设施管理中的应用研究[D].北京：北京建筑大学,2015：14-30.

[100]   冯丹,陆惠民.持有型物业运营管理的信息化建设研究[J].土木建筑工程信息技术,2012(03)：61-67.

[101]   International Facility Management Association. What is FM [EB/OL]. 2017. http://www. ifma. org/what is fm/index. cfm.

[102]   Facility Management Austrilia [EB/OL]. 2014. http://www. f-m-a. com. au/.

[103]   曹吉鸣,缪莉莉.设施管理概论[M].北京：中国建筑工业出版社,2011.

[104]   丁智深,赵娜.设施管理及其在中国的发展[J].建筑经济,2007：23-26.

[105]   郑万钧,李壮.浅析大厦型综合楼物业设备设施的管理[J].科技信息,2008.

[106]   刘幼光,黄正.浅析设备管理存在的问题与对策[J].江西冶金,2005.

[107]   刘会民.设施设备管理存在的部分问题及解决方法[J].中国物业管理,2007.

[108]   王兆红,邱苑华,詹伟.设施管理研究的进展[J].建筑管理现代化,2006：5-8.

[109]   邱刚.ERP 系统在设施设备管理中的应用[J].中国物业管理,2011.

[110]   GODAGER B A. Analysis of the Information Needs for Existing Buildings for Integration in Modern BIM-Based Building Information Management[J]. Environmental Engineering, 2011：886-892.

[111]   过俊,张颖.基于 BIM 的建筑空间与设备运维管理系统研究[J].土木建筑工程信息技术,2013,5(3)：41-49.

[112] 杨焕峰,闫文凯.基于 BIM 技术在逃生疏散模拟方面的初步研究[J].土木建筑工程信息技术,2013,5(3):63-67.

[113] 张建平,郭杰,王盛卫,等.基于 IFC 标准和建筑设备集成的智能物业管理系统[J].清华大学学报(自然科学版),2008,48(6):940-946.

[114] 孙峻,李进涛.物业管理、设施管理和资产管理模式的比较分析[J].中国房地产,2009,(6):61-63.

[115] MOTAMEDI A, HAMMAD A. RFID-Assisted Lifecycle Management of Building Components Using BIM Data[C]//Proceedings of the 26th International Symposium on Automation and Robotics in Construction (ISARC 2009),Austin,USA. 2009.

[116] 肖贝.Revit 二次开发在基坑土方工程中应用研究[D].南昌:南昌大学,2016:12-25.

[117] 赵昂.BIM 技术在计算机辅助建筑设计中的应用初探[D].重庆:重庆大学,2006.

[118] 徐迪.基于 Revit 的建筑结构辅助建模系统开发[J].土木建筑工程信息技术,2012(3):71-77.

[119] 徐迪,潘东婴,谢步瀛.基于 BIM 的结构平面简图三维重建[J].结构工程师,2011(5):17-21.

[120] 季俊,张其林,杨晖柱,等.某建筑信息模型软件研发及在上海中心工程中的应用[C]//第七届全国土木工程研究生学术论坛.南京,2009:10-24.

[121] 杨党辉,苏原,孙明.基于 Revit 的 BIM 技术结构设计中的数据交换问题分析[J].土木建筑工程信息技术,2014(3):13-18.

[122] 薛忠华,谢步瀛.Revit API 在空间网格结构参数化建模中的应用[J].计算机辅助工程,2013(1):58-63.

[123] 张艺晶.Revit 软件基于项目的二次开发应用研究[D].石家庄:河北科技大学,2015.

[124] HARRINGTON D J. The Implementation of BIM Standards at the Firm Level[J]. Structures Congress,2010:1645-1651.

[125] 清华大学 BIM 课题组.中国建筑信息模型标准框架研究[M].北京:中国建筑工业出版社,2011.

[126] 李容.Visual C# 2008 开发技术详解[M].北京:电子工业出版社,2008.

[127] 上海比程信息技术有限公司,http://www.bimcheng.com/index.html.

[128] http://my.Csdn.net/The_Eyes.

[129] 李亭亭,杨学会,张德海,等.BIM 技术在预制装配式工程中的应用[J].土木建筑工程信息技术,2014,04:62-65.

[130] 肖保存.基于 BIM 技术的住宅工业化应用研究[D].青岛:青岛理工大学,2015:33-41.

[131] 纪颖波,周晓茗,李晓桐.BIM 技术在新型建筑工业化中的应用[J].建筑经济,2013,08:14-16.

[132] 胡珉,陆俊宇.基于 RFID 的预制混凝土构件生产智能管理系统设计与实现[J].土木建筑工程信息技术,2013,03:50-56.

[133] 李建成.BIM 应用·导论[M].上海:同济大学出版社,2015.

[134] 孙跃东.BIM 在住宅产业化中的应用研究[D].青岛:山东科技大学,2015.

[135] 何关培.BIM 总论[M].北京:中国建筑工业出版社,2011.

[136] 黄小坤,田春雨.预制装配式混凝土结构研究[J].住宅产业,2010(9):28-32.

[137] SUCCAR B. Building Information Modeling Framework:a Research and Delivery Foundation for Industry Stakeholders[J]. Automation in Construction,2009,18(3):357-375.

[138] 刘志峰.转变发展方式建造百年住宅(建筑)[J].住宅产业,2010(7):10-14.

[139] 吴利松.浅析新型住宅建筑工业化的优点[J].中国新技术新产品,2014(13):83.

[140] HOU L,WANG X,WANG J,TRUIJENS M, An Integration Framework of Advanced Technologies for Productivity Improvement for LNG Mega projects[J]. Journal of Information Technology in Construction,2014(19):360-382.

[141] 李云贵,邱奎宁.我国建筑业 BIM 研究与实践[J].建筑技术开发,2015(4):3-10.

[142] BIM＋引领 BIM 发展新方向[J].中国勘察设计,2015：28-45.

[143] 王景.中国建筑施工行业信息化发展报告(2015)：BIM 深度应用于发展[J].中国建设信息,2015.

[144] 杨国华.轨道交通项目 BIM_GIS 系统探讨[J].中国勘察设计,2016：72-75.

[145] 天华,袁永博,张明媛.装配式建筑全生命周期管理中 BIM 与 RFID 的应用[J].工程管理学报,2012,26(3)：28-32.

[146] 罗曙光.基于 RFID 的钢构件施工进度监测系统研究[D].上海：同济大学,2008.

[147] CHENG M Y,CHANG N W. Radio Frequency Identification（RFID）Integrated with Building Information Model（BIM）for Openbuilding Life Cycle Information Management［M］. India：Chennai,2011.

[148] 王延魁,赵一洁,张睿奕,等.基于 BIM 与 RFID 的建筑设备运行维护管理系统研究[J].建筑经济,2013(11)：113-116.

[149] 张俊,刘洋.基于云技术的 BIM 应用现状与发展趋势[J].建筑经济,2015：27-30.

[150] 徐迅,李万乐,骆汉宾,等.建筑企业 BIM 私有云平台中心建设与实施[J].土木工程与管理学报,2014(2)：84-90.

[151] 陈小波."BIM&云"管理体系安全研究[J].建筑经济,2013(7)：93-96.